电力用油、气分析检验人员系列培训教材

电力设备用六氟化硫的检测与监督

主　编　孟玉婵

副主编　罗运柏　李烨峰　王应高

参　编　蔡　巍　李志刚　于乃海
周　舟　姚　强　朱立平
郑东升　祁　炯　韩慧慧
明菊兰

审　稿　卢　勇　钱艺华　袁　平
张广文　曹杰玉　薛辰东
姚　蕾

内 容 提 要

本书主要介绍电气设备用六氟化硫绝缘气体的检测、监督技术。主要内容包括六氟化硫气体的基本性质、六氟化硫气体绝缘电气设备、六氟化硫气体实验室检测技术和现场检测技术、六氟化硫气体绝缘电气设备故障诊断的气体分析技术、六氟化硫气体回收处理和再利用技术、六氟化硫气体的质量监督和管理，同时还关注了六氟化硫气体的温室效应及替代气体的研究，并列举了电气设备用六氟化硫的监控标准。

本书可供电力企业从事六氟化硫电气设备运行、试验、检修和管理工作的技术人员自学和培训使用，也可供大专院校电气、化学专业的学生参考。

图书在版编目（CIP）数据

电力设备用六氟化硫的检测与监督/电力行业电力用油、气分析检验人员考核委员会，西安热工研究院有限公司编著．—北京：中国电力出版社，2019.5(2024.9重印)

电力用油、气分析检验人员系列培训教材

ISBN 978-7-5198-3130-1

Ⅰ.①电…　Ⅱ.①电…　②西…　Ⅲ.①电力设备—六氟化硫气体—检测—技术培训—教材　Ⅳ.①TM213.06

中国版本图书馆 CIP 数据核字（2019）第 083559 号

出版发行：中国电力出版社
地　　址：北京市东城区北京站西街 19 号（邮政编码 100005）
网　　址：http：//www.cepp.sgcc.com.cn
责任编辑：赵鸣志（010-63412385）
责任校对：黄　蓓　常燕昆
装帧设计：赵丽媛
责任印制：吴迪

印　　刷：三河市百盛印装有限公司
版　　次：2019 年 5 月第一版
印　　次：2024 年 9 月北京第四次印刷
开　　本：787 毫米×1092 毫米　16 开本
印　　张：12.75
字　　数：310 千字
印　　数：6501—7500 册
定　　价：80.00 元

前言
Preface

六氟化硫是一种人工合成的气体，无毒、无味、无色、不燃，具有优异的绝缘和良好的灭弧特性。以其为介质在电气设备上应用，特别是高压设备的使用，推动了电网技术的进步，加速了电力工业建设的发展速度。

随着六氟化硫电气设备的大量投入运行，需要对所用气体加强技术监督和管理，也需要研究和不断完善监督检测技术。自20世纪80年代末，我国电力行业就十分重视这种新型绝缘气体的监督和管理，适时组织人员的技术培训学习，相继在各地组建了“六氟化硫监督检测中心”，负责六氟化硫电气设备用气体的质量分析、监督和管理。本世纪以来，我国电力行业体制改革后，各电网公司不断加强原各地所建“六氟化硫监督检测中心”的发展和管理。各发电公司也明确对六氟化硫电气设备用气体质量的分析、监督和管理，积极组建机构，归口监督和管理工作。保障发输配系统六氟化硫电气设备的安全经济运行。

电力工业的大力发展，相关的六氟化硫电气设备种类、容量也得到大量增加，检测技术也不断改进，人们的环保意识不断增强，对六氟化硫气体的充装、回收和再利用技术在发展，检测、监督和管理人员也在更新换代，技术培训工作不容滞后，需编写专用教材，满足需求。为此，作者收集相关资料，力图将多年来电力系统对六氟化硫电气设备在运行、检测、监督、管理和标准制修订方面所做的大量工作、积累的实践和研究成果加以总结，以原由孟玉婵、朱芳菲编著的《电气设备用六氟化硫的检测与监督》一书为蓝本，邀请多位专家，对相关章节进行了修编，奉献给读者。

本书前言、绪论、第一章、第三章、第六章和附录由孟玉婵修编，第二章由蔡巍、李志刚修编，第四章由孟玉婵、于乃海、蔡巍、周舟修编，第五章由姚强、孟玉婵、周舟、朱立平、郑东升修编，第七章由祁炯、韩慧慧修编，第八章由姚强、于乃海、孟玉婵修编，第九章由孟玉婵、明菊兰修编，全书由孟玉婵统稿。在本书的修编过程中，曾得到游荣文、姚唯建、姚蕾等同志的支持与帮助，在此一并表示感谢！

由于时间仓促，加上修编人员水平有限，书中难免出现错误，恳请读者批评指正。

作　者

2018年10月22日

目录
Contents

绪　论

一、电力行业发展寻求新的绝缘介质

由于社会经济的不断发展，人们对电能的依赖和需求量日益增加，促使大型火电站、水电站和核电站及风、光、生物质等可再生能源的加速建设。这些大型电站为了就近取得能源或由于环境保护的要求，往往远离负荷中心，因而促使电力输送系统向大容量，长距离，超、特高压方向发展。为此，对电气设备提出了新的要求，而新的电气设备的发展又依赖于优异的绝缘介质和灭弧介质。只有不断使用新的绝缘介质和灭弧介质，才能更好地解决电力网各电压等级发展阶段的技术难题。

电气设备传统的绝缘介质和灭弧介质是绝缘油。这是由于绝缘油具有比空气强度高得多的绝缘特性，其比热容比空气大一倍，液态受热后具有对流特性，使它在电气设备中既作绝缘介质又兼冷却介质。在油断路器中，开断电流时，绝缘油为电弧高温所分解，形成以氢为主体的高温气体，积贮压力，达到一定值后形成气吹。由于氢的热导率极高，使弧道冷却并游离，导致电弧在电流过零时熄灭，使断口间获得良好的绝缘恢复特性，保证了大电流的开断。因此，绝缘油在断路器内既是良好的绝缘介质，又是优异的灭弧介质。这些特性使油断路器在高压断路器的发展史上长期占支配地位。但绝缘油最大的弱点是可燃性，而电气设备一旦发生损坏短路，都有可能出现电弧，电弧高温可将绝缘油引燃形成大火。这个问题在城市电网中更为突出。城市对电力依赖性大，要求供电功率大、连续性强，因此在城市电网建设中一系列的供电技术问题（如防火、防过电压、环保等）都需要认真考虑。这就迫使人们改变以油介质为主的绝缘构成，寻求不燃烧、抗老化的新型绝缘介质和灭弧介质。

六氟化硫（化学分子式 SF_6）气体，人们在自然界中并未发现它的存在。1900 年，法国人首次用元素硫和氟气在巴黎大学直接反应合成出六氟化硫气体，随后人们对其物理化学性质进行了初步研究，发现六氟化硫是一种可以与氮气和其他惰性气体相比拟的化学性质极稳定的物质。随着科学技术的发展，六氟化硫气体日益引起人们的兴趣和关注。特别是六氟化硫气体具有不燃烧、优异的绝缘性能和灭弧性能，逐步被人们作为新型介质应用于高压电器。1937 年，法国首先将六氟化硫用于高压绝缘电气设备。1955 年，美国西屋电气公司制造了世界上第一台六氟化硫断路器。进入 20 世纪 60 年代，六氟化硫绝缘电气设备的优越性已为世人所公认，各发达国家竞相研制开发该类设备。我国从 20 世纪 60 年代开始研制六氟化硫绝缘电气设备，目前在我国 63～500kV、750kV、±800kV 及 1000kV、1100kV 电压等级中，六氟化硫断路器和六氟化硫全封闭组合电器（GIS）的应用已相当普遍，110kV 的六氟化硫变压器也已经运行多年。

二、六氟化硫气体质量监督的必要性

六氟化硫气体除因其相对密度大（约为空气的 5 倍），可能在下部空间积聚引起缺氧窒息外，其纯净气是无毒无害的。但是在其生产过程中或者在高能因子的作用下，会分解产生若干有毒甚至剧毒、强腐蚀性有害杂质。当体系中存在水分、空气（氧）、电极材料、设备材料等，会导致分解过程的复杂化，致使分解产物的数量和种类明显增加，其危害也显著加大。

六氟化硫气体杂质的危害主要表现在它的分解产物的毒性和腐蚀性。六氟化硫气体中的杂质及分解产物中酸性物质（特别是 HF、SO_2 等）可引起设备材质的腐蚀；水分的存在，在一定条件下可能导致电气性能劣化，甚至造成严重设备事故；而六氟化硫中存在的诸如 SF_4、SOF_2、SF_2、SO_2F_2、HF 等均为毒性和腐蚀性极强的化合物，对人体危害极大，并有可能引起恶性人身事故。因此对六氟化硫气体施行严格的质量监督与安全管理，是确保设备可靠运行和人身安全的重要保证。表 0-1 中所列是各国的六氟化硫气体质量标准。

表 0-1　六氟化硫气体质量标准

杂质名称	IEC 标准	日本旭硝子公司标准	联邦德国 KatioChemie 标准
空气（氮、氧）	≤2.0%	<0.05	<0.02%
四氟化碳	≤0.24%	<0.05%	10×10^{-6}
水分	$<25\times10^{-6}$（−36℃）	$<8\times10^{-6}$	$<5\times10^{-6}$
游离酸（用 HF 表示）	$<1\times10^{-6}$	$<0.3\times10^{-6}$	$<0.1\times10^{-6}$
可水解氟化物（用 HF 表示）	—	$<5\times10^{-6}$	$<0.3\times10^{6}$
矿物油	$\leqslant10\times10^{-6}$	$<5\times10^{-6}$	$<1\times10^{-6}$
六氟化硫纯度（%）	≥99.7%（液态时）	> 99.8	> 99.9
杂质名称	**苏联 M_3F 标准**	**意大利标准**	**美国 ASTNT 标准**
空气（氮、氧）	<0.05‰	$<31\times10^{-6}$	<0.05%
四氟化碳	<0.05%～0.04%	0.02%～0.04%	
水分	<0.001 5%	露点−55℃	露点−55℃（−58℉）
游离酸（用 HE 表示）	0.03×10^{-6}	—	$<0.6\times10^{-6}$
可水解氟化物（用 HE 表示）	—	—	—
矿物油	0.010%	—	$<5\times10^{-6}$
六氟化硫纯度	—	99.986 4%	99.89%

注　表中的百分数，除注明为体积分数以外，皆为质量分数。

三、六氟化硫气体的质量监督内容

实现六氟化硫气体质量控制的技术基础和前提是，建立准确可靠的分析检测方法和技术，用以监督检验六氟化硫中的杂质组分和含量。为此国际电工委员会（IEC）于 1971 年和 1974 年颁布，2005 年、2014 年及近年修订了六氟化硫气体质量标准和六氟化硫新气及电气设备中六氟化硫气体的分析方法。我国国家标准 GB 12022《工业六氟化硫》1989 颁布，2006 年、2012 年修订；GB/T 8905《六氟化硫电气设备中气体管理和检测导则》1988 年颁布，1996 年、2012 年修订。我国行业标准 DL/T 596—1996《电力设备预防性试验规程》，也分别对六氟化硫气体的分析检测方法和技术、六氟化硫高压电气设备的监督与管理作了相应的规定。表 0-2 简要介绍了六氟化硫气体检测项目、分析方法、仪器设备。

表 0-2　　六氟化硫气体检测项目、分析方法、仪器设备

序号	项　目	分析方法	仪器设备
1	六氟化硫气体泄漏检测	可以采用局部包扎法或压力降法检测六氟化硫电气设备在一定时间间隔内的漏气量，并根据设备的充气量换算年漏气率	检漏仪，仪器原理可以是：真空电离、电子捕获、紫外电离等
2	气体湿度检测	可以采用重量法、露点法、阻容法、电解法测量气体湿度	微量水分测试仪
3	气体密度检测	精确称量一定体积的六氟化硫气体的质量并将其换算到 20℃、101 325Pa 时的质量，根据已知气体的体积计算其密度	球形玻璃容气瓶、天平、流量计等
4	生物毒性检测	模拟大气中氧气和氮气的比例，以 79%体积的六氟化硫与 21%体积的氧气混合，小白鼠在此环境中染毒 24h，观察 72h	染毒缸
5	气体酸度检测	一定体积的六氟化硫气体以一定的流速通过内有氢氧化钠的吸收瓶，气体中的酸被过量的碱吸收，用硫酸标准液反滴定吸收液，根据消耗硫酸标准液的体积、浓度和一定吸收体积的气体计算酸度	砂芯洗气瓶微量滴定管
6	空气和四氟化碳检测	气相色谱法，用癸二酸二异辛酯等柱填料分离气体组分，用 TCD、FPD 检测器检测	气相色谱仪
7	可水解氟化物检测	六氟化硫气体在密封的玻璃吸收瓶中与稀碱进行水解，产生的氟离子用比色法和氟离子选择电极法测定	氟离子选择电极，离子活度计，分光光度计等
8	矿物油含量测定	将定量的六氟化硫气体按一定流速通过两个内有一定体积的四氯化碳的洗气瓶，使六氟化硫气体中的矿物油被完全吸收，然后用红外分光光度计测定吸收液在 $2930cm^{-1}$ 处的吸收峰的吸光度，从标准曲线上查找矿物油的浓度	红外分光光度计
9	气体纯度检测	气相色谱法等	气相色谱仪，纯度仪
10	电弧裂解产物检测	气相色谱法检测，或用专用型检气管、检测仪检测	气相色谱仪，检气管、检测仪

按现行国家标准，为了控制六氟化硫新气质量，对六氟化硫新气要求做生物毒性测定，密度、酸度测定，杂质组分（如可水解氟化物、空气、四氟化碳、矿物油等）的测定，以及六氟化硫气体纯度的测定。我国规定的六氟化硫气体质量标准见表 9-2、表 9-3。

对于六氟化硫电气设备中气体的质量监督和管理，以往我们在实际工作中只注重气体湿度、纯度和电气设备气体泄漏的检测。行业标准 DL/T 596—1996《电力设备预防性试验规程》的颁布，对运行中六氟化硫气体的试验项目、周期提出了新的要求，将六氟化硫电气设备中气体质量监督的范围扩大了。具体要求与标准见表 9-6。

在六氟化硫气体杂质中，气体含水量极受关注。气体湿度的检测是气体质量监督的一项重要内容。气体湿度检测方法很多，主要应用的方法有重量法、露点法、阻容法、电解法。温度检测的对象不仅针对六氟化硫新气，还包括六氟化硫电气设备中正在使用的六氟化硫气体。诸多的湿度检测方法中，重量法为国际电工委员会（IEC）推荐的仲裁方法，电解法、露点法、阻容法为日常测量方法。表 0-3 所列为气体中微量水分定量测定的主要方法。

表 0-3　　　　气体中微量水分定量测定的主要方法

方法名称	检测原理	主要特点
重量法	样品气体定量通过吸湿剂（P_2O_5、$MgClO_4$等）后精确称量	为经典水分基准分析方法，作仲裁用，但实验条件及操作要求严格，测定时间长，耗气量大
电解法	样品气体通过电解池，被 P_2O_5 嗅层吸附，同时被电解，将此电解电流放大检出	操作较简便稳定，适于连续在线分析，但测定灵敏度较低（一般需$>10\times10^{-6}$），间歇测定时达到稳定操作需要时间长
露点法	当测试系统温度略低于样品气体中的水蒸气饱和温度（露点）时，水蒸气结露，通过光电转换输出信号	操作较为简便、可靠，适于间歇测定，测量范围较宽，下限可在10^{-6}级，但装置较复杂，需制冷，测量精度与仪器质量关系很大
吸附量热法	利用吸附剂（Al_2O_3 硅胶等）吸附与脱附水分时产生的热反应，通过热敏电阻变化而检出	测量范围较宽，灵敏度、准确度均较高，但对敏感元件要求高，不适于测定化学活泼气体
吸附电测法	将 α-Al_2O_3 制成吸湿敏感元件，利用容抗变化测定水分含量	装置简便，灵敏度高，用气量少，但敏感元件制作复杂
气相色谱法	选择适当色谱柱进行水分分离测定	通用性强，用气少，响应快，但操作条件苛刻，至今未能实用化
压电石英振荡法	压电石英晶体因吸湿引起质量变化产生差频（Δf），将其调制、放大检出	灵敏度高，响应快，连续和间歇测定均可，但装置较复杂，价格昂贵

六氟化硫气体在电弧作用下的分解产物分析检测也是六氟化硫气体绝缘电气设备监督的内容。由于六氟化硫气体分解产物组分复杂、含量较低，增加了分析检测的难度。随着分析技术的不断发展，分析手段也不断增加。表 0-4 简要介绍了常用的分析仪器、工作原理和测定物质。

表 0-4　　　　常用的分析仪器、工作原理和测定物质

仪器名称	工作原理	测定物质
离子选择性电极	根据电化学原理，在特定电极体系中某离子浓度与输出电位间存在线性关系，由此确定该物质的含量。灵敏度可达 5×10^{-7} mol/L，选择性强	可水解氟化物及其他可在溶液中转化为氟离子的含氟化合物
紫外—可见光分光光度计	化合物分子对特定波长的紫外光或可见光具有选择吸收的能力。利用光电转化将其定性、定量确认。选择性强、应用面宽	可水解氟化物及其他可在溶液中转化为氟离子的含氟化合物
气相色谱仪	多组分的气体首先在特定色谱柱上分离，利用热导（TCD）和火焰光度（FPD）检测器检定。样品用量少，灵敏度高	可实现十几种六氟化硫分解产物的分离与测定
气相色谱—质谱联用仪	利用色谱的分离技术和质谱确定化合物的成分、结构的定性作用，根据荷质比 M/e 不同，有效地实现多组分样品的定性分析	六氟化硫气体中各类分解产物的定性分析
红外分光光度计	利用各种物质的分子及其官能团所具有的特征红外线吸收特性，定性、定量地测定未知物，可分析多种化合物组成与结构	多种六氟化硫气体中杂质组分的测定
气体检测管	被测气体通过气体检测管，根据管中特定化学显色物质的变化，确定待测组分的含量	可测定 HF、SO 等特定的物质
核磁共振波谱仪	^{19}F 磁共振频率由高分辨的核磁共振波谱仪检出，由于各种基体中^{19}F 的化学位移不同，从而检出各种含氟化合物。灵敏度高、扫描速度快	可测定多种电弧分解产物

续表

仪器名称	工作原理	测定物质
X射线衍射	采用X射线通过被试晶体物质，记录X射线衍射图像，以分析被试物质晶体结构来确定其组分	常用来测定固态分解产物

四、六氟化硫气体在环保方而存在的问题

六氟化硫气体作为优良的绝缘介质和灭弧介质，被广泛地应用于各类高压电器中，包括六氟化硫气体绝缘断路器、GIS、变压器、互感器、电力电缆等。但是，六氟化硫气体同时又具有很强的吸收红外辐射的能力，也就是说，六氟化硫气体是具有极强的温室效应的气体。过去我们对六氟化硫气体的温室效应作用不是没有发现，而是由于地球大气中六氟化硫气体的含量非常低，所以没有得到重视。由于六氟化硫气体在化学性能上是极其稳定的一种气体，它在大气中的寿命约为3200年，如以100年为基数，它的潜在温室效应作用为CO_2的23 900倍。同时目前排放的六氟化硫气体正以每年8.7%的速率增长，这些因素都使我们不能不重视六氟化硫气体的温室效应和回收再利用问题。

具有温室效应气体的不断排放引起地球升温，直接威胁到人类的生存，已引起全球的关注。联合国发起召开的《全球气候变暖框架公约缔约国会议》(FCCC)，主要商讨防止地球变暖的问题。该会议明确将CO_2、SF_6、CH_4、NO_2、PFC、HFC六种气体列为必须加以限制的具有温室效应的气体，并明确规定了各发达国家（主要是美国、欧洲、日本）对六种气体排放量的削减指标。

六氟化硫气体的排放（不包括气体的自然泄漏，自然泄漏仅占1/1000）主要指六氟化硫电器设备生产中、充气排气中、试验中、设备安装调试中及设备运行检修中直接对大气的排放。要削减六氟化硫气体的排放量，控制六氟化硫气体的温室效应作用，对策应包括：

(1) 研究六氟化硫气体的代用品，尽量不用或少用六氟化硫气体。如用N_2代替SF_6，研究SF_6与N_2的混合气体等。

(2) 开发研制新型的六氟化硫高压电器，减小GIS等六氟化硫高压电器的尺寸，减少六氟化硫气体的用量。逐步淘汰旧的产品。

(3) 减少六氟化硫气体的排放量，提高六氟化硫气体的回收利用率。

在目前还不得不大量使用六氟化硫气体作为主要的绝缘气体的情况下，六氟化硫高压电器在生产、安装、试验、运行检修中使用专门的气体回收装置，对气体加以回收、处理、再利用应是控制六氟化硫气体的温室效应作用的主要对策。

虽然长期以来，人们对使用六氟化硫产品的前景是很乐观的，目前对六氟化硫气体的回收、处理、再利用已日益得到重视，但是六氟化硫气体在环保方面存在的问题，将成为六氟化硫电器发展中的不确定因素。因此替代气体的研究及应用已经引起国内外关注，包括我国在内的一些国家已在研究替代和混合应用，目前已取得一些成果。

第一章　六氟化硫气体的基本性质

第一节　六氟化硫气体的物理化学特性

金属和非金属的六氟化物是含氟化合物中的一个庞大的和引人注目的群体。尽管大多数的六氟化物在 20 世纪初即已发现，但对这些物质的深入研究却仅始于 20 世纪 40 年代。目前已知的 18 种六氟化物，按照它们的化学性质可分为二组，即非金属化合物和金属化合物。第一组以其稳定性著称，第二组在氟化或水解能力上则有很高的活力。六氟化硫属非金属氟化物，经对其物理化学性质的研究，发现六氟化硫具有与氮气和其他惰性气体相比拟的极稳定的化学性质。

一、基本特性

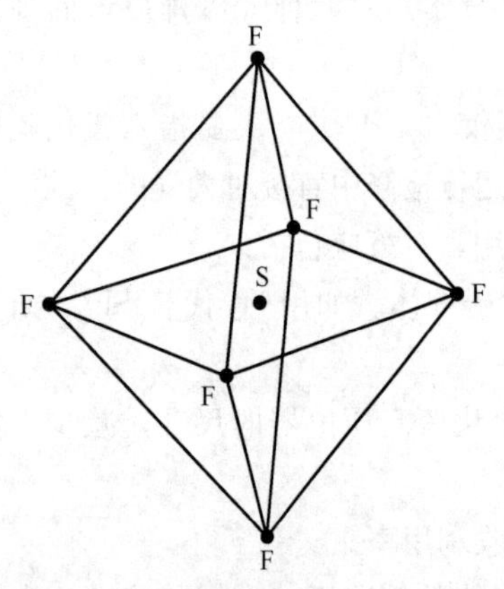

图 1-1　六氟化硫分子结构示意图

六氟化硫由卤族元素中最活泼的氟原子与硫原子结合而成。分子结构是六个氟原子处于顶点位置而硫原子处于中心位置的正八面体（见图 1-1），S 与 F 原子以共价键联结，键距是 1.58×10^{-10}m。

六氟化硫在常温常压下具有高稳定性，在通常状态下六氟化硫是一种无色、无味、无毒、不燃的气体。其分子等值直径是 4.58×10^{-10}。

六氟化硫气体的相对分子质量是 146.07，空气相对分子质量是 28.8。六氟化硫气体的密度是 6.16g/L（20℃，101 325Pa 时），约为空气密度（1.29g/L）的五倍。由于六氟化硫气体密度比空气密度大得多，因此，空气中的六氟化硫自然下沉，致使下部空间的六氟化硫气体浓度升高，且不易扩散稀释。

二、物理化学性质

在标准状态下六氟化硫是一种无色气体，其密度接近理论值。当冷却到－63℃时变成无色的固体物质，加压时可熔化，其三相点参数为 $t=-50.8$℃，$p=0.23$MPa。

1. 溶解度

六氟化硫在极性和非极性溶剂中的溶解度见表 1-1。最早测得六氟化硫在水中的溶解度比氦（He）、氖（Ne）、氙（Xe）、氩（Ar）等惰性气体在水中的溶解度低得多，见表 1-2。

表 1-1 六氟化硫在极性和非极性溶剂中的溶解度 (摩尔分数)

溶剂	溶解度 $\times10^{-4}$	溶剂	溶解度 $\times10^{-4}$	溶剂	溶解度 $\times10^{-4}$	溶剂	溶解度 $\times10^{-4}$
H_2O	0.05	n-C_7H_{16}	100.55	C_7H_{16}	224.4	$(C_4F_9)_2N$	731
HF	1.3	i-C_8H_{18}	153.5	CCl_4	65.54	$N_2H_3CH_3$	2.11
C_6H_6	26.4	$C_6H_5CH_3$	33.95	$C_2Cl_3F_3$	278.6	N_2O_4	93.48
C_6H_{12}	53.91	$C_6H_{11}CH_3$	70.15	CS_2	9.245	CH_3NO_2	10.0

注 $t=25℃$，$p=0.1MPa$。

表 1-2 六氟化硫与氦、氖、氙、氩在水中的溶解度 (体积分数)

物质	溶剂	溶解度 $\times10^{-3}$	物质	溶剂	溶解度 $\times10^{-3}$
SF_6	H_2O	5.5	Xe	H_2O	118
He	H_2O	9	Ar	H_2O	34
Ne	H_2O	16	—	—	—

2. 热稳定性

六氟化硫气体的化学性质极为稳定，在常温和较高的温度下一般不会发生分解反应，其热分解温度为500℃。六氟化硫在室温条件下与大多数化学物质不发生作用。在温度低于800℃时，六氟化硫为惰性气体，不燃烧。在赤热的温度下，它与氧气、氢气、铝以及其他许多物质不发生作用。但在高温下则与许多金属发生反应，而与碱金属在200℃左右即可反应。使用温度在150～200℃时，要慎重选用与六氟化硫接触的材料。

3. 热传导性

由于任何物质的传热过程都包括热传导、热对流、热辐射，所以评价传热性能的优劣应综合分析。对于气体介质而言，它的传热效应往往不是单纯的传导作用，还要考虑自然的对流传热、分子扩散运动携带的能量，以及气体与热固体表面接触膨胀扩散传热等。因此综合考虑六氟化硫气体的导热系数、摩尔定压热容和表面传热系数，可以看到六氟化硫气体的热传导性能虽较差，导热系数只有空气的2/3，但它的摩尔定压热容是空气的3.4倍，其对流散热能力比空气大。此外六氟化硫气体的表面传热系数比空气和氢气大。表面传热系数大，表示热物体在单位表面积、单位温差下的散热效果好，因此六氟化硫气体的实际散热能力比空气好，见表1-3。

表 1-3 六氟化硫气体与空气传热性能的比较

性能	单位	SF_6	Air	比值
热导率	W/(m·K)	0.014 1	0.024 1	0.66
摩尔定压热容	J/(mol·K)	97.1	28.7	3.4
表面传热系数	W/(m^2·K)	15	6	2.5

4. 临界常数

在一定温度下，实际气体压力与体积的关系曲线称为实际气体的等温线。实际气体的等温线平直部分正好缩成一点时的温度称为临界温度。临界温度表示气体可以被液化的最高温度。

在临界温度时使气体液化所需的最小压力称为临界压力。六氟化硫的临界压力和临界温度都很高，临界压力3.9MPa，临界温度为45.6℃。在临界压力和临界温度下六氟化硫气体的密度是7.3g/L。

一般的气体，其临界温度越低越好，如氮气，临界温度－146.8℃，表明氮气只有在低于－146.8℃时才可以液化。六氟化硫则不然，只有在温度高于45.6℃才能恒定地保持气态，通常条件下很容易液化，所以六氟化硫气体不适于在低温、高压下使用。

六氟化硫气体的升华点为－63.8℃，在此温度下，0.1MPa的压力可使六氟化硫气体直接转变为固体。六氟化硫气体的熔点为－50.8℃，在此温度下，六氟化硫由液态转变为固态，在0.23MPa压力下，六氟化硫气体也可以直接转变成固体。

5. 负电性

六氟化硫是负电性气体。负电性是指分子（原子）吸收自由电子形成负离子的特性。六氟化硫气体的这一性质主要是由氟元素确定的。氟元素在周期表上是第七族卤族元素，它的最外层有七个电子，很容易吸收一个电子形成稳定的电子层（八个电子）。元素的负电性可由电子亲和能来评价。当分子或原子与电子结合时会释放出能量，该能量称为电子亲和能。卤族元素均具有负电性，氟具首位。

若干元素的电子亲和能值见表1-4。当氟与硫结合后，仍将保留此特性。

表1-4　　若干元素的电子亲和能值

元素	F	Cl	Br	I	0	S	N	SF_6
电子亲和能（eV）	4.10	3.78	3.43	3.20	3.80	2.06	0.04	3.4
周期族	Ⅶ	Ⅶ	Ⅶ	Ⅶ	Ⅵ	Ⅵ	Ⅴ	—

六氟化硫气体的基本性质与其他气体的比较见表1-5。

表1-5　　六氟化硫气体的基本性质与其他气体的比较

性质	单位	SF_6	Air	H_2	N_2
密度（0℃）	g/L	6.7	1.29	0.089	1.25
相对分子质量		146	28.9	2.0	28
汽化温度	℃	−63.8	−194.0	−252.8	−195.8
导热系数	W/(m·K)	0.014 1	0.021 4		
摩尔定压热容	J/(mol·K)	97.1	28.7		
表面传热系数	W/(m²·K)	15	6		
音速（30℃）	m/s	138.5	33	1200	330
介电常数	1	1.002	1.000 5		
临界温度	℃	45.6		−239.7	−146.8
临界压力	MPa	3.72		1.28	3.35
熔点	℃	−50.8			=210
原子的电子亲和能	eV	3.4			0.04

第二节　六氟化硫气体的电气性能

一、绝缘性能

1. 氟原子的高负电性与六氟化硫优异的电气性能

电力系统和电气设备中常用气体作为绝缘介质。气体在正常状态下是良好的绝缘介质，但当电极间电压超过一定临界值时，气体介质会突然失去绝缘能力而发生放电现象，此现象称为击穿，表现为火花放电、电弧放电、间隙击穿、电晕、沿面放电等。气体介质之所以会击穿而产生火花放电通道，是由于在强电场下产生了强烈的游离，并发展到自持放电的结果。气体放电的过程实际上是游离复合的过程。

六氟化硫气体是一种高电气强度的气体介质。在均匀电场下它的电气强度为同一气压下空气的2.5～3倍。在0.3MPa气压下六氟化硫气体的电气强度与绝缘油相同。图1-2所示为六氟化硫气体和空气、变压器油在工频电压下击穿电压的比较。

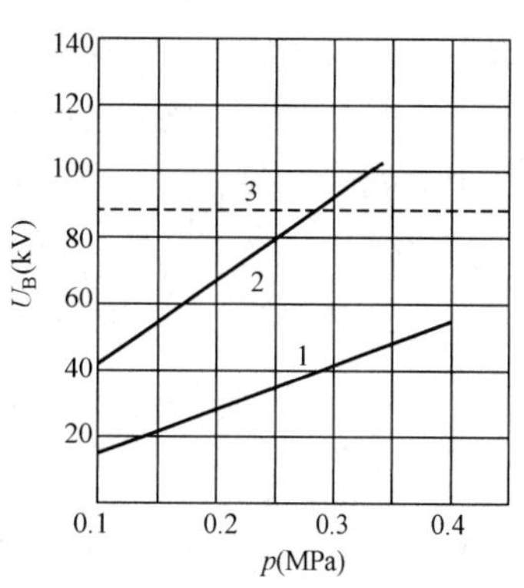

图1-2　六氟化硫气体和空气、变压器油在工频电压下击穿电压的比较

1—空气；2—六氟化硫；3—变压器油

六氟化硫气体的这一特性主要是由六氟化硫的负电性所决定的。气体击穿遵循碰撞游离的规律，六氟化硫气体在强电场下电离，生成六氟化硫正离子和自由电子。由于六氟化硫分子结构以硫原子为中心、6个氟原子分别位于正八面体的顶端，而氟原子是负电性极强的元素，因此它的电子捕获截面大，六氟化硫电子亲和能达到了3.4eV，所以六氟化硫气体可以捕捉自由电子形成负离子。这样，一方面使游离能力很强的电子数目大为减少，削弱了游离因素；另一方面，离子的自由行程比电子短，两次碰撞间获得的动能小，同时在发生弹性碰撞时又容易失去动能，因此离子本身产生碰撞游离的可能性小，所以在气体放电时，负离子起到阻碍放电形成与发展的作用。

此外，六氟化硫分子直径大。使得电子在六氟化硫气体中的平均自由行程相对缩短，不容易在电场中积累能量，从而减少了电子的碰撞游离能力。

同时六氟化硫相对分子质量是空气相对分子质量的5倍。六氟化硫离子在电场中运动速度比空气（氧、氮）更慢，正、负离子更容易复合，使气体中带电质点减少。

游离—复合过程可用反应式表示如下：

$$SF_6 \longrightarrow SF_6^+ + e \qquad \text{电离(吸收能量)}$$

$$SF_6 + e \longrightarrow SF_6^- \qquad \text{(放出能量)}$$

$$SF_6^- + SF_6^+ \longrightarrow 2SF_6 \qquad \text{复合(放出能量)}$$

2. 六氟化硫气体绝缘的特点

六氟化硫气体绝缘的特点是：电场均匀性对击穿电压的影响，在0.1MPa气压下远比空气的大，而在高气压下和空气的击穿特性相近。与空气相比，六氟化硫气体中的电子等带电质点随电场强度加大而增长的速度，以前者的为大，而电晕的自屏蔽效应以前者的为弱，故六氟化硫在极不均匀电场中的击穿电压比均匀电场中的要低得更多，即电场的均匀程度对六氟化硫击穿电压的影响要比对空气的击穿电压的影响大。

极性对六氟化硫气体击穿电压的影响和空气相似，也和电场均匀程度有关。由于充六氟化硫气体的绝缘结构其电场都是稍不均匀电场，它的负极性击穿电压比正极性击穿电压低，因此六氟化硫气体绝缘的电气设备的绝缘水平决定于负极性。

充六氟化硫气体的电气设备的冲击击穿特性是：放电时延长，冲击系数大，击穿电压随冲击波波头时间的增加而减少，负极性击穿电压比正极性低。若与常规的电气设备变压器相比，其伏秒特性比较平缓，冲击系数又低得多，因而一般认为充六氟化硫电气设备的绝缘水平主要决定于雷电冲击水平，且是负极性下的雷电冲击。

在均匀、稍不均匀电场中，在0.1MPa压力下，空气的击穿电压和电极的表面状态及材料的关系不大。而在高气压下，击穿电压与电极表面状态有很大关系。六氟化硫气体绝缘同样具有高气压下空气绝缘的特性。电极表面粗糙度对六氟化硫气体绝缘的击穿电压的影响，和气压、电压波形、极性等因素有关。在六氟化硫气体中存在导电粒子，也会显著地降低击穿电压，成为充六氟化硫气体绝缘的电气设备的一个故障因素。

六氟化硫气体绝缘与空气绝缘的比较见表1-6。

表1-6　六氟化硫气体绝缘与空气绝缘比较

类别		空气绝缘	六氟化硫气体绝缘
电场结构		长间隙不均匀电场	短间隙不均匀电场
极性效应		正极性击穿电压低	负极性击穿电压低
冲击特性	冲击系数	约1.0～1.1	约1.1～1.3
	放电时延		同样电场结构下，放电时延长
	波形	操作冲击波下，随着波头时间的改变，击穿电压有极小值	击穿电压随波头时间增加而增加
气体压力		击穿电压随气压增大而增加，但有饱和的趋势	同空气
电极表面状况与导电粒子		无影响	有影响

二、灭弧特性

1. 电弧现象概述

电弧是一种气体导电现象，其特点是：温度很高，中心温度达10 000K；电流密度很大，平均电流密度为$1000A/cm^2$。

在正常状态下气体的分子是不导电的。所以常温下气体是良好的绝缘介质，但当温度升高到几千度时，气体的分子（原子）大量产生游离，而离解成为正离子和自由电子，这些带电粒子在电极间（触头间）电场的作用下产生定向运动，因而造成气体导电现象。

气体导电具有负的伏安特性和负的电阻温度特性。即当电流增加时其电压降下降，当弧柱的温度增大时其电阻减小。

电弧电压降由三部分组成，即靠近两个电极的近极区压降和中间等离子区的压降。等离子区的压降在电弧电压降中占主要部分，电弧的特性由等离子体的特性所决定。

等离子体特性中与电弧的燃烧、熄灭直接有关的就是其导电特性（电导率），它是由温度所决定的。断路器灭弧的基本过程，即是对电弧通道采用足够强的冷却手段，使交流电流过零前后电弧通道温度迅速下降，随之等离子体电导率迅速下降。使其带电粒子重新结合成中性分子，过渡到绝缘状态。

2. 六氟化硫气体是一种优良的灭弧介质

作为良好的灭弧介质，首先要在对灭弧具有决定作用的温度范围内，具有良好的导热性，能快速冷却电弧。在电流过零时，能迅速地去游离，使弧隙的介质强度能迅速恢复。六氟化硫气体能很好地满足这些要求。在六氟化硫气体中，对交流电弧的熄灭起决定作用的是六氟化硫气体的负电性，以及六氟化硫气体独特的热特性和电特性。

（1）六氟化硫气体独特的热特性和电特性在熄弧中的作用。六氟化硫气体随温度的增加，分解作用逐渐显著。在温度低于 1000K 时，六氟化硫气体几乎不发生分解。随温度上升，气体开始分解且速度加快。在 2000K 附近达到高峰阶段。此时六氟化硫分子分解成四氟化硫、二氟化硫等低氟化物和硫、氟原子。在温度继续上升时，低氟化物又被分解成硫、氟原子。而电离开始的温度是 4000K 左右，一旦温度超过 5000K，电离速度加快，电导率明显增加，空间形成自由电子和硫、氟离子，形成显著的导电特性。由于实际触头燃弧时，不可避免地有金属蒸汽存在，六氟化硫分解气体电离的下限温度为 3000K，实际弧柱中温度在 3000K 以上就形成导电的弧芯部分。电弧中心温度约为 15 000～200 00K。

由于气体的分解和离解都要消耗能量，分解和离解加剧时，气体就要大量吸收热量。所以高温下六氟化硫气体的分解和离解反应对导热过程影响很大，致使六氟化硫气体在 2000K 附近有一热传导高峰。这对六氟化硫电弧弧柱截面形状有重要影响。通常称 3000K 以上的区域，即主要的通过电流的区域为“弧芯区”，外面温度较低的区域为“弧焰区”。由于六氟化硫气体在 2000K 附近的热传导高峰，使六氟化硫电弧在弧芯区边界上有很高的热传导能力，传导散热很强烈，温度降低得很快。因此形成陡峭的温度下降的边界。造成高温导电区域内具有高导电率和低热导率。因此六氟化硫电弧电流几乎全部流经电弧高温的中心部分。可见六氟化硫气体中的电弧是由细而辉度高的弧芯部分和低温的外焰部分组成的，而且六氟化硫气体中的电弧直至小电流都有维护细直径、高辉度的特性。六氟化硫电弧弧芯的高温结构可以维持到电流接近零点。

六氟化硫气体这种独特的热特性和电特性形成六氟化硫电弧弧芯的导电率高。因而电弧电压低，电弧功率小。有利于电弧熄灭。同时由于六氟化硫弧柱在电流很小时还维持弧芯导电机构，弧芯的热体积小，在电流零点时的残余弧柱体积小。因此六氟化硫弧柱介质恢复特性好。由于弧芯结构可以维持到电流零点附近，这使六氟化硫电弧不会造成电流截断，在开断感性小电流时不会出现高的截流过电压，而且弧芯的高温可以通过很陡峭的温度特性效应进行散发，可快速冷却电弧。

（2）六氟化硫气体的负电性在熄弧中的作用。电弧在六氟化硫气体中燃烧时，在电弧的高温作用下，电弧空间的六氟化硫气体几乎全部分解为单原子态的氟和硫。在电弧电流过零的瞬间，由于氟和硫都具有很强的负电性，大量地吸附和捕捉自由电子，形成负离子，使 F^- 在电流过零时急剧增多，这些负离子的质量都很大，是电子的几千倍。在电流过零后极性相反时，这些负离子移动缓慢，导致与正离子结合的概率大为增加，使负离子大量复合，所以弧隙的介质强度恢复大为加快。

(3) 六氟化硫气体的电弧时间常数。反映灭弧介质最重要的特性之一的参数，就是流过电弧的电流在自然过零时弧柱电导变化的时间常数，其值越小越好。通常，把电弧电流突然消失后，电弧电阻增大到 e(2.718) 倍时所需时间作为电弧时间常数。电弧时间常数代表电弧电导随输入功率变化的快慢，因此电弧时间常数是介质灭弧性能的重要标志量。小电流试验中，六氟化硫电弧时间常数仅为空气的电弧时间常数的 1/100，即六氟化硫的灭弧能力是空气的 100 倍，见表 1-7。大电流电弧试验表明，六氟化硫的开断能力约为空气开断能力的 2～3 倍。六氟化硫气体优良的灭弧性能与其电弧时间常数小是分不开的。

表 1-7　　六氟化硫气体介质与空气介质比较

项目	六氟化硫	空气	项目	六氟化硫	空气
弧芯平均温度（K）	12 000～14 000	10 000～11 000	电弧时间常数（μs）	10^{-2}	1

第三节　六氟化硫气体的状态参数

六氟化硫气体和许多气体一样，在不同温度和压力下存在三态。六氟化硫气体在一定容器内不流动时，可用三个状态参数来代表它所处的状态，即压力（p）、密度（ρ）、温度（t）。因气体的大量分子是处在无规则的热运动之中，故气体的状态参数是大量分子运动状态的平均参数。

一、理想气体状态方程

一定量的气体（质量 m，相对分子质量 M_r）一般可以用下列三个量来表征：①气体的体积（V），气体的体积是气体分子所能达到的空间，与气体分子本身体积的总和完全不同；②压强（p），指气体作用在容器器壁单位面积上的正交压力；③温度 t 或 T。这三个表征气体状态的量，称为气体的状态参数。

实验表明，表征平衡状态的三个参量 p、V、T 之间存在着一定的关系，我们把气体的 p、V、T 之间的关系式称为气体状态方程。

一般气体，在压力不太大（与大气压相比）、温度不太低（与室温相比）的条件下，它遵守玻义耳—马略特定律、盖吕萨克定律和查理定律。也就是温度不变时，压力和体积成反比。体积不变时，压力和温度成正比。压力一定时，温度和体积成正比。遵守这些定律的气体称为理想气体。理想气体的 p、V、T 关系方程称为理想气体状态方程。

许多气体在通常情况下，可视为理想气体，它们的状态参数之间存在简单的关系，即理想气体状态方程式

$$pV = mRT/M_r$$

式中　m——气体质量，g；

p——气体压力，MPa；

T——温度，K；

V——气体体积，L；

M_r——气体摩尔质量，g/mol；

R——摩尔气体常数，为 0.008 2MPa・L/(K・mol)。

上述的理想气体状态方程也可以表示为：

$$p=\rho R'T \quad \rho=m/V \quad R'=R/M_r$$

式中　ρ——气体密度；

R'——气体常数。

根据气体状态方程可以推断气体状态变化时各参数之间的关系。例如气体在等温压缩（或等温膨胀）时，压力与密度成正比。

二、六氟化硫气体状态参数曲线

在工程应用的范围之内，空气或一般气体都可以当作理想气体来看待，它们与理想气体的特性差异很小，按理想气体分析计算不会有显著误差。六氟化硫气体则不然，由于六氟化硫气体分子质量大，分子之间相互作用显著，使得它表现得与理想气体的特性相偏离。图 1-3 给出在温度不变（20℃）的条件下，六氟化硫气体压力随着体积压缩而变化的情况。当压力高于 0.3～0.5MPa 时，由于六氟化硫分子间吸引力随密度增大（即分子间距离的减小）而越加显著。实际的气体压力变化特性，与按理想气体变化的压力特性之间的偏离也越来越大。按照理想气体定律推导出来的各种关系式用来计算六氟化硫参数会产生较大的误差。

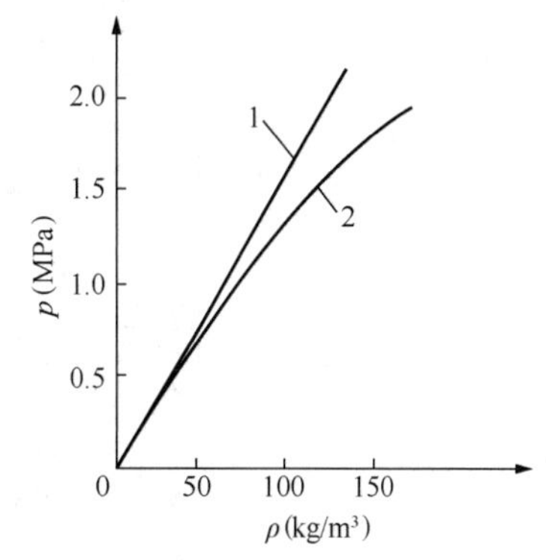

图 1-3　理想气体与六氟化硫气体的压力与密度变化关系（t=20℃）

1—按理想气体变化；2—六氟化硫气体压力变化

在实际使用中，为较准确地计算六氟化硫的状态参数常采用经验公式，下面的公式是比较实用的。

$$p=[0.58\times10^{-3}\rho T(1+B)-\rho^2A]\times10$$

$$A=0.764\times10^{-3}(1-0.727\times10^{-3}\rho)$$

$$B=2.51\times10^{-3}\rho(1-0.846\times10^{-3}\rho)$$

式中　p——六氟化硫气体的压力，MPa；

ρ——六氟化硫气体的密度，kg/m^3；

T——六氟化硫气体的温度，K。

在工程实用中使用这个公式计算太复杂，所以把它们的关系绘成一组状态参数曲线图，见图 1-4。

图中的曲线 AMB 是六氟化硫气体由气态转化为液态和固态的临界线，也称六氟化硫的饱和蒸汽压力曲线。它代表在给定温度下气相与液相、气相与固相处于平衡状态时的压力（饱和压力）值。曲线之右侧是气态区域，AMM′为液态区域，M′MB 为固态区域。M 点为六氟化硫的熔点，其参数为 t_M=−50.8℃，p_M=0.23MPa，这点是气、液、固三相共存状态。B 点为六氟化

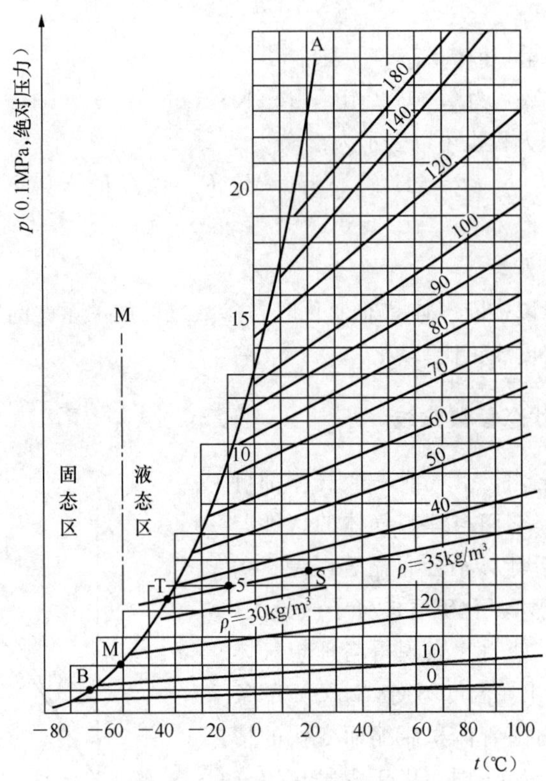

图 1-4　六氟化硫的状态参数曲线

M—熔点；t_M＝－50.8℃；p_M＝0.23MPa；B—沸点；t_B＝－63.8℃；p_B＝0.1MPa

硫沸点，t_B＝－63.8℃，饱和蒸汽压等于 0.1MPa。图中的气态区域中的斜直线簇所表示的就是经验公式中所表示的 p-ρ-t 的关系。

三、六氟化硫气体状态参数曲线的应用

应用状态参数曲线图可以较方便地计算六氟化硫的状态参数，以及求取液化或固化的温度。

1. 计算断路器内六氟化硫气体的充气体积

例如，某六氟化硫断路器，在 20℃时工作压力为 0.45MPa（表压），六氟化硫气体充装量为 31kg，求断路器内部充气体积。

在 20℃时工作压力 0.45MPa，则绝对压力为 0.55MPa。由 20℃、0.55MPa 压力，从图 1-4 查得斜直线簇中工作点 S，估算这条经过 S 点的平行于斜直线簇的斜线的密度是 35kg/m^3，则六氟化硫断路器的充气体积为：31kg/35kg・m^{-3}＝0.886m^3。

2. 计算六氟化硫断路器内部充气压力随外界温度变化而变化的允许范围

例如，在 20℃，上述充气工作压力为 0.45MPa、绝对压力为 0.55MPa 的六氟化硫断路器，在环境温度升至 30℃，若保持密度 ρ＝35kg/m^3 不变，沿此斜线在图 1-4 的 S 点右侧查得 30℃时，绝对压力为 0.58MPa，工作压力则为 0.48MPa。而在温度降至－10℃时，沿密度 ρ＝35kg/m^3 斜线可以在 S 点左侧查出－10℃时，绝对压力为 0.49MPa，工作压力为 0.39MPa。结果表明，外界温度在－10～30℃之间变化时，六氟化硫断路器的工作压力可以在 0.39～0.48MPa 之间变化

(20℃时充气压力 0.45MPa)。

3. 了解不同工作压力下六氟化硫气体液化时的温度

上例中的六氟化硫断路器，20℃时工作压力为 0.45MPa，密度 $\rho=35kg/m^3$，工作点 S，过 S 点的斜线交于 AMB 曲线于 T 点，此点温度 $t=-33$℃，相应的工作压力为 0.35MPa。即此断路器中六氟化硫气体，在－33℃时开始液化。T 点表示温度下降而出现凝结的液化点。

六氟化硫气体一旦开始液化，随温度继续下降，六氟化硫气体不断凝结成液体，气体的密度不再保持常数而是不断减小，而且气体的压力下降得更快。温度降到液化点并不表示全部气体立刻被凝结成液体，只是凝结的开始。当温度继续降低，气体的压力、密度下降更快时，六氟化硫气体的绝缘、灭弧性能都迅速下降，所以六氟化硫断路器不允许工作温度低于液化点。

从曲线 AMB 可以看出，六氟化硫断路器工作压力越高，液化温度越高。液化温度与断路器的工作压力有关。若按液化温度不高于－20℃计算，相应的在 20℃时的绝对压力不应高于 0.82MPa，工作压力（表压）不应高于 0.72MPa。

断路器工作压力很低时，温度下降时可能不出现液化而直接凝成固体。其 p-T 直线与 AMB 曲线的交点在 M 点以下。

第四节　六氟化硫气体在电弧作用下的分解

六氟化硫气体化学性质极为稳定。纯六氟化硫气体是绝对无毒的，但其分解产物全是有毒的。在大电流开断时由于强烈的放电条件，六氟化硫会解离生成离子和原子团（基），而在放电过程终了时，其中大部分又会重新复合成六氟化硫。但其中一部分会生成有害的低氟化物。这些物质的反应能力极强，当有水分和氧气存在时，这些分解产物又会与电极材料、水分等进一步反应生成组分十分复杂的多种化合物。这不仅会造成设备内部有机绝缘材料的性能劣化或金属的腐蚀，致使设备绝缘性能下降，而且会对电气设备和人身带来严重不良后果。因此，有必要对六氟化硫气体在电弧作用下的分解过程以及分解产物的物理化学性质作一扼要介绍。

一、六氟化硫气体的电弧分解反应

六氟化硫气体在电弧作用下分解的主要成分是 SF_4 和电极或容器的金属氧化物。在有水分、氧存在时，则会有 SOF_2、SO_2F_2、HF 等化合物的生成。

下面介绍六氟化硫气体分解的主要反应。

(1) 六氟化硫气体的自身分解反应如下：

$$SF_6 = SF_4 + F_2$$

(2) 断路器因电弧产生的金属电极材料的蒸汽与六氟化硫进行的氧化还原反应，以铜电极为例，反应如下：

$$2SF_6 + C_u = C_uF_2 + S_2F_{10}$$

$$SF_6 + C_u = C_uF_2 + SF_4$$

$$SF_6 + 2C_u = 2C_uF_2 + SF_2$$

$$2SF_6 + 5C_u \longrightarrow 5C_uF_2 + S_2F_2$$

$$SF_6 + 3C_u \longrightarrow 3C_uF_2 + S$$

在金属铜被氧化生成 CuF_2 的同时，硫则被还原成多种价态离子。这些离子除以游离形式存在外，还会形成多种低氟化合物。对于其他金属电极来说也大体是这样。无论是何种氟化物，其形成均与金属的还原能力、相对于六氟化硫的金属蒸发量、氟化物的热稳定性等因素有关。电弧集中于电极的附近，相对于 SF_6 而言，金属蒸汽量一般是过剩的。此时，易生成硫原子数较少的低氟化物。

生成的低氟化物主要是 SF_4、S_2F_2、SF_2，很少有发现 S_2F_{10}。而且所生成的氟化物中 S_2F_{10}、SF_2、S_2F_2 在受热时均会发生如下的非均化反应：

$$S_2F_{10} \longrightarrow SF_4 + SF_6$$

$$2SF_2 \longrightarrow SF_4 + S$$

$$S_2F_2 \longrightarrow SF_4 + 3S$$

在放电时因其温度升高过程不同，分解产物的组成比率按照上述反应可有很大的变化。

(3) 另外，在气体中如果有水分存在时，则很容易发生水解反应生成 H_2SO_3 和 HF。这是构成设备内部绝缘性能劣化和腐蚀的原因。因此，应严格控制断路器内的水分含量。

水分含量低时会引起下述的部分水解反应：

$$SF_4 + H_2O \longrightarrow SOF_2 + 2HF$$

$$SOF_2 + H_2O \longrightarrow SO_2 + 2HF$$

$$2SF_2 + H_2O \longrightarrow SOF_2 + 2HF + S$$

$$2S_2F_2 + H_2O \longrightarrow SOF_2 + 2HF + 3S$$

当水分含量高时则会发生完全的水解反应

$$SF_4 + 3H_2O \longrightarrow H_2SO_3 + 4HF$$

$$2SF_2 + 3H_2O \longrightarrow H_2SO_3 + 4HF + S$$

$$2S_2F_2 + 3H_2O \longrightarrow H_2SO_3 + 4HF + 3S$$

$$SOF_2 + 2H_2O \longrightarrow H_2SO_3 + 2HF$$

上述之分解产物都具有很强的反应能力，而且具有不同程度的毒性。从事有关六氟化硫气体工作的人员，应认真执行 DL/T 639《六氟化硫电气设备制造运行及试验检修人员安全防护细则》，以避免工作人员中毒事故的发生，确保人身安全。

二、六氟化硫在电弧作用下主要分解产物的性质

主要分解产物有：

(1) 四氟化硫 (SF_4)，在常温下为无色气体，有类似 SO_2 的刺激味道。在空气中能与水蒸气形成烟雾。SF_4 与水猛烈反应生成 SOF_2 和 HF，与碱液反应生成氟化物和亚硫酸盐，遇浓硫酸会发生分解并放热。SF_4 易溶于苯，可用碱液或活性氧化铝吸收。SF_4 对肺有侵害作用，影响呼吸系统，其毒性与光气并列。原联邦德国和美国规定空气中允许浓度为 0.1×10^{-6}。

(2) 氟化硫 (S_2F_2)，在常温下为无色、有类似 SCl_2 味道的气体；遇水蒸气能在 30～40s 内完全水解形成 S、SO_2 和 HF；90℃开始分解，200～250℃反应加快；常温下不与 Fe、A1、Si、Zn 反应，与水和碱激烈反应，与氨作用生成 NH_4F。S_2F_2 易被活性氧化铝吸收。S_2F_2 为有毒的

刺激性气体，对呼吸系统有类似光气的破坏作用。

(3) 二氟化硫 (SF_2)，极不稳定，受热后更加活泼，易水解生成 S、SO_2、HF。可用碱液或活性氧化铝吸收。毒性与 HF 近似，美国毒性基准规定为 5×10^{-6}。

(4) 十氟化二硫 (S_2F_{10})，为五氟化硫的二聚物，在常温常压下为易挥发性液体，无色、无臭、无味，化学性质上极稳定；在水和浓碱液中分解极慢，且不溶于其中；在 200～300℃时即完全分解生成 SF_4 和 SF_6。S_2F_{10} 是一种剧毒物质，其毒性超过光气，主要破坏呼吸系统，空气中含 1×10^{-6} 能使白鼠 8h 死亡。美国和联邦德国曾规定 S_2F_{10} 在空气中之允许浓度为 0.025×10^{-6}。

(5) 氟化亚硫酰 (SOF_2)，为无色气体，有窒息性味道。化学性质很稳定，在红热温度下仍不活泼，例如在 125℃时不与 Fe、Ni、CO、Hg、Si、Ba、Mg，Al、Zn 以及氯、溴、一氧化氮等物质反应。SOF_2 可发生水解反应，并能在碱的酒精溶液中分解。它与水的反应在 0℃时进行缓慢，然而它与溶于 HF 中的水可瞬时反应。SOF_2 为剧毒气体，可造成严重肺水肿，刺激黏膜，当空气中含有 1×10^{-6}～5×10^{-6} 时即可觉察出刺激味道，并会引起呕吐。

(6) 氟化硫酰 (SO_2F_2)，无色无臭气体，化学上极稳定，加热至 150℃亦不与水和金属反应。SO_2F_2：被 KOH、NH_4OH 缓慢吸收，但不易被活性氧化铝吸收。苏打石灰 (CaO＋NaOH) 可吸收 SO_2F_2。SO_2F_2 是一种导致痉挛的有毒气体，可引起全身痉挛并麻痹呼吸器官、肌肉、使其失去正常功能而造成窒息。它与 SOF_2 不同，它的危险性尤其在于无刺激味道，且不引起眼、鼻、黏膜的刺激作用，故初始不易察觉，往往发现中毒之后会迅速造成死亡。我国规定空气中最高允许浓度为 5×10^{-6}。

(7) 四氟化硫酰 (SOF_4)，与水反应生成 SO_2F_2 并放出大量热；能被碱液吸收；对肺部有侵害作用。

(8) 氟化氢 (HF)，对皮肤、黏膜有强刺激作用并可引起肺水肿、肺炎等；对设备材质有腐蚀作用。

(9) 二氧化硫 (SO_2)，强刺激性气体，损害黏膜及呼吸系统，还可引起胃肠障碍，疲劳等症状。

(10) 二硫化碳 (CS_2)，无色或淡黄色透明液体，有强刺激性气味，易挥发，损害黏膜、神经和血管。

空气中 SF_6 气体及其毒性分解产物的容许含量见表 1-8。

表 1-8　　空气中 SF_6 气体及其毒性分解产物的容许含量　　(mL/m^3)

名　称	容许含量	名　称	容许含量
SF_6	1000×10^{-6}	SiF_4	$2.5mg/m^3$
SF_4	0.1×10^{-6}	HF	3×10^{-6}
SOF_4	$2.5mg/m^3$	CF_4	2.5×10^{-6}
SO_2	2×10^{-6}	CS_2	10×10^{-6}
SO_2F_2	5×10^{-6}	AIF_3	$2.5mg/m^3$
S_2F_{10}	0.025×10^{-6}	CuF_2	$2.5mg/m^3$
SOF_{10}	0.5×10^{-6}	$Si(CH_3)_2F_2$	$1mg/m^3$

思考题

1. 六氟化硫的分子结构有何特征？
2. 六氟化硫的主要理化性质是什么？
3. 六氟化硫气体的电气特性是什么？
4. 六氟化硫气体的电弧分解产物主要有哪些？
5. 六氟化硫的熔点参数和沸点参数各为多少？

第二章　六氟化硫气体绝缘电气设备

本章介绍几种常见的使用六氟化硫气体作为绝缘介质的电气设备，主要包括六氟化硫封闭式组合电器、六氟化硫气体绝缘断路器、六氟化硫气体绝缘变压器以及六氟化硫气体绝缘电缆等，分别从各类电气设备的结构组成、主要特点和常规应用等方面进行介绍，为读者详细了解六氟化硫气体绝缘电气设备提供参考。

第一节　六氟化硫封闭式组合电器

一、结构组成

六氟化硫封闭式组合电器又称气体绝缘开关设备（GIS），是一种将发、变电站用的各种电气元件组合在一起，封闭在接地的金属壳内，以六氟化硫气体作为绝缘介质的电气设备。它的组成元件一般包括断路器、避雷器、隔离开关、接地开关、电压互感器、电流互感器、母线、电缆终端（或引线套管）等。六氟化硫气体压力一般为0.3～0.4MPa。图2-1为六氟化硫封闭式组合电器结构示意图。

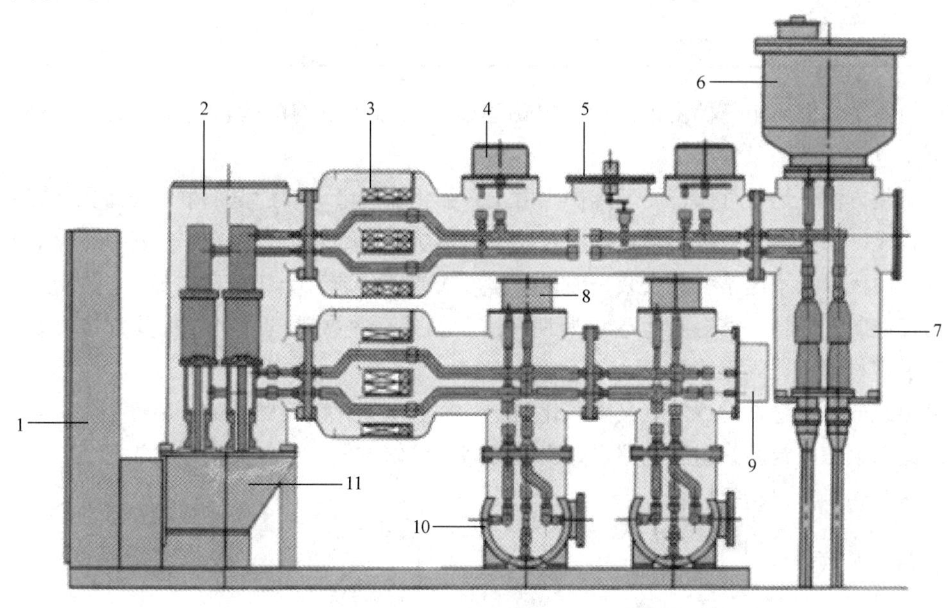

图2-1　六氟化硫封闭式组合电器结构

1—汇控柜；2—断路器；3—电流互感器；4—接地开关；5—出线间隔开关；6—电压互感器；7—电缆终端；8—母线隔离开关；9—接地开关；10—母线；11—操作机构

六氟化硫封闭式组合电器从结构形式上可分为三相共箱式和三相分箱式。三相分箱式占地面积相对较大，配有电动或液压操作机构，价格相对便宜。三相共箱式结构更紧凑，占地面积小，配有带联动装置的弹簧操作机构，可进行三相联动操作，但价格较高。两种结构各有优点。当前国外电站多使用三相共箱式，从设计施工的角度考虑，三相共箱式更便于布置和安装。

二、主要特点

由于城市规划部门的配电系统要求提供比常规的空气绝缘设备面积和体积小得多的紧凑设备，从 1965 年开始，六氟化硫封闭式组合电器得到了迅速发展，其优点如下：

（1）占用面积与空间体积小。由于六氟化硫气体有很好的绝缘性能，因此绝缘距离大为缩小。通常电气设备的占地面积大约与绝缘距离缩小的倍数成平方比例缩减，空间体积则成立方比例缩减。随着电压等级的提高，缩小的比例越来越大。

据国外统计，不同电压等级采用六氟化硫封闭式组合电器与常规敞开式电气设备的占地面积与空间体积的比较如表 2-1 所示。

表 2-1　　占地面积与空间比例的比较

电压(kV)	占地面积（m^2）			空间体积（m^3）		
	组合电器	常规电器	缩小比例（组合电器/常规）	组合电器	常规电器	缩小比例（组合电器/常规）
66	21	123	0.170	136	1360	0.100
154	37	435	0.077	331	8075	0.041
275	66	1200	0.038	414	28 800	0.014
500	90	3706	0.024	900	147 696	0.006

体积的缩小为大城市、稠密地区的变电站建设以及城市电网的改造提供了有利条件，也为建设地下变电站创造了条件。

（2）安装方便、运行可靠、便于维护。由于六氟化硫组合电器的全部电气设备封闭于接地外壳内，组装成一个整体，减少了自然环境对设备的影响，因而还适宜用在严重污染地区、盐雾地区、高海拔地区以及水电站。其安装一般以整体形式或者分成若干部分运往现场，因此可以大大缩减现场安装的工作量，缩短工程建设周期。由于其外壳是接地的，可以将其直接安装在地面上，节省了钢材和水泥等建筑材料。

六氟化硫气体绝缘性能稳定，又无氧化问题，加上六氟化硫断路器的开断性能好、触头烧伤轻微，因此六氟化硫封闭式组合电器运行安全可靠、维修方便，检修周期也大为延长。其检修周期一般可达 5～8 年，长者可达 20 年。

三、常规应用

由于六氟化硫组合电器布置灵活，具有许多优点，因此，在国内新建变电站中使用较多，特别是大型的枢纽变电站，近年来几乎都在使用；污秽严重和高寒地区应首先考虑使用。设计中使用六氟化硫组合电器可以采用室外布置和室内布置方式，但是布置时应注意进出线位置，六氟化硫组合电器出线为硬连接，改变出线较困难，进出线位置的偏移使连接不方便，因此相关设备的布置在不违反规范的要求时应尽量对齐，以避免由此增加的工作量和设备费用。由于六氟化硫封闭式组合电器集多种设备于一体，因此重量较重，为了方便安装和检修，应在设计中考虑吊装设备，室内安装时还应考虑预留安装孔。

第二节　六氟化硫气体绝缘断路器

六氟化硫气体绝缘断路器（GCB）是利用六氟化硫气体作为灭弧介质和绝缘介质的一种断路器。六氟化硫用作断路器中灭弧介质始于 20 世纪 50 年代初，由于这种气体的优异特性，使这种断路器单断口在电压和电流参数方面大大高于压缩空气断路器和少油断路器，并且不需要高的气压和相当多的串联断口数。在 60～70 年代，六氟化硫断路器已广泛用于超高压大容量电力系统中。80 年代初已研制成功 363kV 单断口、550kV 双断口和额定开断电流达 80、100kV 的六氟化硫断路器。而如今，它更是广泛地用在电力领域中，成为特高压工程建设不可或缺的设备之一。

一、结构组成

按照断路器总体布置的不同，六氟化硫断路器可以分为瓷瓶支柱式结构和落地箱式结构两种。

1. 瓷瓶支柱式

瓷瓶支柱式六氟化硫断路器又称为敞开式六氟化硫断路器，该结构断路器在外形上与压缩空气断路器或少油断路器极为相似。带电部分与接地部分的绝缘由支持瓷套承担。灭弧室安装在支持瓷套的上部，安装在瓷套内。一般每个瓷套安装一个断口。随着额定电压的提高，支持瓷套的高度以及串联灭弧室的个数也随之增加。支持瓷套的下端与操作机构相连，通过支持瓷套内的绝缘拉杆带动触头完成断路器的分合闸操作。

这种灭弧装置置于支柱瓷套顶部带高电位的储气罐内，由绝缘拉杆进行操作，是目前广泛采用的一种型式。其优点是系列性好，选用不同标准的灭弧单元与支柱瓷套，即可组装成不同电压等级的产品。这种结构，六氟化硫气体用量较少，绝缘问题容易解决。均压电容也可采用普通油纸电容器，便于配套。但操作杆较长，需要较大功率的操作机构，且电流互感器未装成套，组合性差。

2. 落地箱式

落地箱式六氟化硫断路器又称为罐式六氟化硫断路器，沿用了箱式多油断路器的总体结构。灭弧室和触点均安放在金属箱体内，箱体是接地的。带电部分与箱体之间的绝缘由六氟化硫气体承担。随着断路器额定电压提高，灭弧室的断口也随之增加。为了均压，每个灭弧室并接了均压电容器。电流经套管引入，每个箱体上装设了两个引线套管，一般都装设了套管式电流互感器，引线套管内腔亦充六氟化硫气体。这种结构的六氟化硫断路器便于互感器配套，组合性好，且结构稳定，机械稳定性较高，抗震能力强。但六氟化硫气体的用量较多，系列性较差。图 2-2 为 LW-220 六氟化硫罐式断路器结构图。

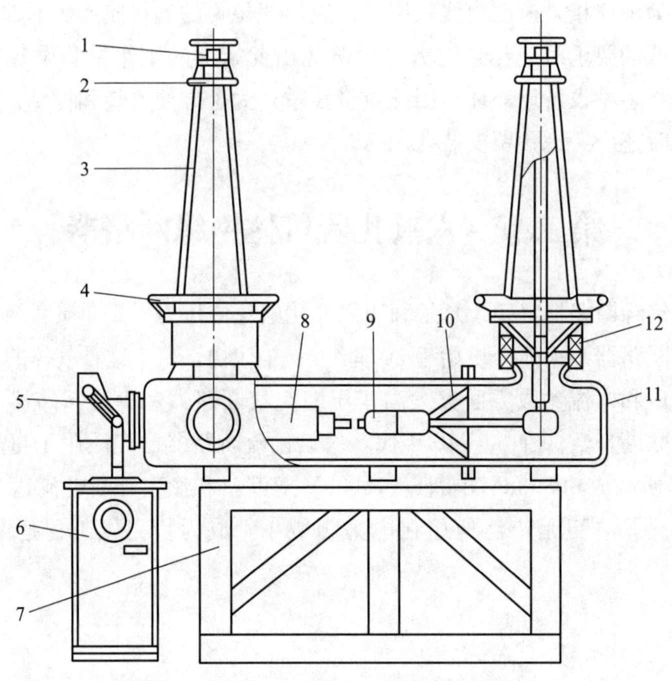

图 2-2 LW-220 六氟化硫罐式断路器结构图

1—接线端子；2—上均压环；3—套管；4—下均压环；5—拐臂箱；6—机构箱；7—基座；8—灭弧室；9—静触头；10—盆式绝缘子；11—壳体；12—电流互感器

二、主要特点

1. 开断和绝缘性能优良

高压断路器一般要求断口电压高、开断容量大、操作过电压低、结构简单、维修方便。

六氟化硫断路器的断口电压可以做的较高，在电压等级相同，开断电流相当和其他性能接近的情况下，六氟化硫断路器的串联断口数较少。

由于近区开端时，恢复电压上升速率很高，高压大容量断路器开断近区故障相当困难。一般的空气和少油断路器，介质强度恢复速度比六氟化硫断路器要低。六氟化硫断路器不但有很高的介质强度恢复速度，而且对于恢复电压不敏感，所以具有很好的开断进去故障的能力，可以开断比空气断路器大许多倍的电流，而无需附加并联电阻，因而六氟化硫断路器断口数可以比较少。

在开断小电流时，空气和少油断路器容易引起高的操作过电压。而六氟化硫断路器在开断小电流时无重燃，在开断小电感电流时，无截流现象发生，因而开断小电流时过电压低。

六氟化硫断路器在这方面显示的优点，使得其更有利于向超、特高压断路器的方向发展。

2. 结构简单紧凑，维修方便

由于断口电压较高，所以六氟化硫断路器断口数较少，特别是单压式灭弧室结构的采用，使得六氟化硫断路器的结构比空气和少油断路器都要简单得多。

在六氟化硫断路器中，及时开断大电流时，电弧电压也不高，约为空气断路器电弧电压的

1/10 左右，所以电弧功率小。同时六氟化硫断气体的散热能力比空气大得多，特别是温度在 2000K 左右时，导热系数最大。能将电弧能量大量导散，因而对触头烧损轻微，大大延长了触头的寿命。由于六氟化硫断路器的触头寿命长，在六氟化硫气体中的金属和绝缘件很少发生劣化现象，所以六氟化硫断路器的检修周期长，一般情况下，3 年以内不需检修。

3. 操作功率小，缓冲平稳

机构工作缸与灭弧动触头的传动比为 1∶1，机构特性稳定。机构特性稳定性可达 3000 次，机构寿命研究试验做到 10 000 次，操作噪声小于 90dB。

4. 会产生腐蚀性分解物

在六氟化硫断路器中，六氟化硫气体的含水量必须严格规定不能超过标准。水会与电弧分解物中的四氟化硫产生氢氟酸而腐蚀材料。当水分含量达到饱和时，还会在绝缘件表面凝露，使绝缘强度显著降低，甚至引起沿面放电。

除此之外，六氟化硫气体在放电时的高温下会分解出有腐蚀性的分解物，对铝合金有严重的腐蚀作用，对酚醛树脂层压材料、瓷绝缘也有损害。因此，在六氟化硫断路器中，一般均装有吸附装置，吸附剂为活性氧化铝、活性炭和分子筛等。吸附装置可完全吸附六氟化硫气体在电弧的高温下分解生成的腐蚀性杂质。

三、常规应用

随着人们对六氟化硫断路器的充分认识，六氟化硫断路器作为电气施工中中压开关的使用已经有取代传统的真空开关与其他传统开关的趋势。主要的应用场合有架空线路与传输用的中高压电缆，在具体施工过程中可以用于当段电缆的切断和保护装置，可以在实施保护电缆、维护输送线路上起到断开的作用。

六氟化硫断路器在变压器中承担中压开关作用，与传统的开关相比较，在同等的过电压倍数的情况下，不用设计专门的避雷装置，有效地降低了变压器的成本与体积，使得结构更加简单与合理。

当断路器用于切断电动机时，必须对操作过电压的问题给予充分的注意。过电压的目标限值为小于 2.5 倍，六氟化硫断路器与传统的断路器均可达到，而当切断小电动机时（起动电流小于 600A），由于电弧多次重燃的缘故，真空断路器需要采取限制过电压的措施。

第三节　六氟化硫气体绝缘变压器

六氟化硫气体绝缘变压器（GIT）是一种具有良好发展前景的变压器。随着中国的城市化发展，大城市人口更加密集，高层建筑林立，用电量急剧增加，变压器数量也在不断增加，传统的大容量油浸式变压器油量大，一旦因故障着火，将对高层建筑和人们的生命财产安全构成严重的威胁。同时，由于大城市用地紧张，为了节约用地，变压器往往需要安装在高层建筑内。因此对变压器的消防要求更加严格，人们对不燃变压器的研究和应用也日益重视。不燃变压器按其绝缘介质不同，可以分为硅变压器、环氧树脂浇注变压器、复敏绝缘液介质变压器和六氟化硫气体绝缘变压器，其中六氟化硫气体绝缘变压器以其独有的优势受到了人们的关注，20 世纪 60 年代以来，在日本、欧洲得到较为广泛的开发和应用，目前在中国也正在快速发展。

一、结构组成

1. 铁芯

基本与油浸式变压器相同，由于六氟化硫气体的导热性能远不如绝缘油，所以铁芯的磁密度略低于油浸式变压器，对冷却回路的设计要求也较高。由于六氟化硫气体的电气绝缘性能在常压下低于绝缘油，所以中小型变压器绕组的绝缘距离稍大，冷却器道也要大些，铁芯尺寸要比油浸式变压器大些，大型变压器的铁芯要增加冷却气道。

2. 绕组

绕组型式有圆筒式、回旋式、纠结式和内屏蔽式等，导线采用 E 级、F 级或 H 级绝缘，大型变压器采用曲折型导向冷却气道，绕组要求场强均匀，避免尖端部分。

3. 绝缘

在正常大气压下，六氟化硫气体的电力绝缘强度为空气的 2～3 倍，随着气压的升高，绝缘强度也成倍增加。为了降低成本，中小型气体变压器箱内的气压，在室温时仅为大气压的 1.2 倍左右。高电压气体变压器箱内的气压为大气压的 2～3 倍，这时绝缘强度可接近于绝缘油的强度，绕组的绝缘距离可以缩小，然而箱壳需加固，以承受较高的气压。

4. 冷却系统

根据冷却介质不同，六氟化硫气体绝缘变压器可以分为气体绝缘、气体冷却和气体绝缘、液体冷却两大类型。容量小于 60MVA 的六氟化硫气体绝缘变压器，其热损耗小，一般采用六氟化硫气体循环冷却的散热方式，这种类型的六氟化硫气体绝缘变压器与传统的油浸式变压器在结构上有不少类似之处，在设计中可以借鉴。而容量大于 60MVA 的六氟化硫气体绝缘变压器，大多数采用液体冷却和气体绝缘分离式结构，这类产品的结构和油浸式变压器有很大差异，通常为分层冷却、箔式绕组的六氟化硫气体绝缘变压器。

5. 气体压力及监视

气体变压器的正常充气压为 137.3kPa（20℃），高压电缆箱及载调压开关的六氟化硫气体压力侧分别是 392.3kPa 和 29.4kPa，气体变压器的绝缘在 98.1kPa 压力时也能耐受系统最高运行电压。气体变压器上装有温度补偿压力开关，可以根据用户要求设置高、低气压的报警及跳闸压力。虽然气体压力随着温度的变化而变化，但由于进行了温度补偿，温度补偿压力开关指示的气体压力为折算到 20℃的压力。

6. 气泵

气泵是气体变压器的重要组成部分，一般当主变负荷率达到 50%以上时，需将气泵投入运行，以增加散热效果。因此，气泵的质量好坏将会影响到变压器的安全可靠性，在气体变压器中大多选用低噪、高可靠性及最低维护要求的气泵。

7. 有载调压开关

所有气体变压器采用的都是真空开关型有载调压开关，它具有以下特点：有载调压开关在气体变压器体内有独立的气室，其额定气压为 29.4kPa；用真空开关作为切换开关，不会因切换产生的电弧而使气室内气体受污染；用滚动触头代替滑动触头，可以减少机械磨损及降低驱动力；使用寿命长，电寿命可达 20 万次，机械寿命可达 80 万次，能连续运行 30 年免维修。

8. 突变压力继电器

突变压力继电器相当于油浸式变压器的瓦斯继电器，它根据测得的气体压力突变率来判断是否存在内部故障并给出跳闸命令，需要指出的是，气体变压器与气体绝缘组合开关不同，由于气体变压器内有很大的空间，因而当发生内部故障时，气体压力也不会上升到能威胁变压器外壳结构的数值，因此气体变压器不需设置泄压装置。

二、主要特点

1. 绝缘性能和冷却效果良好

六氟化硫有着很好的电气特性，主要表现在其绝缘特性和电弧熄灭特性上。由于六氟化硫的负电性（即吸附电子的能力），使其具有极好的介电绝缘性能。在均匀电场中，六氟化硫绝缘强度约为空气的 2.5 倍；当气体压力为 0.2MPa 时，六氟化硫气体的绝缘强度与绝缘油相当。同时六氟化硫在熄灭电弧和瞬时放电的温度范围内（1500～5000K）有着优异的热交换特性。因此，六氟化硫气体绝缘变压器有着很好的绝缘性能和冷却效果。

2. 不易燃易爆

六氟化硫气体属于惰性气体，五色、无味、无毒和不可燃，其分子结构非常稳定，室温条件下，它不会和与之接触的物质发生化学变化，从而大大简化了灭火设施的配置；当六氟化硫气体绝缘变压器与六氟化硫封闭式组合电器相结合时，整个变电站处于气体绝缘的环境中，这样就增强了整个变电站的不易燃性。在防爆性方面，当变压器内部发生电弧现象时，内部升高的压力会被六氟化硫气体体积的变化而抵消，因而六氟化硫气体绝缘变压器不需要附加压力释放设备。

3. 安装方便，布局灵活

六氟化硫气体绝缘变压器在出厂时完整组装，六氟化硫气体也注入其中，在安装现场无需抽真空，且六氟化硫气体由气罐直接输入到变压罐中，基本上不需要任何工具，因此装料时清洁、迅速。同时，由于六氟化硫气体的密度仅为绝缘油密度的 1/60，且黏性较低，因此在冷却管中压力降很小，这样冷却器可以水平安装，也可以脱离变压器垂直安装，从而使其布局相当灵活。

4. 简洁、轻巧

六氟化硫气体绝缘变压器不需要油枕和压力释放设备，无需隔离墙，同时六氟化硫气体密度比变压器油密度大，从而显得简洁、轻巧。除此之外，六氟化硫气体绝缘变压器还具有噪声低、易于维护检查、占地面积少等优点，尤其当六氟化硫气体绝缘变压器与六氟化硫封闭式组合电器配合使用时，可省去电缆头等附属设备，这些优势更加明显。

三、常规应用

目前，变压器主要向两个方面发展：一是向特大型超高压方面发展，另一是向节能化、小型化、低噪声、高阻抗、防爆型发展。前者一般都用在大型电站或电力输送上，后者主要以中小型产品为主。

根据六氟化硫气体绝缘变压器的特点，其特别适合用于以下场所：在人口密集地区，在负荷集中地区，在防火安全要求较高的地区，在可靠性要求较高的地区，在湿度高、灰尘较多的地区，在要求与环境保持协调之处以及在要求节省空间之处。

第四节　六氟化硫气体绝缘管道输电线

六氟化硫气体绝缘管道输电线又称为六氟化硫气体绝缘电缆（GIC），是将单相导体或三相导体封装在充有六氟化硫气体的金属圆筒内，带电部分与接地部分的金属圆筒间的绝缘由六氟化硫气体来承担。

自从 1972 年六氟化硫气体绝缘电缆投入商业运行以来，已经在世界范围内得到广泛的应用。这种超高压输电方式布置紧凑、输送容量大、可靠性高，为长距离输电系统提供了理想的选择。

一、结构组成

1. 构件

六氟化硫气体绝缘电缆管道母线输电回路，基本上由三条并联的离相管道母线组成，输电导体与外壳为同心结构。输电回路的每一相均由接地合金铝外壳和内置管状合金铝导体组成，导体支架为实心绝缘子，管壳内充填六氟化硫气体，保持导体与外壳的电气绝缘。

管道线路的每一段，均可采取不同形状的母线段：直管段、弯管段、T 型段或交叉段。一个母线段组件，通常配有一个固定式绝缘子，以固定管壳内的导体；如母线段较长，会加配一个或几个活动式绝缘子，其沿管壁移动，以适应导体的热胀冷缩。

固定式绝缘子的材质为环氧树脂，有两种形式：三支柱式和锥形。带有滤清器的锥形绝缘子，可作拦污板使用；气隔绝缘子把母线管道阻隔成许多个单独的气腔。

安装过程中，导体的连接方式为插接，外壳可对焊拼接，亦可法兰连接。法兰盘的密封件为双层密封环；安装完毕之后，管道接缝须做气密性检验。如果地下铺设管道，接缝处应加涂防腐保护材料。

2. 导电颗粒吸附器

绝缘子均配有 Tri-Trap 导电颗粒吸附器。导电颗粒吸附器与外壳的电气接触紧密，二者之间形成了低电势区，使得导电颗粒移动到零电势或低电势区。由于场压很低，导电颗粒会被牢牢吸附，不会飘逸而去。此外，在管道母线段的最低点，亦布置了导电颗粒吸附器，以捕获受重力作用影响而移动的导电颗粒。

3. 弯管段、T 型段和交叉段

如需改变六氟化硫气体绝缘电缆管道母线走向，或者需要多点分接，可采用弯管段、T 型段或交叉段，以便形成 T 型段支路，形成与六氟化硫避雷器、电压互感器对接的 T 型连接，或者按照客户的接线方案实现 T 型连接。弯管段的弯折角为 79°至 179°，可以任一角度改变管路走向，使得回路设计极具灵活性。

弯管段、T 型段和交叉段的外壳为斜接，导体为专用铸造件，绝缘子靠近接头放置，将导体置于管壳中心。由于支持绝缘子布置在直管段，所以弯管段、T 型段或交叉段出厂前至少与一节直管段组装在一起，与之相临的接缝，同直管段之间的现场焊缝一模一样。

4. 基础支架

地上或沟内敷设六氟化硫气体绝缘电缆的时候，需按一定的间距布置支架，以保证系统运行安全。管道母线的架设地点互有差异，其设计的细节不宜雷同，应确保支撑得当，使六氟化硫气体绝缘电缆无论在正常状况下还是在地震等异常条件下，都能持续正常运行。基础支架上应设挡护板，以限制管道母线在地震时横向位移，并保证其位移方向正确无误。

5. 导体连接方式

六氟化硫气体绝缘电缆管道母线相邻两段导体的连接，一律采用 HM 型压指插接组件。接触元件布置在导体插口的底部，其相邻导体的插头镀银，插头滑入插口，实现连接。这种连接方式，可为系统运行提供低电阻电流路径。

6. 外壳连接方式

六氟化硫气体绝缘电缆管道母线段一般采用螺栓法兰连接，法兰盘上设有两层密封圈，以阻止六氟化硫气体泄漏。内层密封圈用来维持管内的气压，外层密封圈用作环境屏障，保护内层密封圈不被氧化，从而使大修周期超过 30 年。管道母线敷设就位之后，为保障系统可靠运行，每一个法兰连接处均布置了漏气观测点，以证实内外层密封圈已安装妥当。

除法兰连接方式外，还可以采用全线焊接方式。六氟化硫气体绝缘电缆母线管道的专用焊接设计，主要用于填埋布线，地上敷设在特殊使用条件下也可采用。

7. 气体密度在线监测系统

六氟化硫气体绝缘电缆管道母线的气体监测装置为温度补偿式气体密度监测仪，直接安装在线路管道上。气体密度监测仪通常设有两个报警触头，分别在常态工作密度降低 10%和 20%的时候发出报警信号。管道母线的额定绝缘强度，以第二级报警时的绝缘水平为设计及试验条件。每一相的每个单独气腔、均配有气体密度监测仪，偶尔也可通过旁管来监测相邻气腔。

二、主要特点

普通的电力电缆是采用油纸绝缘的，由于绝缘油和纸的介电常数大，充电电流较大，且随线路长度的增加成正比例上升，较长距离的电缆必须加并联电抗器补偿。六氟化硫气体绝缘电缆在输送容量和输送距离方面，均比传统电缆要高。与油纸电力电缆相比，六氟化硫气体绝缘电缆具有多方面优点。

六氟化硫气体的介电常数为 1，而油纸绝缘电缆的介电常数为 3.6，六氟化硫气体绝缘的电容值大致为油纸电缆的 53%，电容电流较小。六氟化硫气体绝缘电缆的介质损耗基本可以忽略不计。考虑六氟化硫气体的对流散热效果后，其散热性能也比油纸电缆好，因此六氟化硫气体绝缘电缆的额定电流可提高，具有更大的传输容量，适宜于远距离输送。

六氟化硫气体绝缘电缆的波阻抗约为 60Ω，大于油纸绝缘电缆的波阻抗，因此与架空线路连接时对行波的反射大为减少。加之允许工作温度高、无着火的危险，安装时不受落差的限制，使六氟化硫气体绝缘电缆特别适用于超高压大容量的传输，适宜用于六氟化硫全封闭组合电器与架空线的连接，用于大城市中大容量的供电。

在安装、运行及维护方面，六氟化硫气体绝缘电缆管节较长，尽量减少安装时的对接次数，以降低其运行期的泄漏风险。专用的导体插接组件提供了大电流、低损耗的电气路径。安装结束之后，六氟化硫气体绝缘电缆的维护可大为简化，只需每年查验六氟化硫气体的湿度和压力，并检查线路的受力组件。并且，六氟化硫气体绝缘电缆设备内部不包含容易磨损的活动部件或开关元件，故管道内部不必检查或维护；在长达 50 年的使用期内，可以长期、可靠、低成本运行。

三、常规应用

与常规电缆系统和架空输电线路相比，六氟化硫气体绝缘电缆输电容量大，布置紧凑而灵活，有效的电磁屏蔽，运行可靠而安全，使其在某些特定的使用环境和条件下，具有技术优越性。六氟化硫气体绝缘电缆适用于电压等级为110kV及以上，载流量可达5500kA的输电系统。主要应用方面如下：

1. 六氟化硫封闭式组合电器的线路连接

架空线路与变压器之间的连接，六氟化硫封闭式组合电器扩建。

2. 变电站扩建

穿越已有的空气绝缘母线或架空线路。

3. 优化电厂布置

多台变压器的出线共用一回六氟化硫气体绝缘电缆，可压缩变电站规模，减少开关设备数量；若地下空间有限，可地面以上布线，以拓展通道；比架空线路占用工期短，可迅速投运。

4. 优化水电站布置

六氟化硫气体绝缘电缆沿竖井敷设，将地下电站能送上地面；多台变压器共用一回六氟化硫气体绝缘电缆出线，减少出线数目，从而缩小出线洞洞径，减少土建投资；六氟化硫封闭式组合电器布置在地下，可以减少出线截面积，并降低被山上塌石击毁的风险。

5. 输电线路扩建

如需新增入网回路，可从现有的输电线路下方穿越输电线路移入地下，少占地而且美观。

第五节　其他六氟化硫气体绝缘设备

一、六氟化硫气体绝缘电流互感器

随着电网的快速发展，电流互感器在电网中的数量也呈几何级数增长。220kV及以上电压等级的电流互感器主要是油浸式电流互感器和六氟化硫气体电流互感器；110kV及以下电压等级的电流互感器主要是油浸和干式电流互感器。

六氟化硫气体电流互感器绝缘介质为六氟化硫气体，一般采用倒立式结构。金属外壳联通其内部所装的二次绕组一并固定在瓷套上端，金属外壳上有一次出线端子及联结板，瓷套下端由底座支撑，二次绕组引线经瓷套中的二次引线管一直到底座中的二次出线板上。一次绕组是由一导电管和一导电杆组成，导电杆从导电管中心穿过。当单独使用导电管时，一次绕组即为一匝（并联）；当使用联结板将导电杆与导电管串联时，一次绕组为两匝（串联）。

六氟化硫电流互感器内部充有绝缘性能优良、稳定性好的六氟化硫气体，电场经优化设计，场强均匀、绝缘裕度大、介质损耗及局部放电小。同时，倒立式结构漏抗小，提高了准确级和带负载能力。

虽然六氟化硫电流互感器较油浸式电流互感器有一定优势，但是随着其运行数量的增加，也相继出现了较多的故障。主要问题表现在：材料、制造工艺和设计等方面存在问题，导致内部绝缘爬电或击穿；随着运行年限的增加，六氟化硫气体含水量超标；无法满足电网发展对短路能力以及准确级的要求；与环境条件不适应。

二、六氟化硫气体绝缘开关柜

随着社会、经济的不断发展，工程建设的复杂程度的加大，用户对开关设备小型化、免维护、智能化的要求越来越高。中压领域尤其是在35kV电压等级，常规的以空气为绝缘介质的开关柜普遍体积较大（柜宽不小于1200mm，体积一般不小于7m^3），重量较重（一般不小于2t），操作困难，尤其不能满足在高海拔、潮湿、污秽等恶劣环境条件下的使用要求。在这种背景下，六氟化硫气体绝缘开关柜越来越引起广泛关注。

六氟化硫气体绝缘开关柜又称为柜式气体绝缘金属封闭开关设备（C-GIS），是高压GIS产品在中压领域的拓展。它是采用低气压的SF_6气体、N_2气体或混合气体作为开关设备的绝缘介质，用真空或SF_6为灭弧介质，将母线、断路器、隔离开关等中压元件集中密闭在箱体中，综合运用现代绝缘技术、开断技术、制造技术、传感技术、数字技术生产的集智能控制、保护、监视、测量、通信于一体的高新技术产品。具有体积小、重量轻、安全性好、可靠性高、能适应恶劣环境条件下使用等优点。

近年来，气体绝缘开关设备在我国也得到了迅速推广与应用，特别是随着我国城市电网建设和改造、轨道交通以及大型工矿企业等对开关设备提出了小型化、智能化、免维护、全工况等新的更高要求，高性能、高品质的充气柜在国内的需求越来越强烈。由于传统空气绝缘开关设备受环境条件（如高海拔、潮湿、盐雾、污秽、腐蚀等）的局限性，已不能满足冶金、石化、矿山以及沿海地区等用户的要求；城市地铁和轻轨、高层建筑、大型企业等场合，因占地面积、空间限制等因素，也必将选用35kV气体绝缘开关设备。35kV C-GIS产品具有广阔的应用前景。

三、六氟化硫气体绝缘终端

气体绝缘终端又简称GIS终端，是SF_6组合电器开关实现电缆进线的必需产品，也可用于电缆与变压器相的连接。终端外部填充SF_6气体或变压器油。GIS终端应采用预制应力锥加环氧套管的组合型结构，带弹簧的锥形托盘紧顶预制应力锥，使之紧靠环氧套管锥形壁。终端内不需添加任何绝缘浇注剂，密封性能可靠，绝缘强度高，性能稳定，能满足GIS开关和变压器运行的要求。GIS电缆终端与GIS开关配合应满足IEC 60859配合尺寸要求。产品长期工作温度及载流量能满足与其相配合电缆的要求。

四、油气套管

一端浸入六氟化硫气体，另一端浸入绝缘油介质中，将六氟化硫气体绝缘封闭式组合电器的高压带电导体连接至油浸式变压器高压引线的一种套管。

思考题

1. 六氟化硫气体绝缘变电站有哪些特点？
2. 六氟化硫气体绝缘断路器按照结构如何分类？简述各自特点。
3. 六氟化硫气体绝缘变压器适合的应用场所有哪些？
4. 六氟化硫气体绝缘电力电缆较普通电力电缆的优势有哪些？
5. 六氟化硫电流互感器的缺点有哪些？

第三章　六氟化硫气体实验室检测技术

本章分别叙述了六氟化硫新气密度测定，六氟化硫气体中酸度、可水解氟化物、矿物油、空气、四氟化碳的测定，湿度的重量法测定及六氟化硫气体毒性生物试验等，着重阐述分析了检测方法的基本原理、试验条件的选择、分析结果的处理，对分析中的有关问题进行了探讨。

第一节　六氟化硫气体密度测定

密度测定法（称重法）是一种鉴别六氟化硫气体的主要方法。与其他方法（如红外吸收光谱法、热导率测定法、气相色谱法）相比，具有简便、可靠的优点。

一、测定方法

1. 原理

精确称量一定体积六氟化硫气体的质量，计算其密度。即在一定的温度、压力条件下，利用恒量质量的容气瓶、灌装已知体积的六氟化硫气体，在高精度天平上迅速称量质量，并将其质量核算到20℃、101 325Pa时的质量，根据已知体积求出密度，在20℃、101 325Pa情况下，六氟化硫气体的密度为6.16kg/m^3，这种方法是基于经典的重量法原理。

2. 仪器与设备

（1）球形玻璃容气瓶：具有相对的两只严密真空活塞，容积约100mL；

（2）天平：感量0.000 1g；

（3）湿式气体流量计：0.5m^3/h，精度±1%；

（4）空盒气压计；

（5）真空泵；

（6）U形水银压差计或真空表；

（7）秒表。

3. 操作步骤

（1）将容气瓶洗净、烘干，真空活塞涂上真空脂。

（2）将容气瓶与真空泵、U形水银压差计相连接，抽真空，待压差计示值稳定后关闭真空活塞，停掉真空泵。观察压差计示值，半小时之内应稳定不变，否则应当重涂真空脂。

（3）测定容气瓶容积（V_0）。

称量容气瓶质量（m_1），准确至±0.1g。

将称过质量的容气瓶充满水，擦净外部多余的水，称其质量（m_2），准确至±0.1g。记录水的温度（t）。

查出温度 t 时水的密度（ρ_w）。

按式（3-1）求出容气瓶容积（V_0）：

$$V_0 = (m_2 - m_1) \times 10^{-3} / \rho_w \tag{3-1}$$

式中　V_0——容气瓶容积；

m_1——空容气瓶质量，g；

m_2——充满水后容气瓶质量，g；

ρ_w——t℃下水的密度，kg/m^3。

（4）按图 3-1 连接好抽真空系统。

（5）关闭真空活塞 A，开启真空活塞 B。

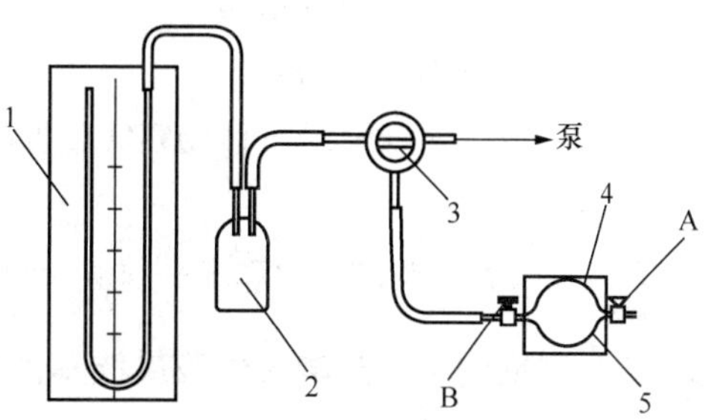

图 3-1　抽真空系统装置

1—U 形水银压差计；2—缓冲瓶；3—三通活塞；4—防护罩；5—球形玻璃气瓶

启动真空泵，至 U 形水银压差计示值稳定后，缓缓开启真空活塞 A，少顷，关闭 A。如此重复操作三次，即反复用空气将容气瓶冲洗三次。

（6）继续抽真空至 U 形水银压差计示值稳定后，持续抽真空 2nin。

（7）关闭真空活塞 B，关停真空泵，拆下球形玻璃容气瓶。

（8）称量球形玻璃容气瓶质量（m_3），准确至±0.2mg。

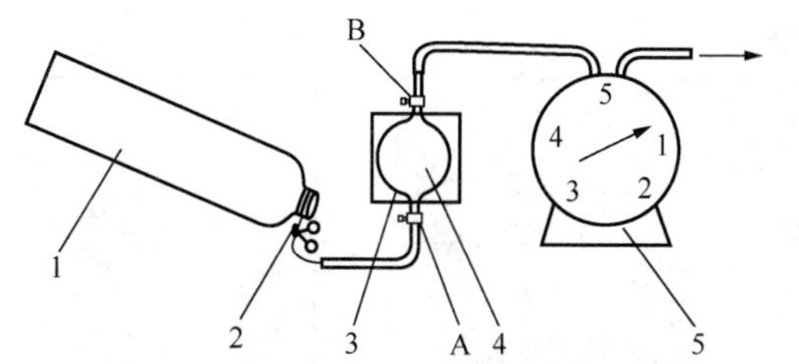

图 3-2　六氟化硫充气连接装置

1—六氟化硫气瓶；2—压力表；3—防护罩；4—球形玻璃容气瓶；5—湿式气体流量计

（9）将六氟化硫气瓶倒置，按图 3-2 连接六氟化硫充气装置，开启减压阀，调节其流速为 1L/min，将球形玻璃容气瓶的真空活塞 A 与六氟化硫气瓶的减压阀出口相连，真空活塞 B 与湿式气体流量计相连。

（10）依次开启真空活塞 A 和 B，同时用秒表计时。

（11）通气 0.5min，依次关闭真空活塞 B、A 和气瓶减压阀。

（12）迅速取下球形玻璃容气，使活 B 开口向上并迅速打开一次，使瓶内外压平衡，然后立即关闭。

（13）称量球形玻璃容气瓶的质量（m_4），准确至±0.2mg。

（14）记录大气压力（p）及室温（t）。

（15）重复上述操作，进行平行试验。

4. 结果计算

（1）六氟化硫气体体积的校正。按式（3-2）将充入容气瓶内的六氟化硫气体体积（V_0）校正为标准状况（20℃、101 325Pa）下的体积：

$$V = V_0 \times \frac{293p}{101\,325(273 + t)} \tag{3-2}$$

式中 V——六氟化硫校正体积，m^3；

V_0——充入之六氟化硫体积，m^3；

p——大气压力，Pa；

t——室温，℃。

（2）按式（3-3）计算六氟化硫气体密度，即

$$\rho=\frac{m_4-m_3}{V}\times 10^{-3} \tag{3-3}$$

式中 ρ——六氟化硫气体密度，kg/m^3；

V——六氟化硫气体体积（20℃、101 325Pa），m^3；

m_3——空容气瓶质量，g；

m_4——充满六氟化硫气体的容气瓶质量，g。

5. 精确度

取两次平行试验结果的算术平均值为测定值。重复性：相对误差小于0.5%。

二、密度测定的影响因素及最佳操作条件

除温度、压力对密度测定有直接影响外，灌充六氟化硫气体的速度、时间、容气瓶的准确体积、真空度及容气瓶真空活塞口的位置，也都会对测定结果有一定影响。为了弄清其影响程度并选择最佳试验条件，可采用正交试验的办法对上述因素进行考查，试验安排见表3-1，试验结果见表3-2和图3-3。

表3-1　试验安排

水平	A 流速（L/min）	B 时间（min）	C 真空度（Pa）	D 位置
1	5.0	1.5	133.322	垂直
2	2.5	1.0	266.644	斜
3	1.0	0.5	不抽真空	水平

表3-2　试验结果

序号	A 流速（L/min）	B 时间（min）	C 真空度（Pa）	D 位置	密度 ρ(kg/m³)
1	1（5.0）	1（1.5）	1（133.322）	1（直）	6.181 7
2	1（5.0）	2（1.0）	2（266.644）	2（斜）	6.119 3
3	1（5.0）	3（0.5）	3（不抽真空）	3（平）	6.137 5
4	2（2.5）	1（1.5）	2（266.644）	3（平）	6.108 9
5	2（2.5）	2（1.0）	3（不抽真空）	1（直）	6.103 4
6	2（2.5）	3（0.5）	1（133.322）	2（斜）	6.116 3
7	3（1.0）	1（1.5）	3（不抽真空）	2（斜）	6.129 1
8	3（1.0）	2（1.0）	1（133.322）	3（平）	6.078 1
9	3（1.0）	3（0.5）	2（266.644）	1（直）	6.094 5

续表

序号	A 流速（L/min）	B 时间（min）	C 真空度（Pa）	D 位置	密度 ρ(kg/m^3)
Ⅰ	6.146 2	6.139 9	6.125 4	6.126 5	
Ⅱ	6.109 5	6.100 3	6.107 6	6.121 6	
Ⅲ	6.100 6	6.116 1	6.123 3	6.108 2	
R	0.045 6	0.039 6	0.017 8	0.018 3	

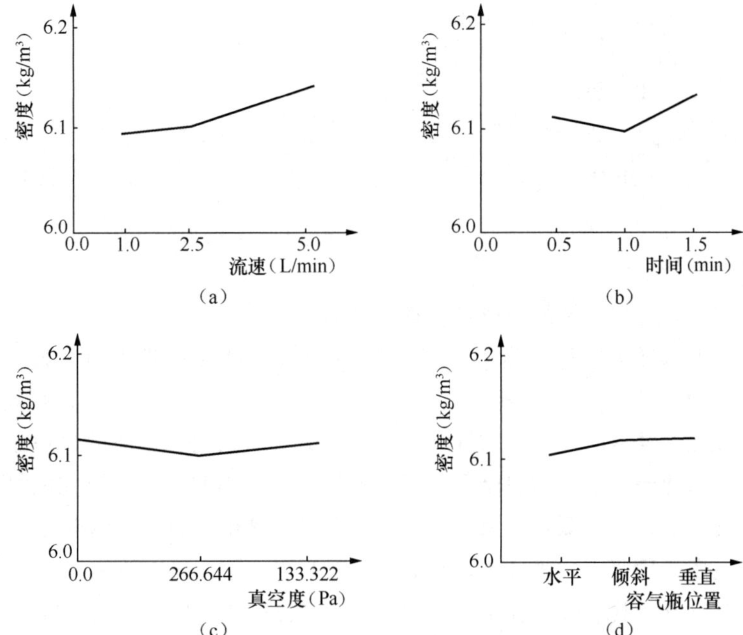

图 3－3　各因素对密度测定结果的影响

（a）流速对密度的影响；（b）充气时间对密度的影响；

（c）容气瓶真空度的影响；（d）容气瓶取样位置的影响

由表 3-2 和图 3-3 可见，这些因素中影响最大的是六氟化硫流速，其次是灌充时间，而容气瓶的真空度及位置影响较小。同时可以看出，最佳操作条件应是：

六氟化硫流速：5L/min；

充气时间：1.5min；

瓶子真空度：影响较小；

瓶子活塞位置：影响较小。

但为了既能达到试验目的，满足试验要求，又能节省气体，建议选定的操作条件是：

六氟化硫流速：1L/min；

充气时间：0.5min；

瓶子真空度：随真空泵能力决定；

瓶子位置：活塞垂直放置，六氟化硫气体由下而上流入。

三、密度测定中的几个问题

1. 容气瓶体积的测量

能否准确测量容气瓶体积，是能否准确测定密度的关键。装水称量是测量容器容积的常用方法。采用这种方法，必须既要保证容器内完全充满水，又要防止容器外部沾有多余的水。为达此目的，建议采用先将容气瓶抽空，然后由一端使水通入的办法，实践证明，这种做法是比较理想的。

2. 容气瓶的抽空

容气瓶的抽空程度，是影响测定结果准确度的一个重要因素。抽空过程应该注意三点：

（1）容气瓶应先洗净、烘干；

（2）抽空前必须用真空脂涂敷真空活塞，并经检查证实其密封性能确实良好；

（3）容气瓶充过六氟化硫气体后重新抽空时，必须用空气冲洗三次，以确保瓶内不残留六氟化硫气体。

3. 六氟化硫气体的灌充

容气瓶内灌充六氟化硫气体后，应该满足以下条件：

（1）保证装入的气体为纯净样品气，从而要求瓶内不能有残留气体，同时管道系统不能漏气。

（2）瓶内六氟化硫气体的压力与大气压力平衡。由于六氟化硫钢瓶的出口压力高于大气压，所以充入瓶内的六氟化硫气体压力也就会略高于外界压力。因此，每次充完六氟化硫气体之后，务必要与外界平衡压力，否则测定结果就会偏高。由于六氟化硫的密度比空气大，因此在进行压力平衡时必须将真空活塞竖直向上放置，然后将活塞开启少顷即迅速关闭。

（3）所取样品必须有代表性。为了达到这一目的，在取样时应将六氟化硫钢瓶倒置。

4. 精密度

在严格操作和操作条件固定的情况下，本方法的重复性较好，精密度也较高（测试结果见表3-3）。

表 3-3　　测 试 结 果

项目		密度测定值（kg/m³）						
		样品 1	样品 2	样品 3	样品 4	样品 5	样品 6	样品 7
序号	1	6.136	6.138	6.123	6.135	6.124	6.125	6.123
	2	6.136	6.135	6.123	6.135	6.121	6.125	6.123
	3	6.135	6.137	6.123	6.134	6.120	6.126	6.125
均值		6.136	6.137	6.133	6.135	6.122	6.125	6.124
总均值		6.129						
标准差		0.007						
变异系数		0.1%						

影响重复性的主要因素包括容气瓶的气密性、充气后的平衡情况及称量操作的熟练程度。

(1) 关于容气瓶的气密性问题。除上述认真涂敷真空脂外，还应注意在试验过程中旋转真空活塞时始终保持向一个方向旋转，这样可以保持有较长时间的良好气密性，从而减少涂敷次数。此外，尚须随时注意试验情况，一旦发现误差较大或称量结果不稳定时，应及时检查容气瓶的气密性，并重新涂敷真空脂。

(2) 充满六氟化硫气体后，使瓶内压力与大气压力平衡的操作，也是影响重复性的重要因素。如果瓶内压力高于外界压力，则结果偏高；如果每次平衡程度不同，则会造成较大误差。

(3) 称量时必须快速准确。操作者必须戴洁净的细纱手套。为加快称量速度，最好使用电子自动天平。

5. 安全

由于使用的容气瓶为玻璃材质，且又是在真空下操作，因此必须特别注意安全。容气瓶在使用前必须进行耐压试验。试验时，在抽真空和充六氟化硫气体的过程中，瓶子外面应加防护罩。

6. 与国内外同类标准的比较

采用称重法进行六氟化硫气体密度的测定是国际通用的方法，即根据准确称得的一定体积的六氟化硫气体的质量来计算其密度。

本节所述方法亦是同一原理，但除准确测量容器的体积外，灌充六氟化硫时瓶子的残压、充气速度及瓶子的放置位置都会对气体填充的情况有影响，从而也会影响测定结果的准确性。为了选择最佳操作条件，本方法采用了正交试验方法，对各因素的影响进行了考察，并确定了适当的流速、真空度和充气瓶的放置位置。

本方法与国外方法比较，有以下特点：

(1) 为提高容气瓶的耐压性能，容气瓶改为球形。

(2) 充气时间由 1min 改为 0.5min。

(3) 六氟化硫流速由 5L/min 改为 1L/min。

该方法缩短了测定时间，节省了六氟化硫气体的耗费量。

目前，国内尚无其他标准方法，一般多采用 IEC 60376 推荐的方法。

第二节　六氟化硫气体中酸度的测定

一、六氟化硫气体中的酸度

六氟化硫气体中的酸度是指六氟化硫气体中的酸（如 HF）和酸性物质（如 SO_2）的存在程度，为方便起见，一般以氢氟酸的质量分数来表示。

六氟化硫气体中酸和酸性物质会对电气设备的金属部件和绝缘材料造成腐蚀，从而直接影响电气设备的机械、导电、绝缘性能。特别是酸性组分和水分同时存在时，有可能发生凝聚，会严重危及电气设备的安全运行。同时，酸度大小在一定程度上也代表或象征着六氟化硫气体的毒性大小。因此，对六氟化硫气体中的酸度应给予严格限制，以保证人身和电气设备的安全。

六氟化硫气体中酸度的检测，必须有严格的采样方式和分析方法，以便使检测能够满足低含量、高精度、准确可靠的要求。

二、测定方法

1. 方法原理

将一定体积的六氟化硫气体以一定的流速通过盛有氢氧化钠溶液的吸收装置，使气体中的酸和酸性物质被过量的氢氧化钠溶液吸收，然后用经校正的微量滴定管，以硫酸标准溶液滴定吸收液中剩余的氢氧化钠溶液，采用弱酸性指示剂指示滴定终点，根据消耗硫酸标准溶液的体积、浓度和一定吸收体积（换算为20℃、101.325Pa时的体积）的六氟化硫气体计算酸度，以氢氟酸（HF）的质量分数表示。

由于整个吸收、滴定过程中受环境的干扰较大，因此要求操作严谨、快速、准确。

2. 仪器和试剂

（1）仪器。主要包括：

1）三角洗气瓶：250mL。包括砂芯式和直管式，见图3-4。

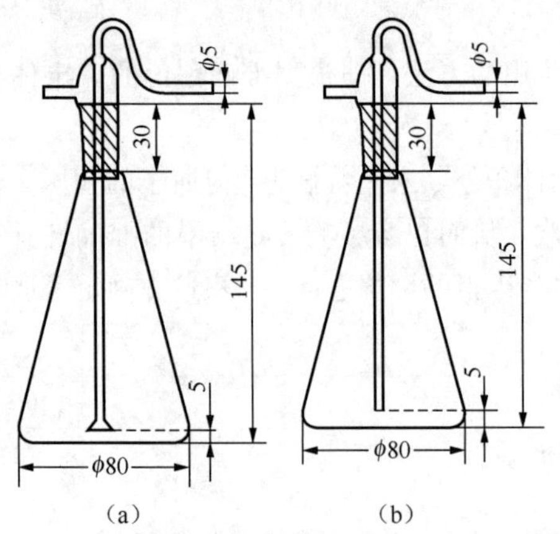

图3-4 三角洗气瓶
(a) 砂芯式吸收瓶（1号孔径）；
(b) 直管式吸收瓶

2）不锈钢管或聚四氟乙烯管：$\phi 3$。

3）氧气减压表。

4）微量滴定管：2mL，分度0.01mL。

5）微量移液管：2mL。

6）三角烧瓶：1000mL。

7）微量气体流量计：100～1000mL/min。

8）湿式气体流量计：0.5m^3/h，精度±1%。

9）空盒气压表，平原地区用。

（2）试剂。主要包括：

1）硫酸，优级纯。

2）氢氧化钠，优级纯。

3）乙醇95%，分析纯。

4）甲基红。

5）溴甲酚绿。

（3）0.01mol/L硫酸标准溶液的配制（以1/2H_2SO_4为基本单元）。

1）配制：量取0.3mL优级纯浓硫酸（密度1.84g/mL），缓慢注入1000mL去离子水中，冷却、摇匀。

2）标定：准确称取0.02g经270～300℃灼烧至恒量质量的基准无水碳酸钠，溶于50mL水中，加两滴甲基红-亚甲基蓝指示剂，用待标定的0.0mol/L硫酸标准溶液滴定至溶液由绿色变为紫色（pH为5左右），煮沸2～3min，冷却后继续滴定至紫色，同时应作空白试验。

3）计算：硫酸标准溶液的浓度按式（3-4）计算：

$$c=\frac{m}{(V_1-V_2)\times 52.99}\times 10^3 \tag{3-4}$$

式中 c——硫酸标准溶液的浓度，mol/L；

m——无水碳酸钠的质量，g；

V_1——滴定碳酸钠消耗硫酸溶液的体积，mL；

V_2——空白试验消耗硫酸溶液的体积，mL；

52.99——无水碳酸钠的摩尔质量，g/mol　（以 $1/2H_2SO_4$ 计）

（4）0.01mol/L 氢氧化钠溶液的配制。

1）配制：量取 0.5mL 氢氧化钠饱和溶液，注入 1000mL 不含二氧化碳的去离子水中，摇匀。此溶液应密封保存，保存期不宜太长。

2）标定：量取 20.00mL 的 0.01mol/L 硫酸标准溶液，加 60mL 不含二氧化碳的去离子水，加两滴 1%酚酞指示剂，用待标定的 0.01mol/L 氢氧化钠标准溶液滴定。近终点时加热至 80℃继续滴定至溶液呈粉红色。

3）计算：氢氧化钠标准溶液的物质的量浓度按式（3-5）计算：

$$c'=\frac{cV_1}{V} \tag{3-5}$$

式中　c'——氢氧化钠标准液浓度，mol/L；

c——硫酸标准液浓度，mol/L；

V_1——硫酸标准溶液的体积，mL；

V——滴定硫酸标准液耗氢氧化钠溶液的体积，mL。

4）注意：标准碱液每周标定一次。如发现已吸入二氧化碳时，需重新配制。二氧化碳吸收管中的苏打石灰应及时更换。

（5）配制混合指示剂。取 3 份 0.1%溴甲酚绿乙醇溶液与 1 份 0.2%甲基红乙醇溶液混匀即可。此指示剂可在室温条件下保存一个月。

（6）试验用水的制备。将 600mL 去离子水注入 1000mL 三角烧瓶中，加热煮沸 5min，然后加盖并迅速冷却至室温。加入 3 滴混合指示剂，用硫酸标准溶液调至呈微红色，置于塑料瓶中密封待用。该试验用水应现用现配。

3. 采样

（1）钢瓶的放置。为采集到具有代表性的液相六氟化硫样品，需将六氟化硫钢瓶倾斜倒置，使钢瓶出口处于最低点。

（2）采样设备的连接。如图 3-5 所示，将减压阀直接与六氟化硫气体钢瓶连接，再将不锈钢（或聚四氟乙烯）取样管的一端通过接头与氧气减压表接通，另一端接在微量气体流量计的进口上；微量气体流量计出口处串接一真空三通，与各级吸收瓶入口连接。需注意各接口的气密性。最后将湿式气体流量计与各级吸收瓶的出口相接，并将湿式气体流量计出口管接至室外通风处。

（3）采样操作：

1）在吸收瓶 6、7、8 内各加入 150mL 试验用水，再用微量移液管分别加入 2.0mL 的 0.01mol/L 氢氧化钠标准溶液，摇匀，并尽快按图 3-5 连接好。

2）记录湿式气体流量计的数值 V_1、大气压力 p_1 及室温 t_1。

3）打开六氟化硫气体钢瓶的阀门及减压阀，将真空三通旋至旁通，调节微量气体流量计示值为 0.5L/min（SF_6），冲洗取样管 3min，迅速将真空三通切换至与吸收系统相通。以此通气速度通气约 20min 后，关闭六氟化硫气体钢瓶的阀门，至湿式气体流量计读数不变时，依次迅速关闭减压阀，并将真空三通切换至不通位置。

4）记录湿式气体流量计的数值 V_2、大气压力 p_2 和室温 t_2。

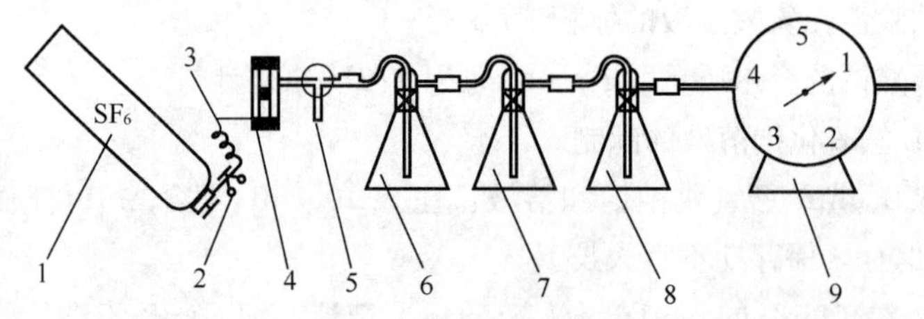

图 3-5 采样系统

1—六氟化硫气体钢瓶；2—减压阀；3—取样管；4—微量气体流量计；5—真空三通；6—砂芯式吸收瓶；7、8—直管式吸收瓶；9—湿式气体流量计

5）拆下各级吸收瓶 6、7、8，待滴定分析。

4. 样品分析步骤

(1) 向吸收瓶 6、7、8 中分别加入 8 滴混合指示剂，依次置于磁力搅拌器上，边搅拌边用 0.01mol/L 的硫酸标准液通过微量滴定管滴定至终点（酒红色），滴定管顶端应加二氧化碳吸收管。

(2) 分别记录各吸收瓶 6、7、8 中吸收液所消耗的 0.01mol/L 硫酸标准溶液体积 X、Y、B，若第二级吸收瓶的耗酸量大于第一级吸收瓶的耗酸量的 10%，则认为吸收不完全，需重新吸收。

5. 结果计算

(1) 六氟化硫气体体积的校正，按式（3-6）计算：

$$V_c=\frac{(V_2-V_1)\times\frac{1}{2}(p_1+p_2)\times 293}{101\,325\times\left[273+\frac{1}{2}(t_1+t_2)\right]} \tag{3-6}$$

式中 V_c——20℃、101 325Pa 时六氟化硫的校正体积，L；

p_1、p_2——试验起、止时的大气压力，Pa；

t_1、t_2——试验起、止时的室温，℃；

V_1、V_2——试验起、止时湿式气体流量计读数，L。

(2) 酸度计算，以氢氟酸质量分数（10^{-6}）表示，按式（3-7）计算：

$$w_{HF}=\frac{20c\left[(V_8-V_6)+(V_8-V_7)\right]\times 10^3}{6.16V_c} \tag{3-7}$$

式中 c——硫酸标准溶液的浓度，mol/L（以 1/2 H_2SO_4 计）；

V_6——吸收瓶 6 中吸收液耗硫酸标准溶液体积，mL；

V_7——吸收瓶 7 中吸收液耗硫酸标准溶液体积，mL；

V_8——吸收瓶 8 中吸收液耗硫酸标准溶液体积，mL；

6.16——六氟化硫气体的密度，g/L。

6. 注意事项

(1) 各接口的气密性要好。

(2) 尾气排放前需经碱洗处理。

(3) 连接管路的乳胶管要尽量短。

（4）连接钢瓶的采样阀门系统必须能耐压 4MPa。

（5）取样完毕首先将钢瓶阀门关闭，待减压阀表压降为零后，关闭减压阀门，以免损坏减压阀。

三、试验条件的选择

六氟化硫气体中酸度的测定，目前国内外一般均采用过量的碱液吸收样品中的酸和酸性物质，用酸反滴过量碱的酸碱中和滴定法，但吸收方式、操作条件都不尽相同。六氟化硫气体中酸度允许值极小，分析检测过程中干扰因素多。通常认为影响酸度测定结果的因素主要有：吸收方式，吸收瓶类型、数量，吸收温度，六氟化硫气体流速与流量，水及指示剂等。

1. 不同因素影响的考察——正交试验法

（1）正交试验安排。正交试验法用于对各因素的影响进行考察。正交试验选用 $L_{18}(2\times3^7)$ 正交表安排（见表 3-4、表 3-5），考察指标为酸度，含量以氢氟酸质量分数（10^{-6}）计。

表 3-4　　正交试验因素

列　号	1	2	3	4	5	6	7	8
因素	A	B	C	D	E	F	G	H
水平	吸收方式	吸收瓶类型	吸收瓶数量	指示剂	流速（L/min）	流量（L）	温度（℃）	水
1	筛板＋直管	三角瓶	2	溴甲酚紫	0.3	10	15	去离子水除 CO_2
2	筛板＋筛板	吸收管	3	酚酞	0.5	5	20	去离子水
3		洗气瓶	4	混合	0.7	20	30	去离子水除 CO_2 后中和

表 3-5　　正交试验表

试验号＼因素	A	B	C	D	E	F	G	H
1	1	1	1	1	1	1	1	1
2	1	1	2	2	2	2	2	2
3	1	1	3	3	3	3	3	3
4	1	2	1	1	2	2	3	3
5	1	2	2	2	3	3	1	1
6	1	2	3	3	1	1	2	2
7	1	3	1	2	1	3	2	3
8	1	3	2	3	2	1	3	1
9	1	3	3	1	3	2	1	2
10	2	1	1	3	3	2	2	1
11	2	1	2	1	1	3	3	2
12	2	1	3	2	2	1	1	3
13	2	2	1	2	3	1	3	2
14	2	2	2	3	1	2	1	3
15	2	2	3	1	2	3	2	1
16	2	3	1	3	2	3	1	2
17	2	3	2	1	3	1	2	3
18	2	3	3	2	1	2	3	1

（2）试验仪器。

1）微量滴定管，2mL、分度 0.01mL；

2）微量移液管，2mL；

3）三角烧瓶：1000mL；

4）三角洗气瓶（包括直管型、弯管型、砂芯型），250mL；

5）洗气瓶（包括直管型和砂芯型），30mL；

6）撞击式吸收瓶（包括直管型和砂芯型），30mL；

7）微量气体流量计，100～1000mL/min；

8）湿式气体流量计，0.5m^3/h，精度±1%；

9）电磁搅拌器；

10）空盒气压表（平原用）。

（3）试剂。

1）氢氧化钠标准溶液，0.010 0mol/L；

2）硫酸标准溶液，0.010 0mol/L（以 1/2 H_2SO_4 计）；

3）溴甲酚紫指示剂，1%乙醇溶液；

4）酚酞指示剂，0.5%乙醇溶液；

5）溴甲酚绿—甲基红混合指示剂，3 份 0.1%溴甲酚绿乙醇溶液加 1 份 0.2%甲基红乙醇溶液。

（4）试验用水的制备。

1）去离子水。

2）去除 CO_2 的水：将 600mL 去离子水置于 1L 三角瓶中煮沸 5min，迅速冷却至室温。

3）去除 CO_2 的中性水：将去除 CO_2 的去离子水分别用不同指示剂加酸或碱调至中性。

（5）吸收装置。

1）以三角瓶做吸收瓶的吸收系统，连接方式见图 3-6（a）。分别向所需三角瓶中加入 2.00mL 碱标准溶液及 150mL 试验用水。其中一只不连人系统，留作空白试验。

2）以洗气瓶做吸收瓶的吸收系统，连接方式见图 3-6（b）。分别向试验所需的几只洗气瓶中加入 2.00mL 碱标准溶液及 150mL 试验用水。其中一只留作空白试验用，不连入系统中。

3）以撞击式吸收管做吸收瓶的吸收系统，其连接方式见图 3-6（c）。分别向试验所需的几只吸收管中加入 2.00mL 碱标准溶液及 10mL 试验用水。其中一只吸收管不连入系统，留作空白试验用。

（6）操作。打开六氟化硫气体钢瓶阀并调节减压表输出压力，用六氟化硫气体冲洗吸收管路 3min，关闭微量气体流量计上的针形阀，记下湿式气体流量计读数（V_1）、大气压（p_1）和温度（t_1）；连接各吸收系统，开启针形阀，并调节六氟化硫气体流速以规定流速通过吸收系统，直到试验规定之通气量，关闭针形阀及减压表，记录湿式气体流量计读数（V_2）、大气压（p_2）和温度（t_2）。拆下各吸收瓶（若为洗气瓶和吸收管，需先转移溶液于三角瓶中），并依次置于磁力搅拌器上，加入试验规定指示剂，边搅拌边用硫酸标准溶液进行滴定。记录各吸收瓶消耗硫酸标准溶液的体积。

（7）结果计算。

$$V_c=\frac{(V_2-V_1)\times 1/2(p_1+p_2)\times 293}{101\ 325\times[273+1/2(t_1+t_2)]} \tag{3-8}$$

式中　V_c——20℃、101.325Pa 时六氟化硫气体的校正体积，L；

p_1、p_2——试验起始和终结时的大气压，Pa；

t_1、t_2——试验起始和终结时的室温,℃；

V_1、V_2——试验起始和终结时湿式气体流量计读数，L。

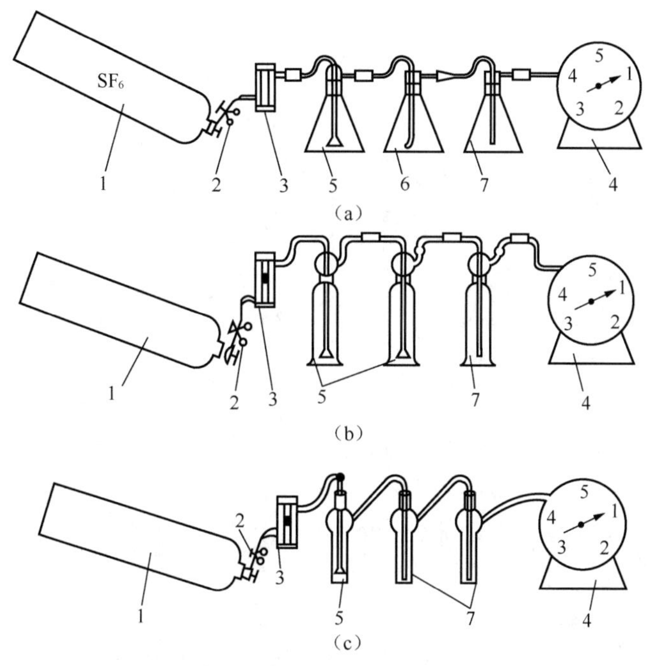

图 3-6　吸收系统连接方式

(a) 以三角瓶做吸收瓶的吸收系统；(b) 以洗气瓶做吸收瓶的吸收系统；(c) 以撞击式吸收管做吸收瓶的吸收系统

1—六氟化硫气体钢瓶；2—减压表；3—微量气体流量计；4—湿式气体流量计；5—砂芯型玻璃筛板吸收瓶；6—弯管型玻璃吸收瓶；7—直管型玻璃吸收瓶

$$w_{HF}=\frac{20\times c\times[(V_0-V_{\mathrm{I}})+(V_0-V_{\mathrm{II}})+(V_0-V_{\mathrm{III}})+(V_0-V_{\mathrm{IV}})]\times 10^3}{6.16V_c} \tag{3-9}$$

式中　w_{HF}——以氟氢酸质量分数（10^{-6}）表示的六氟化硫气体的酸度；

c——硫酸标准溶液浓度，mol/L（以 1/2 H_2SO_4 为基本单元）；

20——氢氟酸（HF）的摩尔质量；

V_0——滴定空白溶液所消耗的硫酸标准溶液的体积，mL；

V_{I}——滴定第一只吸收瓶溶液消耗的硫酸标准溶液的体积，mL；

V_{II}——滴定第二只吸收瓶溶液消耗的硫酸标准溶液的体积，mL；

V_{III}——滴定第三只吸收瓶溶液消耗的硫酸标准溶液的体积，mL；

V_{IV}——滴定第四只吸收瓶溶液消耗的硫酸标准溶液的体积，mL；

V_c——20℃，101 325Pa 时六氟化硫气体的校正体积，L；

6.16——六氟化硫气体的密度，g/L。

（8）试验结果。试验结果见表 3-6。

表 3-6　　试　验　结　果

试验号	V_1	V_2	V_2-V_1	p_1	p_2	$\frac{1}{2}(p_1+p_2)$	t_1	t_2	$\frac{1}{2}(t_1+t_2)$	V_c	V_{I}	V_{II}	V_{III}	V_{IV}	V_o	w_{HF}
	L			×133.3Pa			℃			L	mL					$\times10^{-6}$
1	732.0	742.0	10.0	734.5	735.1	734.8	15.5	16.0	15.8	9.81	1.34	1.35			1.360	0.099
2	701.0	706.2	5.2	723.0	723.0	723.0	20.0	21.0	20.5	4.94	0.91	0.925	0.93		0.930	0.164
3	817.0	838.4	21.4	722.7	723.0	722.9	29.5	30.5	30.0	19.67	1.53	1.542	1.550	1.550	1.550	0.071
4	918.0	923.4	5.4	723.0	723.0	723.0	30.0	30.0	30.0	4.97	1.54	1.550			1.580	0.425
5	761.0	781.0	20.0	730.1	732.0	731.0	15.0	16.0	15.5	19.51	1.24	1.26	1.25		1.260	0.500
6	746.0	756.0	10.0	728.6	728.6	728.6	19.5	20.0	19.8	9.59	1.58	1.62	1.63	1.635	1.630	0.203
7	935.0	955.0	20.6	728.6	728.6	728.6	20.0	20.0	20.0	19.75	1.035	1.035			1.030	0.148
8	893.0	903.65	10.65	726.0	726.0	726.0	20.0	29.8	29.4	9.86	1.54	1.56	1.575		1.505	0.362
9	888.0	893.05	5.05	733.0	733.0	733.0	15.5	15.5	15.5	4.95	1.29	1.30	1.30	1.32	1.320	0.459
10	756.0	761.2	5.2	725.5	725.7	725.6	21.0	21.0	21.0	4.95	1.55	1.53			1.575	0.164
11	711.0	732.2	21.2	723.6	723.4	723.5	28.5	29.0	28.8	19.58	1.33	1.36	1.36		1.360	0.050
12	925.0	935.05	10.05	733.0	733.0	733.0	15.0	15.0	15.0	9.86	0.995	0.965	1.01	1.01	1.010	0.198
13	801.0	811.45	10.45	723.5	723.7	723.6	29.0	29.2	29.1	9.65	1.235	1.25			1.250	0.050
14	812.0	817.1	5.1	730.0	730.1	730.1	16.5	16.0	16.3	4.96	1.56	1.58	1.58		1.590	0.327
15	781.0	801.65	20.65	726.0	725.0	725.5	21.5	21.0	21.3	19.63	1.53	1.535	1.54	1.56	1.550	0.099
16	843.0	868.2	20.2	730.1	730.1	730.1	14.7	14.7	14.7	9.76	1.50	1.65			1.650	0.2
17	908.0	943.3	10.3	728.5	728.7	728.6	20.5	20.5	20.5	9.89	1.47	1.43	1.435		1.455	0.295
18	903.0	908.4	5.4	723.5	723.4	723.5	29.5	29.5	29.5	4.98	0.96	0.935	0.935	0.980	0.970	0.521

2. 试验结果分析及最佳试验条件的选定

（1）对指标（酸度）的极差分析。以氢氟酸表示的酸度是六氟化硫酸度的反应。根据正交试验结果，对指标进行极差（R）分析，见表 3-7。

表 3-7　　极　差　分　析

因　素	A（吸收方式）	B（吸收瓶类型）	C（吸收瓶数量）	D（指示剂种类）	E（气体流速）	F（气体流量）	G（吸收温度）	H（试验水种类）	指　标
列号 / 试验号	1	2	3	4	5	6	7	8	$w_{HF}(\times10^{-6})$
1	1	1	1	1	1	1	1	1	0.099
2	1	1	2	2	2	2	2	2	0.146
3	1	1	3	3	3	3	3	3	0.071
4	1	2	1	1	2	2	3	3	0.425
5	1	2	2	2	3	3	1	1	0.050
6	1	2	3	3	1	1	2	2	0.203

续表

因　素	A（吸收方式）	B（吸收瓶类型）	C（吸收瓶数量）	D（指示剂种类）	E（气体流速）	F（气体流量）	G（吸收温度）	H（试验水种类）	指　标
列号 / 试验号	1	2	3	4	5	6	7	8	$w_{HF}(\times 10^{-6})$
7	1	3	1	2	1	3	2	3	0.148
8	1	3	2	3	2	1	3	1	0.352
9	1	3	3	1	3	2	1	2	0.459
10	2	1	1	3	3	2	2	1	0.164
11	2	1	2	1	1	3	3	2	0.050
12	2	1	3	2	2	1	1	3	0.198
13	2	2	1	2	3	1	3	2	0.050
14	2	2	2	3	1	2	1	3	0.327
15	2	2	3	1	2	3	2	1	0.099
16	2	3	1	3	2	3	1	2	0.246
17	2	3	2	1	3	1	2	3	0.295
18	2	3	3	2	1	2	3	1	0.521
K_1	1.981	0.746	1.132	1.427	1.348	1.207	1.379	1.295	
K_2	1.950	1.154	1.248	1.131	1.494	2.060	1.073	1.172	
K_3		2.031	1.551	1.373	1.089	0.664	1.479	1.464	T=3.931
R_1	0.220	0.124	0.187	0.238	0.225	0.201	0.230	0.216	
R_2	0.217	0.192	0.208	0.188	0.249	0.343	0.179	0.195	
R_3		0.338	0.258	0.229	0.182	0.111	0.246	0.244	
R	0.003	0.214	0.071	0.050	0.067	0.232	0.067	0.049	

由表 3-7 可见，由于受各种因素的影响，酸度测定结果差别很大，高者可至 0.521(10^{-6})，低者仅为 0.050(10^{-6})。

(2) 因素对指标（酸度）的影响。由表 3-7 得出影响指标（酸度）的显著性因素顺序由大到小为 F、B、C、E、G、D、H、A。这表明气体流量、吸收瓶类型、吸收瓶数量、指示剂类型等对酸度测定结果影响较大，而吸收方式对酸度测定结果影响最小。

依据各因素对指标（酸度）影响的显著性，绘制出因素与指标（酸度）的关系图，见图 3-7。据此关系可选定酸度测定的最佳条件。

图 3-7（a）反映出吸收方式对酸度的影响很小。由图可见，一级筛板吸收与二级筛板吸收方式测定结果几乎一致，而一级筛板吸收方式既可满足测定要求，又可节省仪器费用，故以一级筛板吸收方式为佳。

图 3-7（b）显示出吸收瓶类型对酸度的影响极大。极差 R 为 0.214，图中显示出以三角瓶作吸收瓶测定结果较为满意，而且吸收液不需转移，可直接加指示剂进行滴定，为此误差也可减小，故选用三角瓶为吸收瓶。

图 3-7（c）表明吸收瓶数量对酸度测定的影响无足轻重，用 2 只吸收瓶即可达到理想吸收效

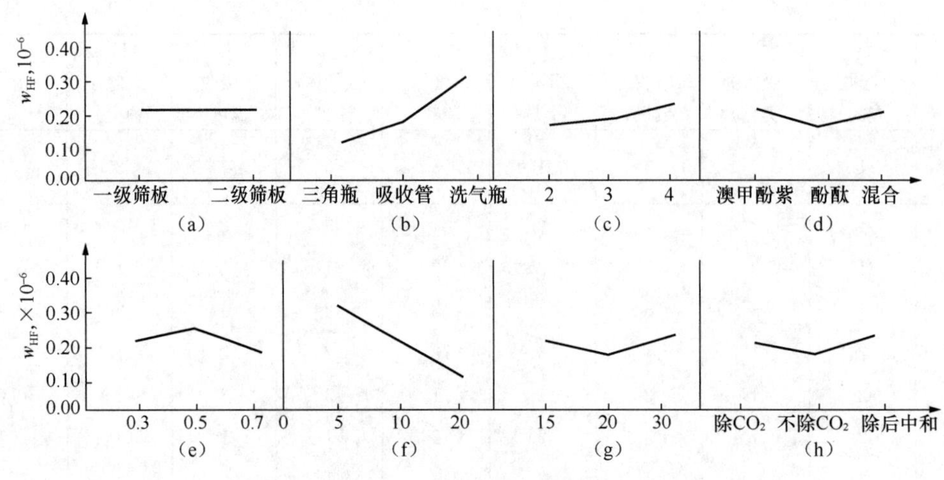

图 3-7　各因素和指标的关系

(a) 吸收方式；(b) 吸收瓶类型；(c) 吸收瓶数量；(d) 指示剂种类；(e) 气体流速 (L/min)；(f) 气体流量 (L)；(g) 吸收温度 (℃)；(h) 试验水种类

果，3 只与 4 只的结果相差无几，而 2 只和 3 只的结果几乎一致，故可采用 3 只吸收瓶。

图 3-7 (d) 反映出指示剂与酸度测定的关系：混合指示剂变色敏锐，可准确显示终点，测定结果可信性大；而用溴甲酚紫和酚酞为指示剂，终点不易观察判定。

图 3-7 (e) 表明流速为 0.7L/min 时的测定值略低于 0.3L/min 和 0.5L/min 的测定值，考虑到流速过快，使得吸收不能完全；而 0.3L/min 的流速与 0.5L/min 的流速测定结果相差很小，为缩短分析测定时间，采用 0.5L/min 流速。

从图 3-7 (f) 看出，随着气体流量的增大，测定结果愈来愈低，以 5L 流量的结果为最高，而 10L 和 20L 的测定结果可满足要求。为节约六氟化硫气体用量，采用流量为 10L。

图 3-7 (g) 反映出在 15～30℃之间进行酸度分析测定时，温度对测定结果影响不大，故一般室温即可进行分析测定。

图 3-7 (h) 显示出水对酸度测定结果的影响较小。这是由于空白溶液和吸收液均用同一种水，其测定误差可相互抵消之故。但最好将去离子水经煮沸 5min 左右，迅速冷却以除去 CO_2 的干扰，并经中和后再使用。

(3) 空白溶液的选择。为进一步证实第三级吸收比较完全，吸收液可做空白溶液使用，又在上述选定的试验条件下，进行了五级串联吸收试验，并与未联入吸收系统的空白溶液进行了对比试验，结果见表 3-8，其中“0”为不连人系统的空白溶液，第一级吸收液由于操作不慎造成溶液外溅，使消耗硫酸标准溶液体积较小。

表 3-8　　对比试验结果

耗酸体积 (mL) / 吸收管个数 / 次数	0	1	2	3	4	5
1	1.96	1.84	1.94	1.96	1.96	1.97
2	1.89	1.86	1.87	1.88	1.88	1.88

由表 3-8 可看出，三级吸收瓶以后的各级吸收液所耗硫酸标准溶液体积（mL）基本相同。这说明至三级吸收已臻完全。不连入系统中的空白溶液与第三级吸收溶液所耗硫酸标准溶液体积（mL）几乎等同，故将第三级吸收溶液作为空白溶液使用。

（4）指示剂放置时间对酸度的影响。所选混合指示剂放置时间对酸度测定结果的影响见表 3-9。

表 3-9　　混合指示剂放置时间对酸度测定结果的影响

放置时间	一周内	两　周	一个月
酸度	0.066×10^{-6}	0.067×10^{-6}	0.065×10^{-6}
放置时间	三个月	半　年	一年以上
酸度	0.071×10^{-6}	0.099×10^{-6}	0.281×10^{-6}

由表 3-9 看出，指示剂放置时间对测定结果的影响随时间的延长而增大，一般在一个月内不需重新配制。

四、酸度分析方法的精度

1. 确定分析方法的精确度

为了确定本方法的精确度，在上述选定试验条件下，对同一样品进行了多次分析测定，表 3-10 列出了一组分析结果，据此结果而计算出标准差 a 值为±0.005，其变异系数为±7.25%。

表 3-10　　测定次数与分析结果

测定次数	1	2	3	4	5
测定结果（10^{-6}）	0.073	0.060	0.074	0.065	0.074
相对误差（%）	5.8	13.3	7.2	5.8	7.2
测定次数	6	7	8	9	9 次平均值
测定结果（10^{-6}）	0.066	0.074	0.066	0.066	0.069
相对误差（%）	4.5	7.2	4.5	4.5	6.6

同时又计算了表 3-10 所列结果的相对误差（%），并和痕量分析的允许误差作了比较。表 3-11 列出痕量分析的允许误差范围。

表 3-11　　痕量分析的允许误差范围　　（%）

含　量	允许相对误差		
	第一类	第二类	第三类
0.005	25	30	40
0.005～0.01	20	25	35
0.01～0.1	15	20	25
0.1～0.5	10	15	20

表 3-10 结果计算出的相对误差在 4.5%～13.3%之间，远远小于表 3-11 所列含量为 0.005%时的允许相对误差 25%、30%、40%。而六氟化硫气体中酸度的含量低于 0.000 1%，因此所测结果的误差是很小的，能够满足酸度分析的要求。据此结果确定六氟化硫气体中酸度分析方法

的精确度为：取两次测定结果的算术平均值测定值；两次测定结果的相对误差小于13%。

2. 酸度测定条件选择结果

（1）吸收方式选用一级玻璃砂芯筛板吸收。

（2）选用三角吸收瓶。

（3）吸收瓶级数，选用三级串联，第三级做空白溶液。

（4）滴定用指示剂，采用溴甲酚绿-甲基红混合指示剂。

（5）吸收气体流速为0.5L/min；气体流量为10L。

（6）试验水最好采用去离子水并经煮沸去除CO_2及中和后使用。

（7）在15～30℃之间都可进行酸度测定。

3. 与国外同类标准水平的比较

（1）与IEC和ASTM推荐方法原理相同。

（2）用250mL三角瓶做吸收瓶，比国外采用煤气洗涤瓶操作简单。

（3）用第三级吸收溶液作为空白溶液，避免了国外静置空白无法除去吸收过程中其他物质的干扰以及易受环境变化的影响。

（4）提出以溴甲酚绿-甲基红混合指示剂指示滴定终点，与IEC推荐的溴甲酚紫指示剂、ASTM规定的酚酞指示剂比较，具有变色敏锐、易于观察的优点。

第三节　六氟化硫气体中可水解氟化物含量的测定

一、六氟化硫气体中的可水解氟化物

六氟化硫气体中的可水解氟化物，是六氟化硫气体中能够水解和碱解的含硫、氧低氟化物的总称，通常以氢氟酸的质量分数（10^{-6}）来表示。

六氟化硫气体中的含硫、氧低氟化物，其多数可与水或碱发生化学反应，如SF_2、S_2F_2、SF_4、SOF_2、SOF_4等，有的可部分碱解，如SO_2F_2。

二、测定方法

1. 原理

六氟化硫气体中可水解氟化物的测定方法是利用稀碱与六氟化硫气体在密封的定容玻璃吸收瓶中振荡进行水解（或碱解）反应，所产生的氟离子用茜素-镧络合显色分光光度比色法或氟离子选择电极法测定。

2. 化学试剂的配制

（1）茜素—镧络合试剂的配制。方法如下：

1）在50mL烧杯中称量0.048g（精确到±0.001g）茜素氟蓝并加入0.1mL氢氧化铵溶液、1mL醋酸铵溶液（质量对容量百分浓度20%）及10mL去离子水，使其溶解。

2）在250mL容量瓶中加入8.2g无水醋酸钠和冰醋酸溶液（6.0mL冰醋酸加25mL去离子水）使其溶解。然后将上述茜素氟蓝溶液定量地移入容量瓶中，并且边摇荡边缓慢地加入100mL丙酮。

注意：如果茜素氟蓝溶液中有沉淀物，需要用滤纸将它过滤到250mL容量瓶中，再用少量去离子水冲洗滤纸，随后将冲洗液和滤液一并加到容量瓶中（冲洗烧杯及滤纸的水量都应尽量少，否则最后溶液体积会超过250mL）；加丙酮摇匀的过程中有气体产生，因此要防止溶液逸出，最后要把容量瓶塞子打开一下，以防崩开。

3）在50mL烧杯中称0.041g（精确到±0.001g）氧化镧并加入2.5mL的2mol/L盐酸，温和地加热，以助溶解。再将该溶液定量地移入上述容量瓶中，将溶液充分混合均匀、静置，待气泡完全消失后，用去离子水稀释至刻度。

该试剂在15～20℃下可保存一周，在冰箱冷藏室中可保存一个月。

（2）氟化钠储备液（1mg/mL）的配制。称2.210g（精确到±0.001g）干燥氟化钠于50mL去离子水及1mL的0.1mol/L氢氧化钠溶液中，然后再定量地移至1000mL的容量瓶中，最后用去离子水稀释至刻度。此溶液储存于聚乙烯瓶中。

（3）氟化钠工作液A（1μg/mL）。当天需要时，取氟化钠储备液按体积稀释1000倍。

（4）氟化钠工作液B（10^{-1}mol/L）的配制。称4.198g（精确到±0.001g）干燥的氟化钠，溶于50mL去离子水及1moL的0.1mol/L氢氧化钠溶液中，然后再定量地转移到容量瓶中，用去离子水稀释至刻度。

（5）总离子调节液（缓冲溶液）的配制。将57mL冰醋酸溶于500mL去离子水中，然后加入58g氯化钠和0.3g柠檬酸三钠（含两个结晶水），用5mol/L氢氧化钠溶液将其pH值调至5.0～5.5，然后转移到1000mL容量瓶中并用去离子水稀释至刻度。

3. 吸收方法

（1）用手将球胆中的空气挤压干净，充满六氟化硫气体，再用手将六氟化硫气体挤压干净，然后再充满六氟化硫气体。如此重复操作三次，使球胆内空气完全被赶走，全部充满六氟化硫气体，如图3-8所示。旋紧螺旋夹。

（2）将预先准确测量过体积的玻璃吸收瓶及充满六氟化硫气体的球胆，按图3-8所示接好取样系统。将真空三通活塞2和3分别旋到a和d的位置。开始抽真空。当U形水银压差计液面稳定后（真空度达133.3221Pa时）再继续抽2min，然后将真空三通活塞2旋到b的位置，将吸收瓶1与真空系统连接处断开，停止抽真空。

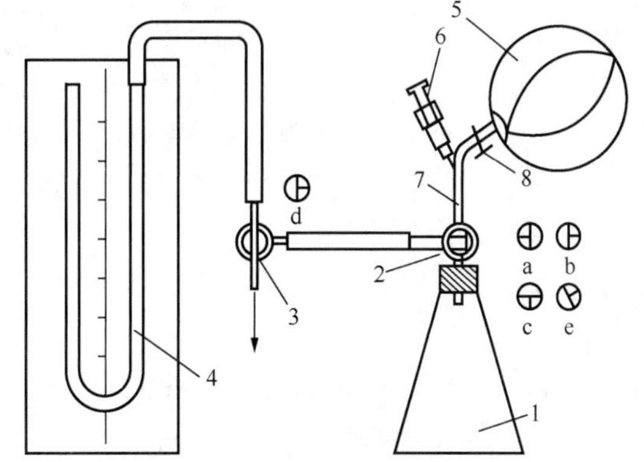

图3-8　振荡吸收法取样系统

1—玻璃吸收瓶；2和3—真空三通活塞；4—U形水银压差计；5—球胆；6—皮下注射器；7—上支管；8—螺旋夹

（3）缓慢旋松螺旋夹，球胆中的六氟化硫气体就会缓慢地充满玻璃吸收瓶。将活塞2旋至c瞬间后再迅速旋至b的位置。使吸收瓶中的压力与大气压平衡。

（4）用皮下注射器将10mL的0.1mol/L氢氧化钠溶液从胶管处缓慢地注入到玻璃吸收瓶中（此时要用手轻轻挤压充有六氟化硫气体的球胆，以使碱液全部注入）。随后将真空三通活塞

2旋到e的位置，旋紧螺旋夹，取下球胆，紧握玻璃吸收瓶，在1h内每隔5min用力摇荡1min（要用力摇荡，使六氟化硫气体尽量与稀碱充分接触）。

（5）取下玻璃吸收瓶上的塞子，将瓶中的吸收液及冲洗液一起并入一个100mL烧杯中，在酸度计上用0.1mol/L盐酸溶液和0.1mol/L氢氧化钠溶液调节pH值为5.0～5.5然后定量地转入100mL容量瓶中待用。

4. 氟离子测定方法

（1）比色法：

1）在上述装有处理好吸收液的100mL容量瓶中加入10mL茜素-镧络合剂，用去离子水稀释至刻度，混匀后避光静置30min。

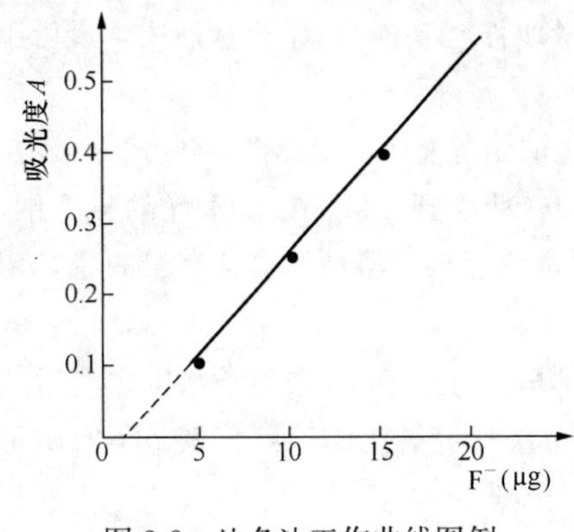

图3-9　比色法工作曲线图例

2）用2cm或4cm的比色皿，在波长600nm处，以加入了所有试剂的“空白”试样为参比测量其吸光度，从工作曲线上读取氟含量。

3）绘制工作曲线。向五个100mL的容量瓶中分别加入0、5.0、10.0、15.0、20.0mL的氟化钠工作液A及少量去离子水。混匀后与样品同时加入10.0mL茜素-镧络合试剂。以下操作同4（1）的1）、2）。用所测得的吸光度绘制氟离子含量（μg）-吸光度（A）的工作曲线（见图3-9）；值得注意的是，每天都需重新绘制工作曲线。

4）结果计算。可水解氟化物含量以氢氟酸（HF）质量分数（10^{-6}）表示的计算公式为：

$$w_{HF}=\frac{20m}{19\times 6.16V\frac{p}{101\,325}\times\frac{293}{273+t}} \tag{3-10}$$

式中　w_{HF}——氢氟酸质量分数，10；

m——吸收瓶溶液中氟离子含量，μg；

V——吸收瓶体积，L；

p——大气压力，Pa；

t——环境温度，℃；

19——氟离子摩尔质量，g/mol；

20——氢氟酸摩尔质量，g/mol；

6.16——六氟化硫气体密度，g/L。

（2）氟离子选择电极法：

1）氟离子选择电极在使用前先在10^{-2}mol/L的氟化钠溶液中浸泡1～2h，再用去离子水清洗到使其在去离子水中的负电位值为300～400mV。

2）将氟离子选择电极，甘汞电极与酸度计或高阻抗的电位计连接好，并用标准氟化钠溶液校验氟电极的响应是否符合能斯特公式（参考制造厂家说明书），若不符合则应查明原因。

3）在上述装有处理好吸收液的 100mL 容量瓶中加入 20mL 总离子调节液，用去离子水稀释至刻度。

4）把溶液转移到 100mL 烧杯中。将甘汞电极及事先活化好的氟离子选择电极浸到烧杯的溶液中。打开离子计，开动搅拌，待数值稳定后读取电位值，从工作曲线上读出样品溶液中的氟离子浓度。

5）绘制工作曲线。用移液管分别向两个 100mL 的容量瓶中加入 10mL 氟化钠工作液 B。在其中一个容量瓶中加入 20mL 总离子调节液，然后用去离子水稀释到刻度，该溶液中氟离子浓度为 10^{-2}mol/L，而在另一个容量瓶中则直接用去离子水稀释到刻度，该溶液中氟离子浓度为 10^{-2}mol/L。

再用移液管分别向两个 100mL 的容量瓶中加入 10mL 未加总离子调节液的 10^{-2}mol/L 的氟化钠标准液，在其中一个容量瓶中加入 20mL 总离子调节液，然后用去离子水稀释到刻度，该溶液中氟离子浓度为 10^{-3}mol/L，而在另一个容量瓶中则直接用去离子水稀释到刻度，该溶液中氟离子浓度亦为 10^{-3}mol/L。以相同方法依次配制加有总离子调节液的 10^{-4}、10^{-5}、10^{-6}、$10^{-6.5}$mol/L 的氟化钠标准溶液。以下操作同 4），用所测得的负电位值绘制相对氟离子浓度负对数（log［F^-］）的工作曲线。

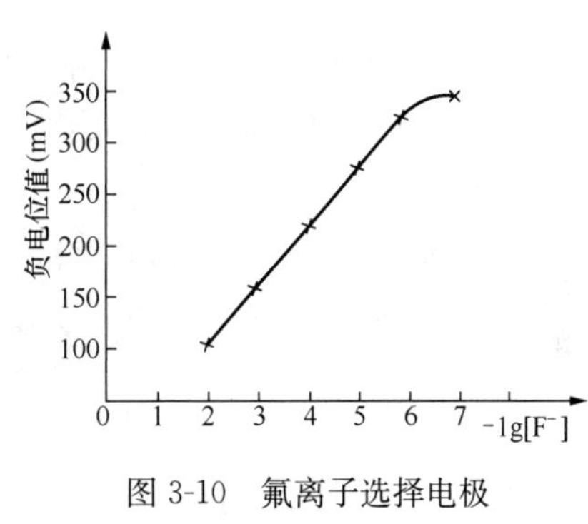

图 3-10　氟离子选择电极法工作曲线图例

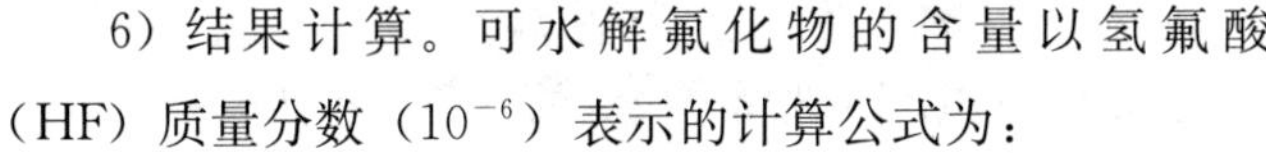

6）结果计算。可水解氟化物的含量以氢氟酸（HF）质量分数（10^{-6}）表示的计算公式为：

$$w_{HF}=\frac{20\times10^{6}cV_{a}}{6.16V\dfrac{p}{101\,325}\times\dfrac{293}{273+t}} \tag{3-11}$$

式中　c——吸收液中的氟离子浓度，mol/L；

V_a——吸收液体积，L；

p——大气压力，Pa；

V——吸收瓶体积，L；

t——环境温度，℃；

20——氢氟酸摩尔质量，g/mol；

6.16——六氟化硫气体密度，g/L。

5. 精确度

两次平行试验结果的相对偏差不能大于 40%。

取两次平行试验结果的算术平均值为测定值。

三、试验条件的选择

1. 绘制工作曲线的方法

由于是采用 10mL 的 0.1mol/L 氢氧化钠溶液为吸收液，而测定其氟离子含量时溶液的 pH

值是控制在5.0～5.5，因此还需用盐酸调整。那么，绘制工作曲线时，是否也需要经过这一pH值调整的操作呢？为此进行了对比试验，其结果如表3-12所示。

表3-12　两种绘制工作曲线方法的测定结果

标准液种类	w_{HF}（$\times10^{-6}$）				平均值（$\times10^{-6}$）
标液甲	0.11	0.08	0.07	0.07	0.09
标液乙	0.08	0.07	0.09	0.08	0.07

注　标液甲：配置系列浓度的标准溶液时未经过pH调整操作。

标液乙：配置系列浓度的标准溶液时经过pH调整操作。

由表3-12可见，采用两种绘制工作曲线方法，所得的结果在误差允许范围之内，因而在配制工作曲线的标准系列溶液时，可以不经过pH调整操作。

2. 茜素-镧络合剂的稳定性

IEC出版物60376号（1971）规定该络合剂稳定期为一周，对比试验结果证明，在室温下放置一周以上，则出现颗粒状沉淀，明显影响显色，不能继续使用；而在冰箱中低温冷藏保存一个月的显色剂，仍为均匀透明溶液，用它与新配的显色剂同时测定样品，测定结果完全相同，因此可将显色剂放在冰箱冷藏室中保存，稳定期为一个月。

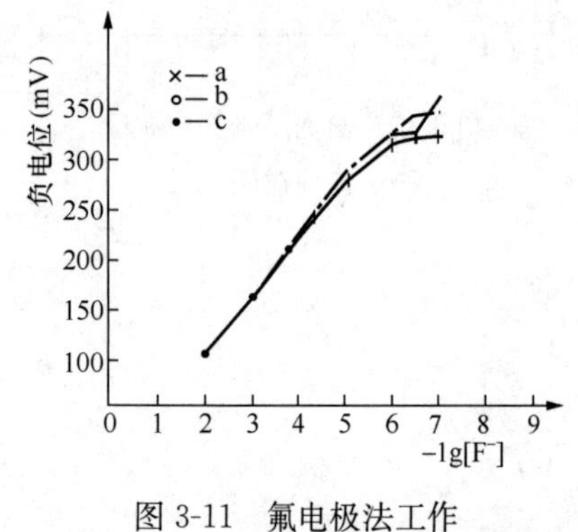

图3-11　氟电极法工作曲线稳定性图

3. 氟电极法工作曲线的稳定性

表3-13是氟离子选择电极法的三条工作曲线数据，图3-11是其曲线图。表中标准溶液浓度在10^{-2}～10^{-7}mol/L之间。按此数据计算，相关系数为0.992，而一般测定六氟化硫新气的可水解氟化物浓度均在10^{-6}～$10^{-6.5}$mol/L的范围内，因此该方法是可以适用于测定六氟化硫气体中可水解氟化物含量的。

表3-13　氟离子选择电极法的三条工作曲线数据

测定结果	负电位（mV）						
标准溶液浓度（mol/L）/工作曲线编号	10^{-7}	$10^{-6.5}$	10^{-6}	10^{-5}	10^{-4}	10^{-3}	10^{-2}
a	322	321	317	279	220	161	103
b	346	343	326	281	220	161	103
c	353	329	324	282	221	161	103

另外，从图3-11中的三条工作曲线可以看出，当标准溶液浓度在10^{-2}～10^{-5}mol/L范围时，对应的负电位值几乎不变，所以不需要在每次测定样品时都重新绘制工作曲线。但当标准溶液浓度在10^{-5}～10^{-7}mol/L范围时，对应的负电位值变化比较大，这对于工作曲线的回归方程的计

算结果影响较大，因此，每次测定样品时都需要重新绘制工作曲线。

4. pH 值对测定结果的影响

同一样品，当其溶液的 pH 值不同时，达到平衡时的负电位值如表 3-14 所示。由表可见，当溶液 pH 不同时，测得样品的负电位值不同，而且达到平衡（1min 内负电位值之差不大于 1）所需的时间不同。当 pH 值为 5.0～5.5 时，起始与终了的负电位值之差最小，而且达到平衡所需的时间最短；当 pH 值小于 5 大于 6 时达到平衡所需时间较长，起始与终了的负电位值之差大，使测定结果误差加大。因此本方法将氟电极法的 pH 值定为 5.0～5.5。

表 3-14　　pH 值对测定结果的影响

测定结果	负电位（mV）											
平衡时间（min）／pH 值	0	1	2	3	4	5	6	7	8	9	10	11
<4	401	392	382	382	374	370	367	364	361	359	357	356
5.0	309	312	314	315	316	316	317	317	318	318		
5.5	305	307	308	309	310	310	311	311				
6.0	295	299	301	302	303	304	305	305	306	306		
7.0	280	269	273	276	278	279	280	281	282	283	284	285
8.0	280	269	276	278	279	280	281	282	283	284	285	285

以上试验结果表明：

（1）茜素-镧络合剂在室温下只能保存一周，在冰箱冷藏室中可保存一个月。

（2）配制工作曲线的标准系列溶液时，可以不经过 pH 调整操作，可大大缩短分析时间，并节省化学试剂。

（3）用氟（离子）电极法测定氟离子含量时，溶液的 pH 值必须严格控制在 5.0～5.5。

第四节　六氟化硫气体中矿物油含量的测定

一、测定方法

1. 原理

将定量的六氟化硫气体按一定流速通过两个装有一定体积四氯化碳的封固式洗气管，从而使分散在六氟化硫气体中的矿物油被完全吸收，然后测定该吸收液 $2930cm^{-1}$ 吸收峰的吸光度（相当于链烷烃亚甲基非对称伸缩振动），再从工作曲线上查出吸收液中矿物油浓度，计算其含量。

2. 准备工作

（1）调整好红外分光光度计。

（2）液体吸收池的选择：在两只液体吸收池中都装入新蒸馏的四氯化碳，使它们分别放在仪器的样品及参比池架上，记录3250～2750cm^{-1}范围的光谱图。如果在2930cm^{-1}出现反方向吸收峰，则把两只吸收池在池架上的位置对调一下，做好样品及参比池的标记，计算出2930cm^{-1}吸收峰的吸光度，在以后的计算标准溶液及样品溶液的吸光度时应减去该数值。

3. 工作曲线的绘制

（1）矿物油工作液（0.2mg/mg）的配制。在100mL烧杯中，称直链饱和烃矿物油100mg（精确到0.000 2g），用四氯化碳将油定量地转移到500mL容量瓶中并稀释至要求浓度。

（2）矿物油标准液的配制。用移液管向7个100mL容量瓶中分别加入0.5(5.0)，1.0(10.0)，2.0(20.0)，3.0(30.0)，4.0(40.0)，5.0(50.0)，6.0(60.0)mL矿物油工作液并用四氯化碳稀释至刻度，其溶液浓度分别为1.0(10.0)，2.0(20.0)，4.0(40.0)，6.0(60.0)，8.0(80.0)，10.0(100.0)，12.0(120.0)mg/L。

注意：①根据需要，可按括号内的取液量，配制大浓度标准液。②如果由于环境温度变化，使已经稀释至刻度的标准液液面升高或降低，不得再用四氯化碳调整液面。

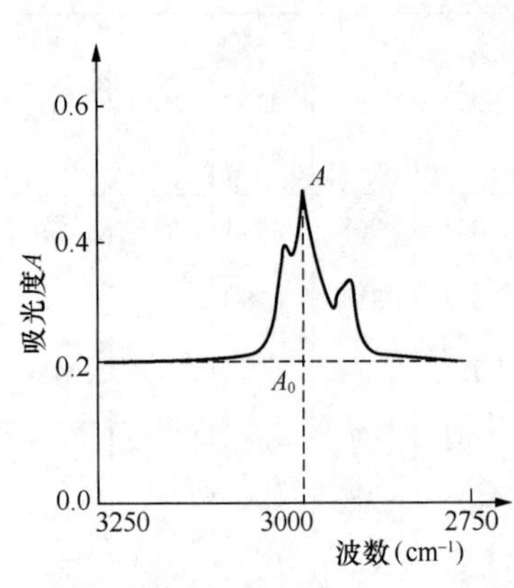

图3-12　基线法求2930cm^{-1}吸收峰的吸光度图例

（3）吸光度A的测定及工作曲线的绘制。将矿物油标准液与空白四氯化碳分别移入样品池及参比池，放在仪器的样品池架及参比池架处，记录3250～2750cm^{-1}的光谱图，以过3250cm^{-1}处平行于横坐标的切线为基线，计算2930cm^{-1}吸收峰的吸光度（见图3-12），然后用溶液浓度相对于吸光度绘图，即得工作曲线（见图3-13）。

4. 矿物油含量的测定

（1）六氟化硫气体中所含矿物油的吸收。分别于两只洁净干燥的洗气瓶中加入35mL四氯化碳，将洗气瓶置于0℃冰水浴中并按图3-14组装好，记录在气体流量计处的起始温度、大气压力和体积读数（读准至0.025L）。在针形阀关闭的条件下，打开钢瓶总阀，然后小心地打开并调节针形阀（或浮子流量计），使气体以最大不超过10L/h的流速稳定地流过洗气瓶。当总流量大约为29L时，关闭钢瓶总阀，让余气继续鼓泡，直到气体流完为止。关闭针形阀，同时记录气体流量计处的终结温度、大气压力和体积读数（读准至0.025L）。依次从洗气瓶的进气端往出气端拆除硅胶管节（千万要防止四氯化碳吸收液的倒吸）。撤掉冷浴，将洗气瓶外壁的水擦干，用少量空白四氯化碳将洗气瓶的硅胶管节连接处的外壁冲洗干净，然后把两只洗气瓶中的吸收液定量地转移到同一个100mL容量瓶中，用空白四氯化碳稀释至刻度。

注意：①只能用烧杯或注射针筒而绝不能用硅（乳）胶管作导管往洗气瓶中加四氯化碳。②如果由于倒吸，吸收液流经了连接的硅胶管节，那么此次试验作废。

（2）吸光度A及矿物油浓度的测定。按本节3（3）操作，测定吸收液2930cm^{-1}吸收峰的吸光度，再从c-A工作曲线上查出吸收液中矿物油浓度。

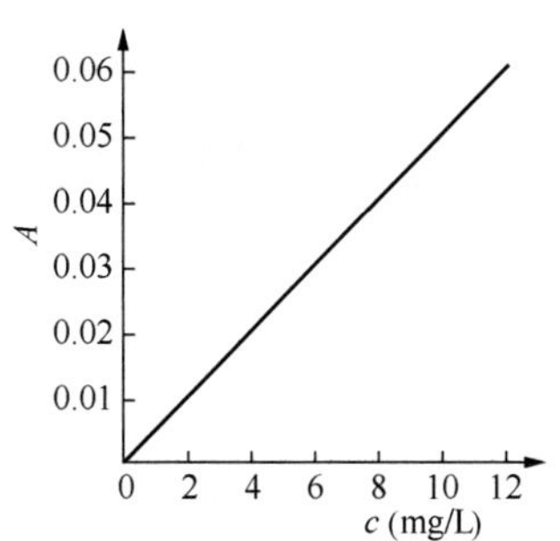

图 3-13　测定矿物油含量的工作曲线图例

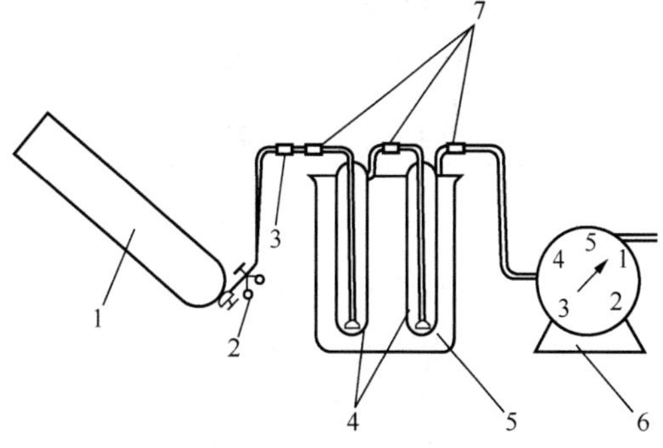

图 3-14　吸收系统

1—六氟化硫气体钢瓶；2—减压表；3—针形阀；4—封固式玻璃洗气瓶；5—冰水浴；6—气体流量计；7—硅或氟橡胶管节

5. 结果计算

(1) 按式 (3-12) 计算在 20℃和 101.325Pa 时的校正体积 V_c(L)：

$$V_c=\frac{1/2(p_1+p_2)\times 293}{101325\times[273+1/2(t_1+t_2)]}(V_2-V_1) \tag{3-12}$$

式中　p_1 和 p_2——起始和终结时的大气压力，Pa；

t_1 和 t_2——起始和终结时的环境温度,℃；

V_1 和 V_2——气体流量计上起始和终结时的体积读数，L。

(2) 按式 (3-13) 计算矿物油总量在六氟化硫气体试样中所占的质量分数 (10^{-6})：

$$w=\frac{100a}{6.16V_c} \tag{3-13}$$

式中　w——六氟化硫气体中矿物油的质量分数，10^{-6}；

a——吸收液中矿物油的浓度，mg/L；

6.16——六氟化硫气体密度，g/L；

100——容量瓶的容积，mL。

表 3-15　矿物油含量测定精确度

含油量 (mg)	精确度 (%)
0.1	±25
0.5	±15
1.0	±10

6. 精确度

两次平行试验结果的差值，不应超过表 3-15 所列容量瓶中不同含油量时的精确度值。

取两次平行试验结果的算术平均值为测定值。

二、试验条件的选择

1. 空白吸收液纯度对测定结果的影响

虽然都是分析纯的四氯化碳试剂，但各瓶四氯化碳 $A_{2930}\,cm^{-1}$ 有的相近，而有的相差很多，如表 3-16 及图 3-15 所示。另外，同一瓶四氯化碳经过蒸馏后的 $A_{2930}\,cm^{-1}$ 大大低于蒸馏前的 $A_{2930}\,cm^{-1}$（见表 3-17 和图 3-16），因此判定矿物油含量时，仍需减去空白。

表 3-16　不同瓶中的四氯化碳的 $A_{2930}\,cm^{-1}$

瓶号	$A_{2930}\,cm^{-1}$
1	0.053
2	0.045
3	0.043
4	0.049
5	0.036
6	0.030

表 3-17　蒸馏前后的四氯化碳 $A_{2930}\,cm^{-1}$

样品编号	1	2	3
蒸馏前	0.095	0.318	0.036
蒸馏后	0.012	0.021	0.005
降低率（%）	87.4	93.4	86.1

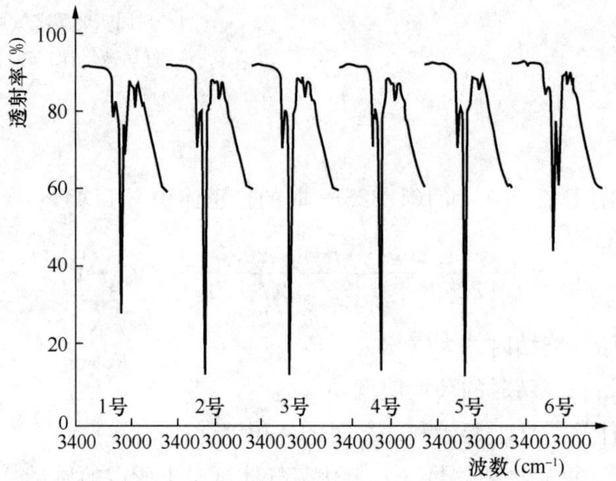

图 3-15　不同瓶中的四氯化碳红外谱图

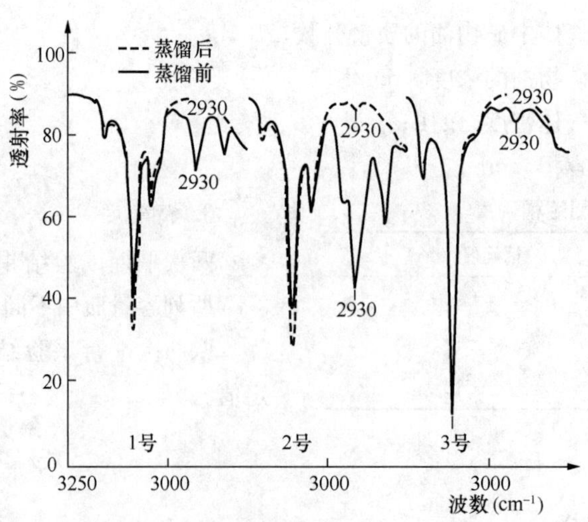

图 3-16　蒸馏前后四氯化碳红外谱图

由此可见，不同瓶中的蒸馏与未蒸馏的四氯化碳，其 $A_{2930}\,cm^{-1}$ 是不完全相等的，而采用

$A_{2930}\text{cm}^{-1}$不同的四氯化碳为空白吸收液测定同一瓶六氟化硫气体中矿物油含量，其结果如表 3-18 所示。从表 3-18 可以归纳出一条规律：基本上可以说用 $A_{2930}\text{cm}^{-1}$大的空白吸收液，测定结果就大，否则就小。为了说明这一点，用新蒸馏的四氯化碳配制含油量为 2、10、20、40mg/L 的标准溶液为空白吸收液，测定结果如表 3-19 所示。结果表明，上述试验规律是正确的。正因如此，为使测定结果准确可靠，必须采用蒸馏过的四氯化碳为空白吸收液。

表 3-18　采用 $A_{2930}\text{cm}^{-1}$不同的空白吸收液测定同一瓶六氟化硫气体中矿物油质量分数

瓶号	空白吸收液 $A_{2930}\text{cm}^{-1}$	w（$\times10^{-6}$）	瓶号	空白吸收液 $A_{2930}\text{cm}^{-1}$	w（$\times10^{-6}$）
1	0.314	2.24	6	0.134	1.29
2	0.273	2.18	7	0.109	1.29
3	0.184	1.93	8	0.073	0.39
4	0.189	1.96	9	0.045	0.17
5	0.192	1.83	10	0.041	0.17

表 3-19　用标准溶液为空白吸收液的测定结果

标准溶液浓度（mg/L）	$A_{标液2930}\text{cm}^{-1}$	c（$\times10^{-6}$）	标准溶液浓度（mg/L）	$A_{标液2930}\text{cm}^{-1}$	c（$\times10^{-6}$）
2	0.032	0.17	20	0.124	0.60
10	0.071	0.49	40	0.224	1.24

2. 基线取法对测定结果的影响

以空气为参比时，基线取法可有两种（见图 3-17），一是从 3250cm^{-1}处作平行于横坐标的切线（简称基线 A），二是作 3000cm^{-1}及 2880cm^{-1}处的切线（简称基线 B）。对于基线 B，3000cm^{-1}及 2880cm^{-1}处的吸光度不仅随样品中矿物油浓度的增加而增大，同时 2930cm^{-1}处的吸收峰形也随四氯化碳的纯度不同（不同瓶）而不同（见图 3-17），而且吸光度的计算也较麻烦。根据资料介绍，如果分析峰受到近旁峰的干扰，则可作单点水平切线为基线，因此本方法采用基线 A。

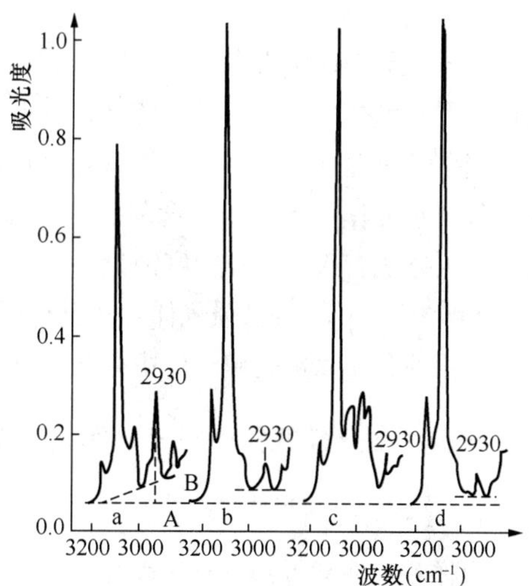

图 3-17　不同纯度四氯化碳基线图

3. 硅（乳）胶管对测定结果的影响

取新的 6mm×9mm×387mm 硅胶管、乳胶管各一段，分别将 10mL 四氯化碳从管中流过，流出后接到小烧杯中并混匀，测定 $A_{2930}\text{cm}^{-1}$，然后再用该四氯化碳重复上述操作三次，试验结果如表 3-20 所示。

结果表明，两种胶管在四氯化碳中浸泡时间无论长短，即使只从中流过一下，都会使四氯化碳的 $A_{1930}\text{cm}^{-1}$增大很多，其中乳胶管尤为突出。因此胶管只用于两管间短胶管连接，而且最好不用乳胶管。

表 3-20　　硅（乳）胶管对四氯化碳 $A_{2930}cm^{-1}$ 的影响

重复操作次数	$A_{2930}cm^{-1}$		重复操作次数	$A_{2930}cm^{-1}$	
	硅胶管	乳胶管		硅胶管	乳胶管
1	0.430	0.741	3	0.338	0.542
2	0.362	0.598	4	0.362	0.628

注　$A_{空白2930}cm^{-1}=0.182$。

综上试验结果可以看出：

(1) 在试验操作过程中要特别注意以下几点：向封固式洗气瓶中注入四氯化碳时，绝对不能用硅（乳）胶管作导管，否则结果肯定偏高；封固式洗气瓶之间的联结管最好用尽量短的硅胶管，而且玻璃管口要对接；当吸收结束，将四氯化碳向容量瓶中转移时，取下硅胶管后，先用空白四氯化碳把联结处的玻璃管外壁冲洗干净，再进行转移。

(2) 基线的取法应采用过 $3250cm^{-1}$ 处作平行于横坐标的切线。

(3) 采样时，空白四氯化碳必须经过重新蒸馏；通六氟化硫气体的速度不能太快，吸收必须在冰水浴中进行，尽量避免带走四氯化碳；作为吸收液的四氯化碳与空白用的四氯化碳必须是同一瓶中的。

第五节　六氟化硫气体中空气、四氟化碳等含量的测定

六氟化硫气体中常含有空气（O_2、N_2）、四氟化碳（CF_4）和二氧化碳（CO_2）等杂质气体。它们是在六氟化硫气体合成制备过程中残存的或者是在六氟化硫气体加压充装运输过程中混入的。当六氟化硫气体应用于电气设备中时，由于受到大电流、高电压、高温等外界因素的影响，在氧气和水分作用下将产生含氧、含硫低氟化物和 HF。这些杂质气体，有的是有毒或剧毒物质，对人体危害极大；有的腐蚀设备材质，影响电气设备的安全运行，因此必须对六氟化硫气体中的 O_2、N_2、CF_4 等杂质气体含量进行严格的控制和监测。

常用的分析六氟化硫气体中空气（O_2、N_2）、CF_4 等杂质气体的方法为气相色谱法。

一、六氟化硫气体中空气（O_2、N_2）、四氟化碳气相色谱分析

1. 取样

取样时应注意得到具有代表性的样品，因而对直接从钢瓶中取样和从设备中取样作了不同的规定。

(1) 采集钢瓶充装的六氟化硫样品。通常六氟化硫钢瓶中的六氟化硫气体是液体，在液面上有小部分六氟化硫气体，在气、液的六氟化硫中都有杂质存在，且气态中杂质含量一般较多。充装时以液态为主，为了有代表性，必须从液相中取出样品。取样时，把钢瓶倾倒或倒置，使钢瓶出口处于最低点，液相样品可直接流出。钢瓶的出口连接一只针形阀、一只稳流阀和一块压力表，以控制稳定的流速。与钢瓶和定量进样阀连接的管路采用不锈钢管或聚四氟乙烯管，并用被分析的六氟化硫气体冲洗管道，然后将六氟化硫样品储存在定量进样阀的定量管中。

(2) 采集电气设备中的样品。采集时需用一只不锈钢取样瓶，取样瓶容积一般为 500～

1000mL，并带有三通接头的阀门。取样前，先将取样瓶抽真空，然后用一根内径为3～6mm干燥的不锈钢管把取样瓶和被取样的电气设备上的取样口连接起来。打开取样口上的阀门，用设备中的六氟化硫气体冲洗取样管后，再切换三通阀门，让六氟化硫气体进入取样瓶，然后同前述要求与定量进样阀连接待分析。

(3) 取样注意事项：应尽量缩短取样和分析时间的间隔；取样瓶应不漏气，样品要避光避热，在暗处保存；整个取样系统（如流量计和取样瓶等）都必须进行检漏、校准；现场采集样品有条件时应用样品气冲洗取样瓶，再抽真空后采集分析用样品。

2. 分析对象

从六氟化硫钢瓶中取的气样和通过取样瓶从电气设备上取的气样均用气相色谱仪进行组分和含量的分析。分析对象为空气（O_2、N_2），CF_4 和 CO_2，SF_6 等。

测定六氟化硫气体中的含氧量是很有必要的。因氧气的存在对 SO_2F_2 的形成影响较大，而对于 SOF_4 的形成将起主导作用，特别是氧气和水分同时存在时，将加速分解产物的继续反应，产生一系列含硫低氟化物和 HF。

3. 对气相色谱仪的要求

气相色谱仪应满足下列要求：

(1) 色谱柱对检测组分的分离度和热导池检测器的灵敏度应满足定量分析要求；

(2) 仪器基线稳定，并有足够的灵敏度。

4. 气相色谱仪流程

(1) 单柱流程。柱长2m、内径3mm的不锈钢柱，内填60～80目的GDX 104担体或60～80目的Porapak—Q，此柱能使空气、CF_4、CO_2 和 SF_6 完全分离，见图3-18。

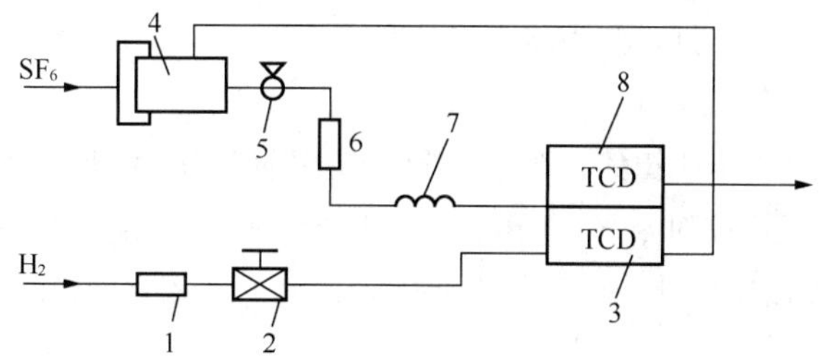

图3-18　单柱流程图

1—干燥管；2—稳压阀；3—热导池参考臂；4—六通定量阀；5—进样器；6—流量计；7—色谱柱；8—热导池测量臂

(2) 双柱串联流程。分别采用柱长2m、内径3mm的13X分子筛柱和Porapak-Q柱。经Porapak-Q柱分离出空气、CF_4、CO_2 和 SF_6。经13X分子筛柱分离出 O_2、N_2，流程见图3-19。

此法能测定六氟化硫气体中的氧气含量。缺点是两根柱串联柱长增加一倍，柱前压增高，分析时间增长；同时用注射器进样，准确性差，而六通阀又起不到定量进样的作用。

(3) 双柱并联流程。载气由热导池参考臂流出三通Ⅰ（见图3-20）分流，各路分别经六通阀定量管进入长2m、内径3mm的色谱柱（其中一根装13X分子筛，一根装Porapak-Q），再由三通Ⅱ汇合进入热导池测量臂5放空。此流程能使六氟化硫中的 O_2、N_2、CF_4、CO_2 和 SF_6 完全分离，且用六通阀定量管进样，准确性高，但流程较复杂。

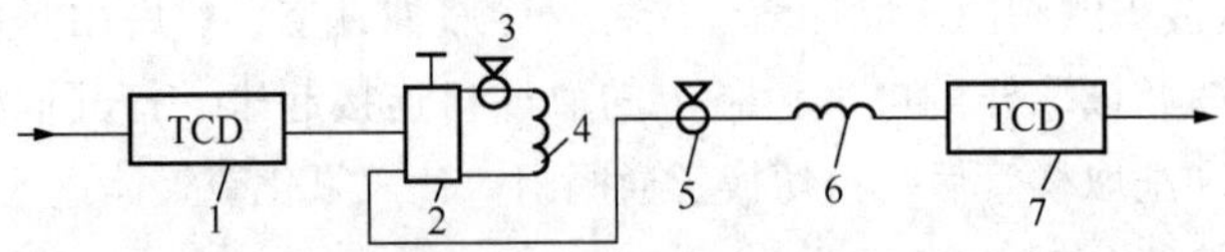

图 3-19　双柱串联流程图

1—热导池参考臂；2—六通阀；3—进样器；4—13X 分子筛柱；
5—进样器；6—色谱柱；7—热导池测量臂

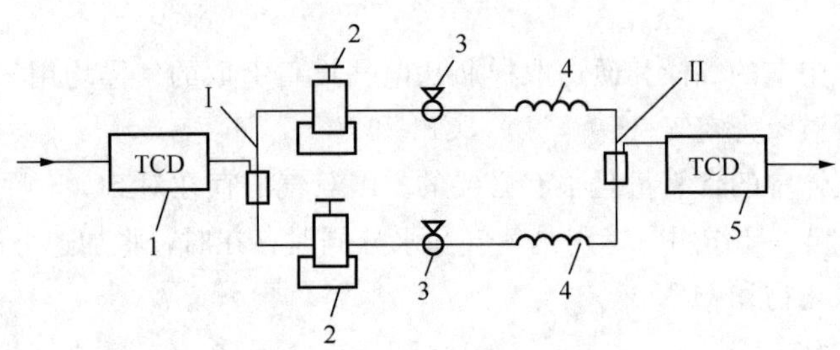

图 3 - 20　双柱并联流程图

1—热导池参考臂；2—六通阀；3—进样器；4—色谱柱；
5—热导池测量臂；Ⅰ、Ⅱ—三通

二、测定操作

1. 操作条件的选择

(1) 13X 分子筛：30～60 目，使用前应将其在马弗炉中 500℃下灼烧 3～4h，用于分离空气中的氧、氮。

(2) PoraPak-Q 或 GDX-104 担体：60～80 目，使用前在 100℃下通氮气（流量 40mL/min 或 50mL/min）活化 6～8h。该柱对空气、CF_4、CO_2 和 SF_6 有较好的分离效果。

(3) 色谱柱：用不锈钢柱，长 2m、内径 3mm，内装固定相，并通载气活化 8h，活化柱温度为 90～100℃。

(4) 载气和柱温；采用氢气做载气，也可用氦气。柱温为 40℃。

(5) 流速：一般选用 35～40mL/min。

(6) 热导池桥电流：190～200mA。

(7) 记录仪（或微处理机）：量程 0～1mV，响应时间 1s，纸速 20mm/min。

2. 操作步骤

(1) 开机：根据色谱仪使用说明书进行操作，先通载气，并将流量调到 35mL/min，合上电源开关，调节柱恒温室温度为 40℃，桥电流为 200mA，待仪器稳定后就可开始进样。

(2) 进样：用 0.5mL 定量管进样。

(3) 各组分出峰谱图和保留时间：现以并联流程为例，各组分的出峰谱图如图 3-21 所示，各组分的保留时间如表 3-21 所示。

记录各种不同成分的峰面积（A）。

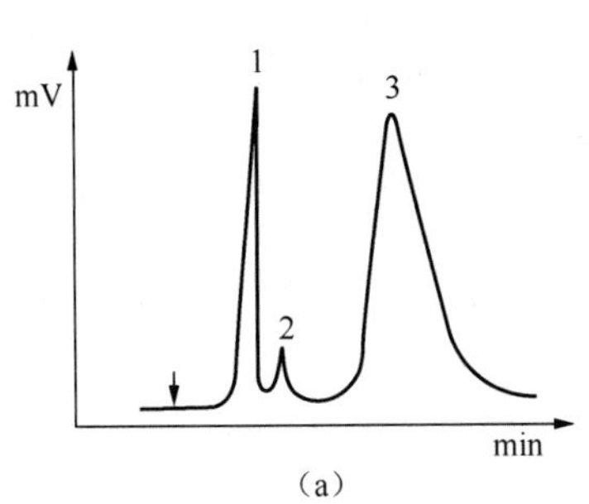

（a）

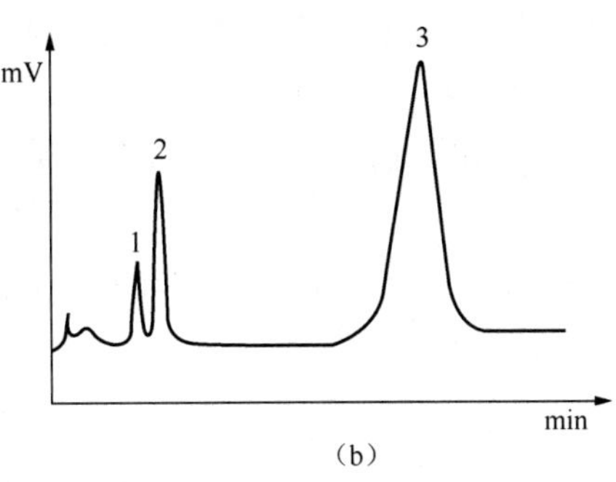

（b）

图 3-21　各组分出峰谱图

（a）用 Porapak－Q 分离空气、CF_4、SF_6 色谱图

色谱柱：2m×ϕ3mm 不锈钢柱　柱温：40℃

1—空气；2—CF_4；3—SF_6

（b）用 13X 分子筛分离 O_2、N_2 色谱图

色谱柱：2m×ϕ3mm 不锈钢管柱　柱温：40℃

1—O_2；2—N_2；3—SF_6

表 3-21　各组分的保留时间　（s）

色谱柱＼组分	O_2	N_2	空气	CF_4	CO_2	SF_6
13X 分子筛柱	40	50	—	126	—	1096
Porapak－Q 柱	—	—	43	58	92	139

三、定量与计算

1. 定量方法

采用归一化定量法，该法与进样量无关，受操作条件的影响小，故分析结果较准确。但因同一浓度的不同物质在同一种检测器上的响应信号值不相同，为了使检测器产生的响应信号能真实地反映出物质的含量，就要对响应值进行校正。故采用此法时，必须测定校正因子。在实际定量分析中，采用相对校正因子，即某物质与一标准物质绝对校正因子之比。可以采用六氟化硫作为标准物质。具体测定方法如下：

（1）配制已知百分浓度的 O_2、N_2、CF_4、CO_2 和 SF_6 气体的标准混合气。

（2）将标准混合气在相同分析条件下注入色谱仪，记录各组分的保留时间和峰面积。

（3）根据式（3-14）分别计算各组分对六氟化硫的相对质量校正因子：

$$f_x=\frac{A_{SF_6}}{A_x}\cdot\frac{M_x}{146} \tag{3-14}$$

式中　A_{SF_6}——六氟化硫峰面积，μV·s；

A_x——组分 x 的峰面积，μV·s；

M_x——组分 x 的摩尔质量；

146——六氟化硫的摩尔质量；

f_x——组分 x 的相对质量校正因子。

以六氟化硫气体的校正因子为1，某试验室测定的几种组分的相对质量校正因子为：①空气：0.32；②CF_4：0.72；③CO_2：0.51；④O_2：0.39；⑤N_2：0.34。国际电工委员会给出的空气的相对质量校正因子为0.40，CF_4 的相对质量校正因子为0.70。

2. 结果计算

根据实验求出的各组分的峰面积和测定好的相对质量校正因子，即可采用归一化法计算各组分的质量百分浓度，计算公式如下：

$$w_i = \frac{A_i f_i}{\sum_{i=1}^{n} A_i f_i} \times 100\% \tag{3-15}$$

式中 w_i——组分 i 的质量百分浓度；

A_i——组分 i 的峰面积；

f_i——组分 i 的相对质量校正因子；

$\sum_{i=1}^{n} A_i f_i$——各组分的峰面积与相对质量校正因子乘积之和。

四、六氟化硫气体纯度计算

由于六氟化硫新气中所能够检测的其他杂质组分含量数量级都在 10^{-6}，只有空气、四氟化碳组分的允许含量在 10^{-4}，一般以常用的差减法计算，即以六氟化硫为100%计，减去测出的空气、四氟化碳组分含量，结果为六氟化硫气体的纯度。

第六节　六氟化硫气体湿度的重量法测定

通常无论是六氟化硫新气或是运行气体，都具有一定的湿度，湿度的大小直接影响六氟化硫气体的使用性能。因此，测量六氟化硫气体的湿度，对于质量控制具有重要意义。测定六氟化硫气体湿度的方法大致有两类：一类是用仪器测量，另一类是用经典的重量法测量。使用仪器进行含水量测定既简便、快速又准确度较高，而且基本不受外界条件的影响，因此一般实验室和现场采用此法。按照所用仪器原理的不同，可分为露点法、电解法和阻容法等。而经典的重量法，对环境条件要求高（实验室需恒温、恒湿等），测量时间长、耗气多，所以一般实验室不作为常规方法采用，而只作为标准方法或作仲裁方法用。本节将介绍重量法，其他方法在本书第四章作详细介绍。

重量法简言之就是用恒量质量的无水高氯酸镁吸收一定体积六氟化硫气体中的水分，并测定其增加的质量，由此计算六氟化硫气体的湿度，以质量分数（10^{-6}）表示。

一、试验方法

1. 装置

主要由干燥系统和吸收系统组成，如图3-22所示。

干燥系统由装有无水氯化钙和硅胶的干燥塔组成。氮气通过它后，可获得湿度很低的干气。吸收系统由有机玻璃操作箱内的四支具塞具支硬质玻璃U形管组成。U形管内装40目粒状无水高氯酸镁（或五氧化二磷）和洗净烘干的聚四氟乙烯小碎块［按2∶1(体积比)］混合的干燥剂。

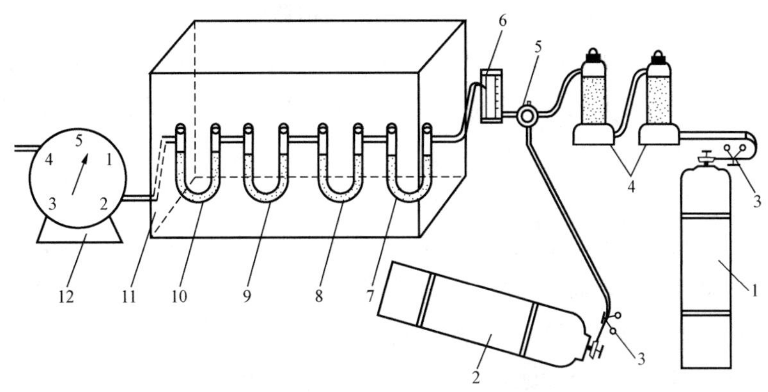

图 3-22　水分测定装置示意图

1—氮气瓶；2—六氟化硫气瓶；3—减压阀；4—干燥塔；5—四通阀；
6—流量计；7～10—吸收管；11—干燥箱；12—湿式气体流量计

第一支为主吸收管，第二、三支为辅助吸收管，第四支为保护管，用以防止外界环境中水蒸气对吸收系统的干扰。所有管路采用不锈钢管。U 形管之间用硅橡胶管对接，也可用子母磨砂接口连接。

2. 测试步骤

（1）湿式气体流量计的校正。气体流量计的准确度，将直接影响测定结果。该试验要求气体流量计的准确度为±2%，用皂膜流量计进行校验，测定结果见表 3-22。

表 3-22　　气体流量计校验数据表

湿式气体流量计流量（mL/min）	皂膜流量计流量（mL/min）				误差（%）
	第一次	第二次	第三次	平均值	
100	98.4	100.8	99.6	99.6	0.4
250	252.0	250.8	249.6	250.8	0.3
350	349.5	351.0	350.4	350.3	0.1

表中数据表明试验用的湿式气体流量计是合格的。

（2）填装吸收管。在有机玻璃操作箱内，将混合好的干燥剂迅速装人吸收管内，管上端留 2～3cm 空间用玻璃纤维填充压平，管口用松香-石蜡黏结剂密封。

（3）吸收管恒质量。将系统按图 3-22 连接，先用干燥氮气（以 500mL/min 流速）吹扫取样管半小时。用硅橡胶管将吸收管和保护管紧密对接起来。整个系统应严密不漏气。记下湿式气体流量计的读数，开氮气瓶并调节流速为 250mL/min。通人 5L 氮气后，拆下吸收管（7、8、9）并用塑料帽盖住两端。戴上手套用干净绸布将吸收管擦净，放人天平盘中，20min 称重，精确至 0.1mg。重复上述操作，直至每一支吸收管连续两次称量之差小于 0.2mg 为止。记录吸收管的恒质量（m_a、m_b、m_c）。

（4）测量。用四通阀切换气源，通人六氟化硫气体冲洗取样管。关闭六氟化硫气源阀门，按图连接好装置。记录湿式气体流量计读数 V_1、试验室温度 t_1 和大气压力 p_1。打开六氟化硫气源阀门，并调节流速为250mL/min。通入10L后，关闭钢瓶阀门，记下流量计读数V_2、试验室温度t_2和大气压力p_2。将气源切换成干燥氮气，并以同样流速通入吸收管，通2L后结束。

关闭氮气钢瓶阀门，取下吸收管盖上塑料帽，戴上手套用绸布擦净吸收管，放入天平盘中，20min称重，并记录吸收管的质量（m_x、m_y、m_z）。m_c在此等于m_z。

3. 试验中的注意事项

若吸收管8的增加质量大于1mg，或者达到了吸收管7增加质量的10%，则此两管必须重新装填干燥剂。若吸收管9燥剂的质量有增加，吸收管7、吸收管8也应重新装填干燥剂。

试验室、天平室要求恒温、恒湿，相对湿度不超过60%。天平载荷为100g或200g，感量为万分之一。天平底座应当有防震设施。

整个测试工作要熟练、细心地进行。同时要严格保持清洁，在整个操作过程中，都不能用手接触U形管。

所有连接管路最好用内抛光的不锈钢管。

二、测试结果

1. 测试结果的计算

（1）将通入的六氟化硫体积校正为标准状况下（20℃、101.325kPa）的体积：

$$V_c=\frac{1/2(p_1+p_2)\times 293}{101.325\times[273+1/2(t_1+t_2)]}(V_2-V_1) \tag{3-16}$$

式中 V_c——通入的六氟化硫气体在标准状况下的体积，L；

p_1——通六氟化硫气体前的大气压力，kPa；

p_2——通六氟化硫气体结束时的大气压力，kPa；

t_1——通六氟化硫气体前的环境温度，℃；

t_2——通六氟化硫气体结束时的环境温度，℃；

V_1——通六氟化硫气体前流量计的读数，L；

V_2——通六氟化硫气体结束时流量计的读数，L。

（2）计算六氟化硫气体的水分含量：

$$w_w=\frac{(m_x-m_a)+(m_y-m_b)}{6.16V_c}\times 1000 \tag{3-17}$$

式中 w_w——六氟化硫气体所含水分的质量分数，10^{-6}；

m_a——恒重后吸收管7的质量，mg；

m_b——恒重后吸收管8的质量，mg；

m_x——通入六氟化硫气体后吸收管7的质量，mg；

m_y——通入六氟化硫气体后吸收管8的质量，mg；

6.16——六氟化硫气体的密度，g/L。

2. 精确度

两次测量结果的差值应在5×10^{-6}以内。取平行测量结果的算术平均值为测量结果。

第七节　六氟化硫气体毒性生物试验

六氟化硫系化学稳性质稳定的非金属氟化物，它无色、无味、无毒、无臭、不燃烧，在常温常压下呈气态。纯净的六氟化硫气体对生物的危害同氮气一样，不同处仅在于它的窒息作用。但由于六氟化硫气体在制造和使用过程中，可能会混入或产生有毒害的含硫、氧低氟化物及酸性产物，例如 SF_2、S_2F_2、S_2F_{10}、SF_4、SOF_4、SO_2F_4、SOF_2 和 HF、SO_2 等，为了保护运行、监督以及分析检测人员的人身安全，必须对六氟化硫新气和运行气的毒性进行监测。因毒性杂质在空气中的允许浓度极小，不能很快地用化学分析方法测出来，故常采用生物学方法来检测六氟化硫气体的毒性。

目前使用的六氟化硫毒性生物试验，是等效采用国际电工委员会 IEC 出版物 60376 规定的方法。该方法是模拟大气中氧气和氮气的含量，以六氟化硫气体代替空气中的氮气，即以 79%体积的六氟化硫气体和 21%体积的氧气混合，让小白鼠在此环境下连续染毒 24h，然后将已染毒的小白鼠在大气中再观察 72h，视小白鼠有无异常，以此判断六氟化硫气体样品是否有毒。

一、试验方法

1. 试验仪器和材料

（1）染毒缸（可用真空干燥器代替），4L；

（2）气体混合器，3～5L；

（3）氧气钢瓶；

（4）浮子流量计（两支）；

（5）健康的雌性小白鼠，体重约 18～20g，5 只；

（6）鼠食，约 250g；

（7）计时器；

（8）皂膜流量计。

2. 试验步骤

（1）试验前的准备工作：

1）染毒缸容积的测定：用排水取气法测定染毒缸容积。

2）流量计算：根据 IEC 规定，通入染毒缸的混合气体，每分钟流量不得少于染毒缸总容积的 1/8。混合气配比为 79%体积的六氟化硫气和 21%体积的氧气，混合气的总流量及分流量（mL/min）的计算为：

$$Q_{总} = V_{染} \div 8 \tag{3-18}$$

$$Q_{SF_6} = Q_{总} \times 79\% \tag{3-19}$$

$$Q_{O_2} = Q_{总} \times 21\% \tag{3-20}$$

例如，染毒缸容积为 4000mL，则 $Q_{总} = 4000 \div 8 = 500\text{mL/min}$

$$Q_{SF_6} = 500 \times 79\% = 395\text{mL/min}$$

$$Q_{O_2} = 500 \times 21\% = 105\text{mL/min}$$

3）流量计校准：用皂膜流量计分别对六氟化硫气体和氧气流量计进行校准，打上标记。

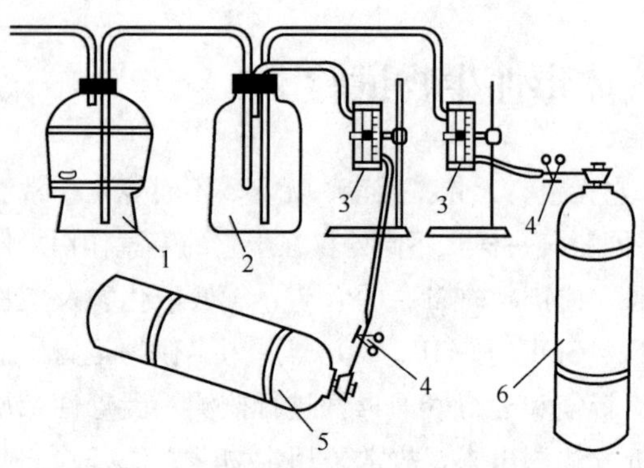

图 3-23　六氟化硫气体毒性实验装置示意图

1—染毒缸；2—气体混合器；3—流量计；4—压力表；5—六氟化硫气瓶；6—氧气瓶

4）选购 5～10 只体重在 20g 左右的雌性健康小白鼠，预先饲养在透气良好的容器里，生物试验前观察五天，以确认它们是健康的。

（2）具体试验步骤：

1）如图 3-23 所示连接好整个试验装置，检查气路系统的气密性。

2）按计算好的流量通入混合气体。

3）待气流稳定后，将 5 只已编号的试验小白鼠放入染毒缸中，同时放入充足的鼠食和水。

4）每隔半小时观察并记录一次小白鼠的活动情况。

5）24h 后染毒试验结束。把小白鼠放回原来的容器中，继续观察 72h。

二、试验结果和判断

1. 试验结果和判断

如小白鼠在 24h 试验和 72h 观察中，都活动正常，则说明该样品气无毒。

如果偶尔有一只或几只小白鼠出现异常现象，或者死亡，则可能是毒性造成，应重新用 10 只小白鼠进行重复试验，以判定前次试验结果的正确性。

在有条件的地方，应对任何一只在试验中死亡或者有明显中毒症状的小白鼠进行解剖，以查明死亡或中毒原因；有条件时可对试验用气体进行有毒成分含量测试。

2. 注意事项

（1）试验中应控制好气体的比例，否则不能真实反映试验结果；

（2）试验室温度不宜波动太大，以 25℃左右为宜；

（3）试验残气经净化处理后排至室外。

思考题

1. 测量密度的方法原理？
2. 酸度测量时应注意什么？
3. 可水解氟化物是指六氟化硫中能够什么的物质？
4. 测定矿物油含量时采用什么试剂吸收？连接管路可以用乳胶管吗？
5. 生物毒性试验时六氟化硫和氧气的比例？染毒时间？对小白鼠有何要求？
6. 常用的什么方法分析六氟化硫气体中空气（O_2、N_2），CF_4 等杂质气体？
7. 测定六氟化硫气体中湿度常用哪些方法？仲裁时应采用什么方法？

第四章　六氟化硫气体绝缘电气设备现场检测技术

第一节　电气设备用六氟化硫气体取样

随着对运行气体的质量监督工作的不断深入发展，对设备中六氟化硫气体采集样品进行分析的需求也不断扩大，从设备中采集的气体可用于实验室分析和现场分析。由于检测的六氟化硫气体中杂质组分的特殊性，因此对取样有着特殊的要求。

一、取样基本要求

1. 采集的气体必须有代表性

采集样品可包括从六氟化硫钢瓶中采集新气或从六氟化硫电气设备中采集运行气体。在采集钢瓶中的气体时，应注意从气体的液相部分采集气体，如果钢瓶中残存的气体没有液相部分，在从气相部分采集气体时，应注意采集的气体应具有代表性。

2. 取样容器及连接管路的要求

(1) 取样瓶的体积可采用 150～500mL（视分析样品组分所需样品量决定，用作傅立叶变换红外分析仪分析可能需要 1000mL）。

(2) 所用的采样瓶和采集用的气路转接头及连接管路的材质应采用不锈钢或与被测样品组分不发生化学反应的材料，以减少采样过程中的反应和污染，例如 PTFE（聚四氟乙烯）。

(3) 六氟化硫气体压力高于 0.2MPa，宜采用不锈钢瓶取样。六氟化硫气体压力低于 0.2MPa 时，既可以采用不锈钢瓶取样，也可使用塑料袋取样。取样容器两端应带有阀门或自封接头。

(4) 连接的管路外径一般在 3～6mm，长度不大于 2m，管路末端应有自封连接接头或阀门，以防止管路不使用时空气进入管道。

(5) 所用的取样容器和连接件应能承受被取样设备气体工作压力。

3. 可采用灰尘过滤器

在采集样品气的过程中，样品不能通过装有分子筛或氧化铝吸附剂的过滤器，以防止改变样品气的成分。可以用灰尘过滤器，以滤除灰尘等细小的固体颗粒。

二、取样方式

电气设备用六氟化硫气体取样，可分为现场取样检测和取样至实验室检测，不同的取样方式有不同要求。

1. 现场检测取样

现场检测取样主要是将检测仪器和被检测电气设备连接起来，直接将被测气体通入仪器进行分析，试验尾气可采用尾气袋或专用回收装置进行收集。如果六氟化硫电气设备采样口是使用长而狭窄的管子连接到主气室中，则管路连接部分应用主气室的气体充分吹扫，以确保采集到的六氟化硫样品气的代表性。现场检测取样连接见图 4-1。

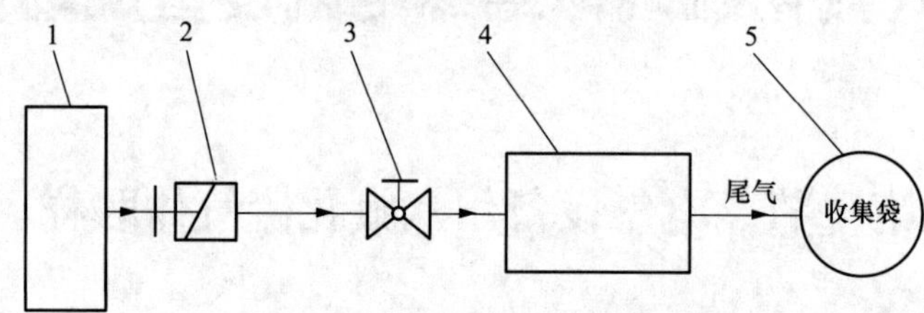

图 4-1　现场检测取样连接系统

1—待测电气设备；2—气路接口；3—仪器入口阀门；4—气体检测管检测装置；5—尾气收集袋

2. 取样至实验室检测

无论是从六氟化硫钢瓶中采集新气，还是从六氟化硫电气设备中采集运行气体，除了保证所取样品具有代表性外，还要确保样品从进入取样瓶至实验室检测期间，各气体组分浓度稳定，应不受取样容器等因素影响而发生改变。

(1) 现场取样的连接方式。图 4-2 和图 4-3 是 IEC 所建议的现场取样两种连接方式。

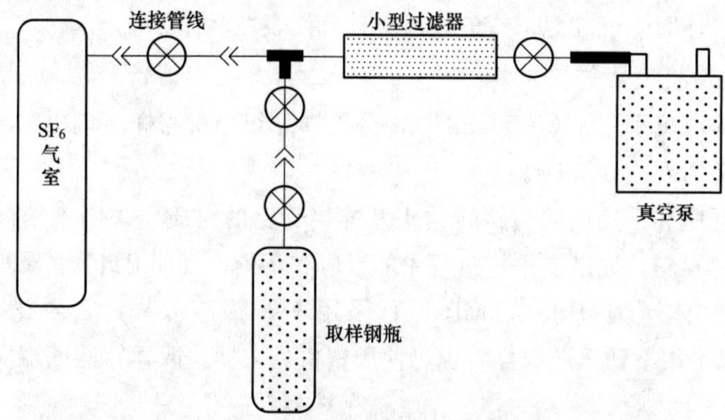

图 4-2　抽真空气体取样装置

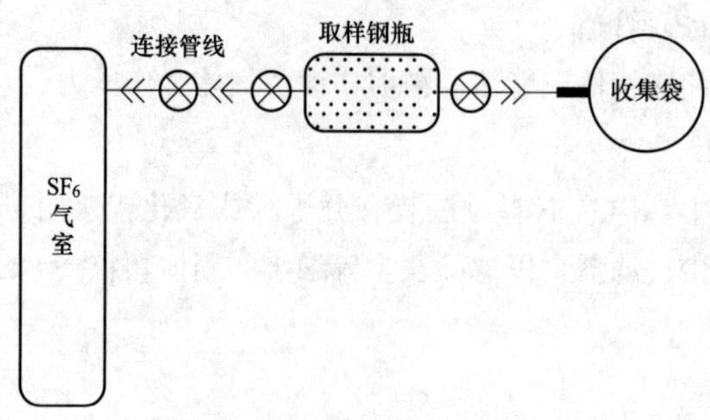

图 4-3　冲洗气体取样装置

（2）采样瓶如重复使用应作净化处理，IEC提出的净化工艺包括：

1）加热容器到100℃，抽真空持续1h；

2）使用前关闭阀门，并且使容器完全冷却到室温；

3）使用干燥高纯氮气置换容器中的杂质，并抽空氮气；

4）重复操作，对采气容器作净化处理，并且保持容器真空状态。

（3）气体取样。如果按照图4-2的方式采集六氟化硫气体，采样前应启动真空泵对连接管路、取样瓶进行抽真空，然后再进行取样。样气充满采样瓶后，应关闭阀门，为避免在运往实验室的途中由于阀门未关而跑气，最好气瓶阀门上安装 一个自封接头，这样有利于样气的处理。

如果按照图4-3的方式采集六氟化硫气体，为防止六氟化硫气体排放到大气中，应使用一个收集袋或者类似的装置收集气体。采样前先用六氟化硫气室中气体充分冲洗取样瓶后再采样。

三、取样注意事项

在现场采样过程中，还应注意以下几个环节的问题：

1. 取样前的准备

取样至实验室分析时，采样瓶应采用惰性材质或不锈钢制成，气瓶内部应采用高抛光处理。如果采用普通钢瓶取样，内部应采用涂覆处理，以防止采样瓶内部对六氟化硫气体中SO_2、H_2S及含硫低氟化物等杂质组分的吸附。

采样瓶净化处理，可参照IEC 60480Z中的建议，进行真空清洗处理，使其保持清洁、干燥、不漏气。取样瓶容积宜选用500～1000mL。

气路连接系统由不锈钢管或聚四氟乙烯管、自封接头及与设备连接的接头组成。从现场使用方便来讲，取样管可选用聚四氟乙烯管，自封接头和设备连接接头材质应采用不锈钢。由于铜材料容易吸附H_2S，所以取样设备接头不建议采用铜材料制成。

设备中气体压力一般不大于1MPa，选用的取样容器和取样连接系统至少应能承受1.5MPa的压力，以防止因取样系统承压不够，造成取样过程中气体的大量泄漏。取样管两端宜采用自封接头，可防止管路不使用时被空气污染，另外操作起来也安全方便。

从六氟化硫钢瓶中采样时，如果分析六氟化硫分解产物，应采用不锈钢材质减压阀，阀体空腔采用不锈钢切合面，如果仅检测气体湿度时，也可采用铜材质减压阀。不建议采用普通的氮气或氧气减压阀，因为其内部空腔大多有绝缘胶垫，可吸附空气中水分，在检测气体湿度时，容易造成分析结果的偏大。

2. 取样部位

对于电气设备中六氟化硫取样，应在设备的充放气阀门上采样，利用配套接头将取样装置或分析检测仪器和设备的充放气阀门连接。

对于六氟化硫气体钢瓶或储气罐取样，钢瓶或储气罐上应装有减压装置，通过减压后和取样装置或分析检测仪器连接。

3. 样品保存

所取样品应避免阳光直射，以防止样品中组分分解或发生化学反应，六氟化硫其中含硫低氟化物在有水分时容易发生水解反应，所以取样后，应尽快完成实验室分析，宜在48h内进行试验。采样容器的材质，会影响样品的保存期，采用钢瓶取的气样保存不超过3天，采样袋取的气样保存不超过 2 天。

4. 安全防护

取样前，应记录设备压力值，取样过程中实时监控压力表变化，防止因取样造成设备压力突变，影响设备运行。取样时应避开设备取气阀开口方向，防止发生意外。采样时的安全防护工作应严格按照 DL/T 639 的规定执行。

四、取样参照标准

电气设备中六氟化硫气体的取样方法可以按照 DL/T 1032—2006《电气设备用六氟化硫（SF_6）气体取样方法》来中的规定执行。

第二节　气体湿度测量的基础和常用检测方法

一、湿度的表示方法

湿度是指气体中的水汽含量，而固体或液体中的含水称为水分。湿度的表示方法繁多，其定义都是基于混合气体的概念引出的。

表示气体中水汽含量的基本量可以是水蒸气压力，它表示湿气（体积为 V，温度为 T）中的水蒸气于相同 V、T 条件下单独存在时的压力，亦称水蒸气分压力。

饱和水蒸气压的概念也是湿度测量中一个极为重要的概念。众所周知，水从液体转化成蒸汽的过程称为汽化。汽化的某种方式可以是蒸发，以液体的自由表面作为气液的分界面的汽化过程称为蒸发。以容器中水的蒸发为例，显然蒸发过程与水的温度和液面上的压力有关。温度升高，水分子的平均动能增大，逸出液面的分子数相应增加。随着空间水分子数目增加，碰撞的机会就增加，折回水面的分子数也增加。当蒸发速度等于凝结速度时，体系达到动态平衡，这种状态称为饱和，此空间中的水蒸气称为饱和水蒸气，其压力称为饱和水蒸气压。饱和水蒸气压与温度之间存在一定的函数关系，它是指气相中仅存在纯水汽时，与水或冰组成的体系的平衡水汽压，它们是温度的单值函数。

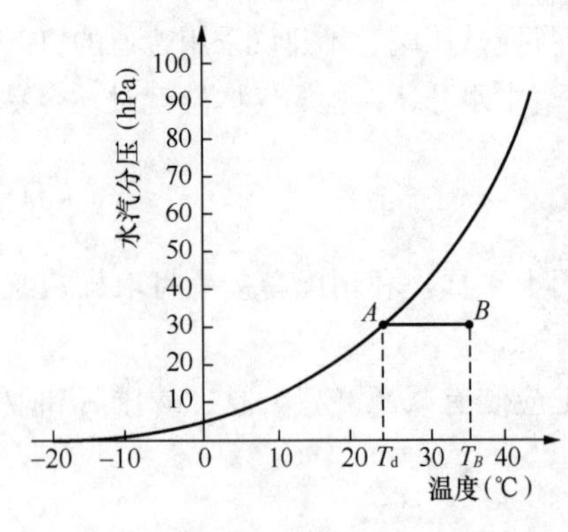

图 4-4　饱和水蒸气压与温度的关系

由于饱和水蒸气压是温度的单值函数，温度越高，饱和水蒸气压数值越大，因此对于一个在测试温度条件下，其水蒸气分压没有达到饱和的气体，随着人为地降低体系温度，其水蒸气分压就可以在低温状态下达到饱和。此时如果温度继续下降，气体中的水分就会以露的形式析出来。水蒸气压力达到饱和时的相应温度称为露点温度。露点温度也是湿度的一种表示方法。

图 4-4 是饱和水蒸气压温度曲线。B 点状态的气体，随温度下降到 A 点状态，其水蒸气分压即为此时的饱和水蒸气压，A 点相应的温度 T_d 称为露点温度。在这个温度下气体的水蒸气含量恰等于该气体达到饱和时的水蒸气含量。因此露点和饱和水蒸气压一样可以用来表示气体的湿度。

重量法是湿度测量中一种绝对的测量方法。在当今所有湿度测量方法中它的准确度最高。人们普遍以这种方法作为湿度计量的基准。其量值是以混合比来表示的。湿气中的混合比是湿气中所含水汽质量与和它共存的干气质量的比值。因此，可以认为，混合比是湿度的最基本表示方法。

基于混合比定义概念的还有几种常见的湿度表示方法。其中质量分数（$\times10^{-6}$）是以“百万分之一”的单位表示的水汽与其共存的干气的质量之比值。体积分数（$\times10^{-6}$）是以“百万分之一”的单位表示的水汽与其共存的干气的体积之比值。绝对湿度亦称为水汽浓度和水汽密度，是湿气中的水汽质量与湿气总体积之比。相对湿度也是常用的湿度表示方法。压力为 p、温度为 T 的湿气的相对湿度，是指给定的湿气中，水汽的摩尔分数与同一温度 T 和压力 p 下纯水表面的饱和水汽的摩尔分数之比。

综上所述，露点温度、饱和水蒸气压、水蒸气分压力、混合比、质量分数、体积分数、绝对湿度、相对湿度都可用以表示气体湿度。根据它们的物理意义，相互之间可以互相转换。

二、常用湿度计量的名词术语

按中华人民共和国国家计量技术规范，对常用湿度计量名称术语定义如下：

水分——液体或固体中水的含量。

湿度——气体中水蒸气的含量。

干气——不含水蒸气的气体。

湿气——干气和水蒸气组成的混合物。

水蒸气——亦称水汽。水的气态，由水汽化或冰升华而成。

水蒸气压力——湿气（体积为 V、温度为 T）中的水蒸气于相同 V、T 条件下单独存时的压力，亦称水蒸气分压力。水蒸气压力用 e 表示。

饱和水蒸气压——水蒸气与水（或冰）面共处于相平衡时的水蒸气压。饱和水蒸气压用 e_s 表示。

露点温度——压力为 p、温度为 T、混合比为 γ 的湿气，其热力学露点温度乃是指在此给定压力下，该湿气为水面所饱和时的温度。

质量混合比——湿气中水蒸气的质量与干气的质量之比，亦称混合比。

质量分数——质量混合比乘以 10^6。

体积分数——湿气中水蒸气的分体积与干气的分体积之比值的 10^6 倍。

绝对湿度——单位体积湿气中水蒸气的质量。

相对湿度——湿气中水蒸气的摩尔分数与相同温度和压力条件下饱和水蒸气的摩尔分数之百分比。

三、湿度计量单位换算

前面已讲到湿度计量有多种表示方法，饱和蒸气压、露点、质量分数、体积分数、相对湿度、绝对湿度（即质量浓度）都可以用来表示气体中水汽的含量。下面介绍这几种量的计算。

1. 气体湿度的体积分数计算

由道尔顿分压定律和理想气体状态方程，可知气体的压力是由大量分子的平均热运动形成的，是大量分子对器壁不断碰撞的结果，所以它的量值决定于单位体积的分子数和分子的平均动能。又由于气体的绝对温度是分子平均动能的量度，在相同的温度下，气体的分子平均动能是相同的，所以在同一温度下，不同气体的分压力之比就是分子数目之比，也就是不同气体的体积之比，因此，气体湿度的体积分数按式（4-1）计算，即

$$\varphi_W = \frac{V_W}{V_T} \times 10^6 = \frac{p_W}{p_T} \times 10^6 \tag{4-1}$$

式中 φ_W——测试气体湿度的体积分数，10^{-6}；

V_W——水汽的体积，L；

V_T——测试气体的体积，L；

p_W——气体中水汽的分压，Pa；

p_T——测试系统的压力，Pa。

2. 气体湿度的质量分数计算

由质量分数浓度定义知道，质量分数表示湿气中水蒸气的质量与干气质量之比的百万分之一（干气质量可用测试湿气质量近似代替），即

$$w_W = \frac{m_W}{m_T} \times 10^6 \tag{4-2}$$

式中 w_W——气体湿度的质量分数$\times 10^{-6}$；

m_W——水蒸气的质量，g；

m_T——测试湿气的质量，g。

理想气体状态方程见式（4-3）：

$$p_T V_T = \frac{m_T}{M_T} RT \tag{4-3}$$

式中 p_T——气体压力，Pa；

V_T——气体体积，L；

m_T——气体质量，g；

T——温度，K；

M_T——气体的摩尔质量，g/mol；

R——摩尔气体常数。

将理想气体状态方程代入式（4-2），经整理可得到式（4-4）

$$w_W = \frac{p_W M_W}{p_T M_T} \times 10^6 = \varphi_W \frac{M_W}{M_T} \tag{4-4}$$

式中 M_W——湿气中水的摩尔质量，g/mol；

M_T——测试气体的摩尔质量，g/mol。

3. 气体含水量的相对值计算

根据相对湿度的定义，气体湿度的相对值 RH 表示水蒸气在测试露点下的分压与系统温度下的饱和水蒸气压之比，以百分数表示。

$$RH = \frac{p_W}{p_S} \times 100\% \tag{4-5}$$

式中　p_W——测试露点下水蒸气的分压力，Pa；

p_S——测试系统温度下的饱和水蒸气压力，Pa。

4. 气体含水量的绝对值计算

根据绝对湿度的定义，气体湿度的绝对值 AH 表示的是单位体积湿气中水蒸气的质量。也就是水蒸气的密度，它可以由理想气体状态方程推出：

由于
$$pV=\frac{m}{M}RT \tag{4-6}$$

$$水蒸气密度=\frac{m}{V}=\frac{pM}{RT}\quad (g/L) \tag{4-7}$$

即
$$AH=\frac{p_W M_W}{RT_K} \tag{4-8}$$

式中　M_W——表示水的摩尔质量（18.01g/mol）；

R——摩尔气体常数，R =0.008 2MPa·L/(K·mol)；

p_w——水蒸气的分压力，Pa；

T_K——系统温度，K。

将常数代入整理后得到：

$$AH=2.195\frac{p_W}{T_K}\quad (g/m^3) \tag{4-9}$$

5. 非大气压力下测量时露点的计算

IEC 480《电气设备中六氟化硫气体检验导则》给出非大气压力下露点的计算，指出非大气压力下测量的水蒸气分压与大气压力下测量的水蒸气分压与其测试压力成正比，即有式（4-10）：

$$p_{wo}=p_{wa}\frac{p_o}{p_a} \tag{4-10}$$

式中　p_{wo}——非大气压力下测量露点相应的饱和水蒸气压，Pa；

p_{wa}——大气压力下测量露点相应的饱和水蒸气压，Pa；

p_o——非大气压力（绝对压力），Pa；

p_a——大气压力，Pa。

综上所述，气体湿度测量主要使用的计算公式包括：

体积分数：
$$\varphi_W=\frac{p_W}{p_T}\times 10^6\quad (\times 10^{-6}) \tag{4-11}$$

质量分数：
$$\omega_W=\frac{\varphi_W M_W}{M_T}\quad (\times 10^{-6}) \tag{4-12}$$

相对湿度：
$$RH=\frac{p_W}{p_S}\times 100\%\quad (\%) \tag{4-13}$$

绝对湿度：
$$AH=2.195\times\frac{p_W}{T_K}\quad (g/m^3) \tag{4-14}$$

非大气压力下气体水蒸气分压：

$$p_{wo} = \frac{p_{wa} p_o}{p_a} \tag{4-15}$$

式中 p_W——气体中的水蒸气分压（测试露点下饱和水蒸气压），Pa；

p_T——测试系统的压力，Pa；

M_W——水的摩尔质量，g/mol；

M_T——被测气体的摩尔质量，g/mol；

T_K——被测气体的温度，K；

p_S——测试系统温度下的饱和水蒸气压，Pa；

p_{wa}——大气压力下气体水蒸气分压，Pa；

p_{wo}——非大气压力下气体水蒸气分压，Pa；

p_o——非大气压力，Pa；

p_a——大气压力，Pa。

四、气体湿度的常用检测方法

在湿度测量中有多种方法可以应用，目前电力系统常用的六氟化硫气体湿度检测方法主要有电解法、阻容法和露点法。

1. 电解法

电解法是目前广泛应用的微量水分测量方法之一。人们对此法之所以感兴趣，其原因在于这种方法不仅能达到很低的量限，更重要的是因为它是一种绝对测量方法。

(1) 测量原理。电解法湿度计的敏感元件是电解池，它的测量原理是基于法拉第电解定律。众所周知，法拉第定律由下面两个定律组成：

1) 在电流作用下，被分解物质的量与通过电解质溶液的电量成正比；

2) 由相同电量析出的不同物质的量与其化学当量成正比。

法拉第第二定律，析出任何一摩尔物质所需的电量为 96 485C。所以可以由消耗的电量来计算电解的物质量。在六氟化硫气体湿度测量中，被电解的物质是水。测量特点是当被测气体连续通过电解池时，其中的水汽被涂敷在电解池上的五氧化二磷膜层全部吸收并电解。在一定的水分浓度和流速范围内，可以认为水分吸收的速度和电解的速度是相同的。也就是说，水分被连续地吸收同时连续地被电解。瞬时的电解电流可以看成是气体含水量瞬时值的尺度。这种湿度测量方法要求通过电解池的气体的水分必须全部被吸收。测量值是与气体流速有关的。因此测量时应有额定的流速并保持流速恒定。由测量气体的流速和电解电流便可测知气体湿度。

(2) 定量基准。由于法拉第电解定律指出电解一摩尔物质所消耗的电量是一个常数，依据法拉第定律和气体方程可求出电解电流与气体含水量之间的关系式：

$$I = \frac{\varphi p T_0 F q}{3 p_0 T V_0} \times 10^4 \tag{4-16}$$

式中 F——法拉第常数（96 485C/mol）；

q——气体流速，mL/min；

φ——气体含水量的体积分数，$\times10^{-6}$；

I——电解电流，μA；

p_0——标准状况下的气体压力（101 325Pa）；

T_0——标准状况下的气体温度（273.15K）；

V_0——标准状况下的气体体积（22.4L/mol）；

p——被测气体压力，Pa；

T——被测气体温度，K。

式（4-16）即为电解式水分仪依据的公式。从式中可以看出，在温度、压力、流量不变的前提下，电解电流的大小正比于气体含水量。当被测气体压力 $p=101\ 325$Pa，温度 $t=293$K，$q=100$mL/min 时，气体含水量 $\phi=1\times10^{-6}$（体积分数），电解电流 $I=13.2\mu$A。根据电解电流的大小，仪器可直接显示气体含水量。

2. 阻容法

阻容法水分仪属于一种电湿度计。它是利用吸湿物质的电学参数随湿度变化的原理借以进行湿度测量的仪器。属于这一类的湿度计主要有氧化铝湿度计、碳和陶瓷湿度传感器，以及利用高聚物膜和各种无机化合物晶体等制作的电阻式湿度传感器等。我们主要应用的是氧化铝湿度计。

（1）测量原理。氧化铝湿度计的测量元件是氧化铝探头，它是通过电化学方法在金属铝基体表面形成一层氧化铝膜，进而在膜上淀积一薄层金属膜，这样便构成了一个电容器。氧化铝吸附水汽后引起电抗的改变，湿度计的原理就是建立在这一电特性基础之上的。

（2）传感器结构。氧化铝传感器的核心部分是吸水的氧化铝膜层，它的结构模型如图4-5（a）。

氧化铝膜层布满了相互平行的且垂直于其平面的管状微孔，并从表面一直深入到氧化层的内部，多孔的氧化铝膜具有很大的比表面，对水汽有很强的吸附能力。

传感器的等效工作电路如图 4-5（b）所示，在湿度变化时，R_1 和 C_2 的变化是明显的，是具有决定性影响的两个参量。

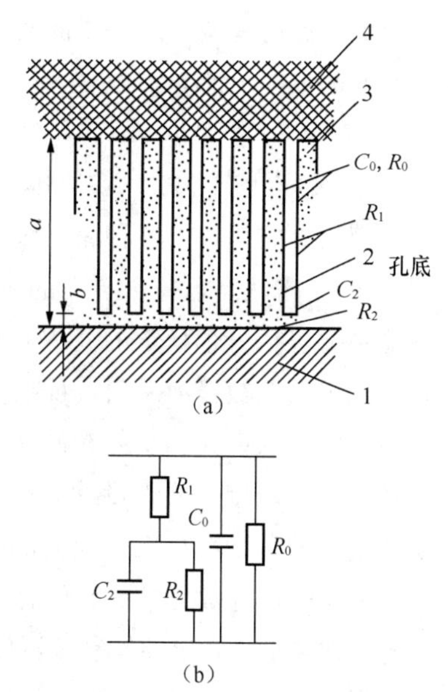

图 4-5　氧化铝传感器的结构模型和等效电路

（a）结构模型；（b）等效电路

1—金属铝基体；2—管状微孔；

3—氧化铝膜；4—淀积金属膜；

C_0—厚度为 d 的氧化铝膜隔开的两电极之间的电容；

R_0—氧化铝膜的漏电电阻；R_1—微孔内表面的电阻；

C_2、R_2—微孔底与铝基体之间的电容和漏电电阻

3. 露点法

露点法是一个古老的测量方法。露点仪建立在可靠的理论基础之上，具有准确度高、测量范围宽的特点，在现代湿度测量技术中占有相当重要的位置。

（1）测量原理。露点仪的测量系统是将气体以一定的流速通过一个金属镜面，此金属镜面用

人工的方法使之冷却，当气体中的水汽随镜面的冷却达到饱和时，将有露在镜面上形成，镜面上附着的水膜和气体中的水分处于动态平衡。此时镜面温度称为露点温度。由此可以测定气体湿度。也就是说，当一定体积的湿气在恒定的总压力下被均匀降温时，在冷却的过程中，气体和水汽两者的分压力保持不变，直到气体中的水汽达到饱和状态，该状态称为露点，由测定露点温度可以测知气体湿度。

（2）露点仪结构。由露点法的测试原理可知，一般的露点仪的测试系统主要分为金属镜面、制冷系统、测温系统和光电系统几部分。

1）制冷技术。手动露点仪通常采用干冰（液态 CO_2）、液氮制冷。这种仪器一般用于实验室。它的最大特点是可以进行低霜点测量。干冰可以达到－78℃，液氮可以达到－100℃。使用干冰时常常用乙醇作为冷介质传递冷量。这种制冷方法的缺点是降温速度不易控制。

自动热电制冷也就是半导体制冷，其原理是利用帕尔帖效应，也就是电偶对的温差现象。目前广泛应用的电偶对是由铋碲合金与铋硒合金组成的 N 型元件，以及由铋碲合金组成的 P 型元件。冷堆由适当数目的制冷元件（N—P 电偶对）按串、并的方式连接，利用多级叠加可以获得不同程度的低温。如二级叠加可以达到－40～－45℃，三级叠加可以达到－70～－80℃，一般不宜超过三级叠加。

2）露点镜温度的测量。现代的露点仪镜面温度的测量一般都采用热电偶、热敏电阻、铂电阻。测量露点温度有两个最基本的要求，一是露点温度测量与结露时间的一致性，测量值与真实露点温度的偏差要小；二是测温元件安放点的温度应与镜面温度一致，两处的温度梯度要小。

3）简单的凝露状态监控。在简单的露点仪中通过手动调节制冷量来控制镜面降温速度，用目测法确定露点的生成。这种露点仪在很大程度上依靠经验来进行测量。

4）光电的凝露状态监控。自动的现代露点仪大部分采用光电系统来确定露点的生成。光电检测系统主要包括一个稳定的光源和反射光的接收系统（包括光敏元件和电桥）。来自光源的平行光照到镜面上被镜面反射，反射光可以用光电管式光敏元件接收。在镜面结露之前，只要光源足够稳定，入射光和反射光的光通量基本是稳定的。当镜面上出现露点时，入射光就发生散射，光接收系统接受的光量就减小，光的散射量大致和露层的厚度成正比。利用光敏元件作为惠斯顿电桥的一臂，可以检出光的变化。也就是说，利用电桥状态的变化来判断露点。

在露点出现前，电桥处于不平衡状态，电桥信号输出控制半导体制冷器的制冷电流。当露点出现时，电桥达到平衡，半导体制冷器停止制冷或反向加热，使镜面温度自动保持在露点附近，即自动跟踪露点。

图 4-6 是一台简单的手动制冷的露点仪的结构图。冷却剂干冰由冷却槽 2 放入，镜面温度由热敏探头 5 测量，被测气体通过测量室 1，在露点镜 3 上结露，操作人员在位置 9 处，通过观测镜 4 来观测镜面露的形成。

图 4-7 是自动露点仪的测量方框图。镜面由半导体元件 7 制冷，光源 1 照在镜面 2 上，镜面状态由光电管 4 监测，信号反馈给半导体制冷控制元件，镜面温度由测温元件 3（PT-100）通过温度放大器，到数字显示仪表。

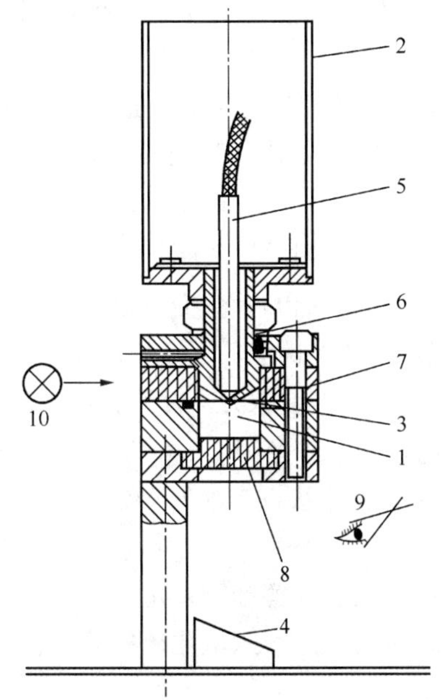

图 4-6　手动制冷露点仪结构图

1—测量室；2—冷却槽；3—露点镜；4—观测镜；5—热敏探头；6—冷传导体；7—光通路；8—玻璃；9—观察者；10—光源

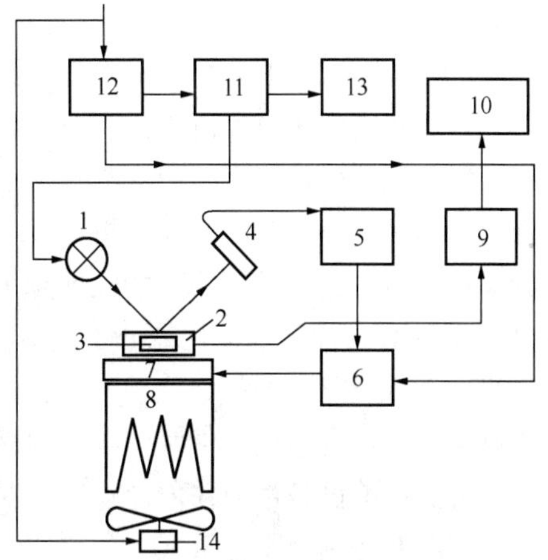

图 4-7　自动露点仪测量方框图

1—灯；2—镜；3—PT-100；4—光电管；5—制冷控制；6—输出；7—帕尔粘制冷；8—冷却器；9—温度放大器；10—数字显示；11—灯稳定器；12—电源提供转换器；13—±15V DC 稳定器；14—风扇

第三节　六氟化硫气体湿度现场检测

在本书第二章我们介绍了六氟化硫气体绝缘高压电器。其中六氟化硫气体绝缘断路器和六氟化硫气体绝缘变电站（GIS）在电网的应用已经很普遍。六氟化硫气体湿度现场常规检测主要是六氟化硫断路器和 GIS 的气体湿度检测和六氟化硫气体泄漏检测。本节主要介绍电气设备中六氟化硫气体湿度的现场检测。

一、高压电气设备中气体水分的主要来源

1. 六氟化硫新气中含有的水分

无论是六氟化硫新气或六氟化硫电气设备中的运行气体，都会不可避免地含有微量的水分。六氟化硫新气中的水分主要是生产过程中混入的。由于六氟化硫在合成后，要经过热解、水洗、碱洗、干燥吸附等工艺，生产的环节多，难免遗留有少量水分。在向高压电器设备充气或补气时，这些水分会直接进入设备内部。另外六氟化硫气瓶在存放过程中，如果存放时间过长，气瓶密封不严，大气中水分会向瓶内渗透，使六氟化硫气体含水量升高。因此按规定要求，在充入六氟化硫新气时，对存放半年以上的气瓶，应复测其中的气体湿度。

2. 六氟化硫高压电器设备生产装配中混入的水分

高压电器设备在生产装配过程中，可能将空气中所含水分带到设备内部。虽然设备组装完

毕后要进行充高纯氮气、抽真空干燥处理，但附着在设备腔中内壁上的水分不可能完全排除干净。

另外，六氟化硫电气设备中的固体绝缘材料，主要是环氧树脂浇注品。这些环氧树脂的含水量一般在0.1%～0.5%之间。固体绝缘材料中的这些水分随时间延长可以逐步地释放出来。

3. 大气中的水汽通过六氟化硫电气设备密封薄弱环节渗透到设备内部

一般六氟化硫高压电器由于人为的控制设备内部气体湿度，所以设备内部气体含水量较低。内部水蒸气分压很低，而大气中水蒸气分压很高。在高温高湿的条件下，水分子会自动地从高压区向低压区渗透。外界气温越高、相对湿度越大，内外水蒸气压差就越大，大气中的水分透过设备密封薄弱环节，进入设备的可能性就越大。由于六氟化硫分子直径为 4.56×10^{-10} m，水分子直径是 3.20×10^{-10} m，六氟化硫分子是球状，而水分子为细长棒状，在内外水分压差大时，水分子是容易进入设备内部的。

六氟化硫高压电器设备中气体含有的微量水分可与六氟化硫分解产物发生水解反应产生有害物质，可能影响设备性能并危及运行人员的安全，因此国内外对于六氟化硫气体中微量水分的分析、监测和控制都十分重视。

二、六氟化硫气体中的水分对设备的危害

1. 水解反应生成氢氟酸、亚硫酸

六氟化硫气体是非常稳定的，当温度低于500℃时一般不会自行分解，但当水分含量较高时，温度高于200℃时就可能产生水解反应，生成 SO_2 和 HF。SO_2 可进一步与 H_2O 反应生成亚硫酸。

氢氟酸和亚硫酸都具有腐蚀性，可严重腐蚀电气设备。

2. 加剧低氟化物水解

六氟化硫气体中的水分，会加剧低氟化物的水解。六氟化硫在电弧作用下可分解。电弧高温可达5000～10 000℃以上，在这样的高温下，六氟化硫可分解成原子态S和F。电弧熄灭后，S、F原子重新又结合成六氟化硫，但其中仍有一部分结合不完全而生成低氟化物。

由于水分的存在，低氟化物可进一步水解生成氟化亚硫酰，其反应式如下：

$$SF_6 \longrightarrow S + 6F \longrightarrow SF_4 + F_2$$

$$SF_4 + H_2O \longrightarrow SOF_2 + 2HF$$

六氟化硫气体中水分含量增加，会加速上述反应。

3. 使金属氟化物水解

在六氟化硫被电弧分解成原子态S、F的同时，触头蒸发出大量的金属铜和钨蒸汽，该蒸汽与六氟化硫在高温下会发生反应，生成金属氟化物和低氟化物。

$$4SF_6 + W + Cu \longrightarrow 4SF_4 + WF_6 + CuF_2$$

$$2SF_6 + W + Cu \longrightarrow 2SF_2 + WF_6 + CuF_2$$

$$4SF_6 + 3W + Cu \longrightarrow 2S_2F_2 + 3WF_6 + CuF_2$$

气态的 WF_6 与 H_2O 会继续反应：

$$WF_6 + 3H_2O \longrightarrow WO_2 + 6HF$$

生成的 WO_2 和 CuF_2 呈粉末状况沉积在灭弧室内。SF_2 与 S_2F_2 在电弧作用下还会再次反应成为 SF_2，SF_4 会进一步水解成氟化亚硫酰。

$$2SF_2 \longrightarrow SF_4 + S$$

$$2S_2F_2 \longrightarrow SF_4 + 3S$$

氟化亚硫酰是剧毒的，对人体有很大的危害。HF 也是毒性气体，它不仅具有腐蚀性而且可严重烧伤肌体。HF 还可以与含 SiO_2 的零件、瓷件、充石英粉的环氧树脂浇铸件反应，这不仅腐蚀了固体零件的表面，且生成了水分。

4. 在设备内部结露

由于气体中的水分以水蒸气的形式存在，在温度降低时，可能在设备内部结露，附着在零件表面，如电极、绝缘子表面等，容易产生沿面放电（闪络）而引起事故。

三、六氟化硫电气设备气体湿度现场检测方法

六氟化硫高压电器设备气体湿度现场检测的关键问题是解决设备本体与检测仪器的连接问题。检测时，设备本体中的气体必须经气路引出，以一定流速通过检测仪器的检测器（如电解式水分仪的电解池、阻容式水分仪的探头等）。由于六氟化硫气体中水分含量是微量的，气体湿度的测量又是一项严密的工作，因此对气路连接的要求就比较严格。

1. 设备本体与检测仪器之间的连接要求

以六氟化硫高压断路器为例，断路器的一般气路系统包括压力表、密度继电器、阀门、充放气口（或气体检查口）等，如图 4-8 所示。

设备中六氟化硫气体的压力是用压力表和气体密度继电器来监视的，在气体密度降低时，六氟化硫气体密度监测器自动报警或发出闭锁信号。截止阀 2 在设备运行中是处于常开状态，截止阀（3）、（7）在运行中是处于常闭状态。六氟化硫充、放气口 4 在设备安装、补气时给设备作充气或放气用。气体检查口可用于日常监督中对设备中气体进行检测。

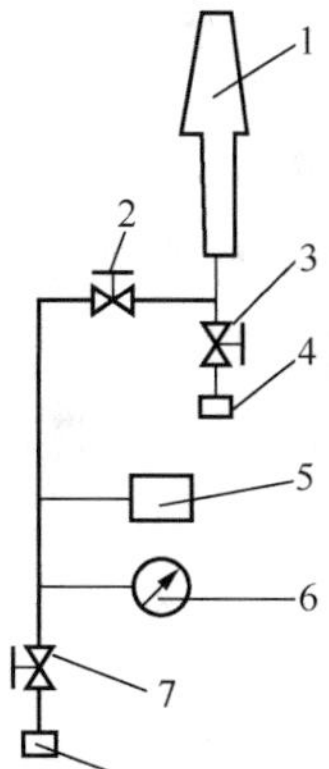

六氟化硫气体湿度检测一般是从气体检查口取气。将检测用仪器由气体检查口经专用接头连接到设备本体上。连接之前，先将截止阀（7）关闭，打开气体检查口处的密封盖口，用专用接头将测试仪器经管路连入，再打开截止阀（7），调节适宜的气体流量，而后即可开始进行气体湿度测量。

图 4-8　六氟化硫断路器的气路系统

1—断路器本体；2—截止阀（常开）；3—截止阀（常闭）；4—六氟化硫充放气口；5—六氟化硫密度继电器；6—六氟化硫压力表；7—截止阀（常开）；8—气体检查口

六氟化硫断路器气体湿度检测使用的专用接口，根据不同的断路器型号采用不同的形式，一般可以根据气体检查口的密封方式来加工专用接口。目前这类接口大致可分为三种形式：

（1）平板结构的专用接口。主要用于日本日立公司、日本三菱公司生产的瓷瓶支柱式或落地箱式六氟化硫断路器。此型断路器检查口的密封采用平板（加密封垫）的形式，接口可仿制平板结构，在平板中部加工直径 3mm 的圆孔，经管路将设备本体与仪器连接起来。

（2）螺母式结构的专用接口。主要用于北京开关厂、上海华通开关厂等厂家生产的六氟化硫断路器或GIS中。断路器检查口的密封采用螺母式堵头，中间加密封垫，接口可采用同制式的螺纹和断路器检查口连接，设备本体中气体经堵头的 $\phi 3$ 中心孔和连接管路通至检测仪器。

（3）配合逆止阀结构使用的专用接口。常用于平顶山开关厂、ASEA生产盼六氟化硫断路器。这类型断路器检查口的密封方式比较特殊。一般情况下气路比较简单，没有压力表，以气体密度继电器作为气体检查口的密封，取消截止阀（7）。检测时取下密度继电器，逆止阀自动封闭气路，把检测用专用接口接上，要求专用接口可以顶开逆止阀的弹簧将气路连通，设备中气体经管路通至检测仪器。检测完毕，把专用接口卸下，逆止阀再次自动封闭气路。将密度继电器重新装上，逆止阀自动连通气路，设备恢复正常。一般情况下，六氟化硫气体湿度检测可以在设备带电情况下进行，但考虑到带逆止阀结构的断路器取消了截止阀（7），为保证安全供电，此类型六氟化硫断路器不宜在带电情况下进行气体湿度检测。

采用专用接口连接气路的目的就在于保证气路系统的密封性，以防止外界环境水分干扰测试结果，因此测试的气路系统一定要尽量短，接口和管路的材质也应选用憎水性强的物质。从材质上看，不锈钢材料优于厚壁聚四氟乙烯管，聚四氟乙烯管优于铜管，铜管优于聚乙烯管，推荐使用不锈钢管和厚壁聚四氟乙烯管，不能使用乳胶管和橡胶管作取样管。

六氟化硫电气设备的检测接口见附录四。

2. 检测仪器的操作要求

本章第二节简要介绍了气体湿度测量的电解法、阻容法、露点法。在六氟化硫电气设备现场湿度测量中使用的仪器，主要也是应用这三种测量原理。本节简要介绍这三种类型仪器在测试中的操作要求。

（1）电解式水分仪。根据电解式水分仪的测量原理及定量基准，电解式水分仪的定量和气体流速有关，因此要求测试气体应有额定的流速并在测试过程中保持流速恒定。在测量时，流量准确与否，将直接影响测量结果。电解式水分仪在测试前要求对流量计进行校准。当检测对象是六氟化硫气体时，可用皂膜流量计准确标定六氟化硫气体的流量，绘制流量计浮子高度与气体流量的关系曲线，供测试时调节六氟化硫气体流速用。

电解式水分仪的定量校准一般在标准状态下进行，被测气体压力为0.1MPa，环境温度为293K。

考虑到仪器在使用环境温度和压力偏离仪器设计温度和标准大气压时（如高海拔地区使用），会引入测量误差，可以用调节气体流量的方法来补偿环境温度和大气压力偏离设计值带来的测量误差。具体方法可以采用式（4-17）和式（4-18）来进行流量修正。

$$q_V = \frac{p_0 T_a}{p_a T_0} \cdot q'_V \tag{4-17}$$

式中 q_V——校正后气体的流量，mL/min；

p_0——标准状态压力，0.1MPa；

T_0——标准状态温度，273.15K；

p_a——环境压力，Pa；

T_a——环境温度，K；

q'_V——流量计测量的流量。

$$\tau = 0.03288V\sqrt{\frac{p_a}{T_a}} \tag{4-18}$$

式中 p_a——环境压力，Pa；

T_a——环境温度，K；

V——选定的皂膜流量计的容量管体积，mL；

τ——皂膜推移体积 V 所需的时间，s。

电解式水分仪在测量前，如果电解池非常潮湿，就不能进行测量，必须对电解池进行干燥处理。可以用较小的流量，如 20mL/min，通干燥的高纯氮气干燥电解池。要求达到仪器表头指示在 5×10^{-6}（体积分数）以下，方可进行测量。由于电解式水分仪不可避免地存在本底值，测试前还要测量仪器的本底。方法是：控制阀仍处于“干燥”档，将气源置换为六氟化硫气体，继续干燥电解池到表头显示稳定在 5×10^{-6}（体积分数），此时将“测试”流量调到仪器要求的值（如 100mL/min），有旁通气路的话，旁通流量调到 1L/min 左右，测量稳定值作为仪器本底值。

电解池干燥后且仪器本底值（电流）测试完毕，即可开始测量。将控制阀由“干燥”切换至“测量”，准确调节“测试”流量和“旁通”流量至仪器要求值，读取仪器稳定值作为测量结果。

图 4-9 是 USIA 型电解式水分仪的气路系统图。测试时干燥气体由进气口导入，当控制阀门处于“干燥”时，气体通过干燥器进入电解池，使电解池逐渐被吹洗干燥。此时由进气口将被测气体导入，继续干燥电解池，并测得电解池的本底电流。将控制阀门置于“测量”时，被测气体脱离干燥器经连通管直接进入电解池，根据电解电流的大小，仪器显示被测气体的含水量。旁通气路的采用，是为了加速取样管道的冲洗和缩短测量的时间，同时通过增大取样总量达到降低取样污染的比例，使测定尽可能迅速准确。测量结束，控制阀处于“关闭”，电解池、干燥器、取样管路被封闭。

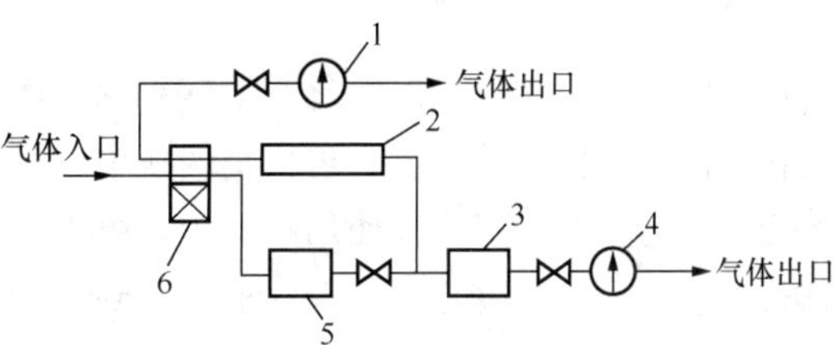

图 4-9 USI—IA 型微量水分测量仪气路系统

1—旁路流量计；2—连通管；3—电解池；4—测量流量计；5—干燥器；6—控制阀

（2）露点式水分仪。在露点式水分仪测量中，当固体颗粒、污着物、油污进入仪器时，镜面会受到污染，在低露点测量时，会引起测量的露点偏离。若仪器没有镜面污染误差补偿功能，或没有自动污染误差消除程序，或镜面污染严重时，均需采用适当的溶剂对镜面进行人工清洗，可以用涤绸沾无水乙醇轻擦镜面。测量时，样品气流量要适当。流量太小，响应时间长；流量太大，则易引起制冷元件功率不足而使冷镜面温度发生振荡，又易在测量管线上产生压力损失，使测量压力发生变化。对于冷凝式露点仪，取样管线和测量室的温度至少应高于待测气体的露点温度 2℃，最好高 5～10℃。

露点式水分仪一般可以在常压下测量，也可以在高于常压的情况下测量（这点不同于电解式水分仪。电解式水分仪只能在常压下测量）。在高于常压的情况下进行测量时，为了不影响对

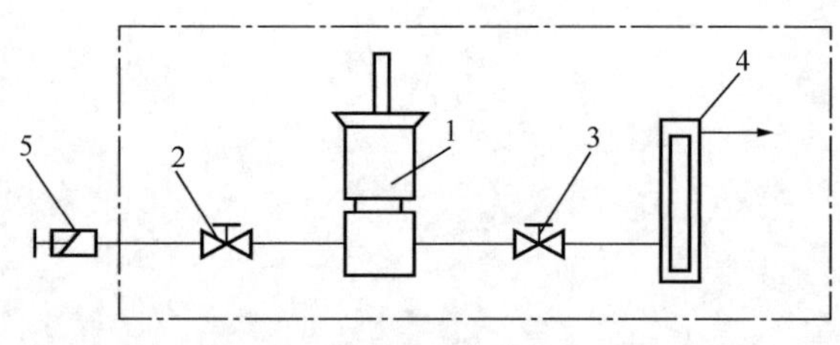

图 4-10 DP-19 露点仪气路系统图

1—露点镜；2，3—阀门；4—流量计；5—气体入口连接件

检测结果的换算，应当使检测室的压力达到预期的压力。以瑞士生产的 DP-19 露点仪为例，这点可以通过精确地调节仪器相应的阀门来达到。如图 4-10 所示，若阀门 3 全部打开，用阀门 2 来调节适宜的测试流量，检测室出口直通大气，检测室是处于常压下测量。反之，若将阀门 2 全部打开，用阀门 3 来调节流量计处于适宜的测试流量，此时，检测室与被测设备直通，检测室的压力等同于高压电气设备内气体压力，检测是在高于常压下进行测量。

在简单的露点仪中，用目测法来确定露的生成。这种仪器在测量中应注意控制降温速率，采用制冷剂时，制冷的速率应相对稳定，以免产生过冷现象。尤其在接近测试露点时，冷却速度应尽量放慢。一般冷却的间隔速度每次不得超过 2℃，接近终点露点 5℃时．应以 5℃/min 降温速度冷却。直至看到镜面有雾状沉积物为止，此时不再加入冷却剂。记下看到白色沉积物时的温度 t_1；记下温度继续下降达到的最低温度 t_2，它应低于 t_1 约 0.5～1℃；在温度回升时记下白色沉积物完全消失时的温度 t_2，它应高于最低温度 t_2 约 6～8℃。测量露点应是达到的最低温度 t_2 和沉积物完全消失时的温度 t_3 的平均值。测量时应作三次平行测试，直到连续三次测试的露点差不大于±1.5℃为止。

(3) 阻容式露点仪。以氧化铝敏感元件为例，这类仪器具有操作简单、使用方便、抗干扰、响应快、测量范围宽等优点。可检测气体中－110℃～＋60℃（露点）的含水量。但是由于传感器本身的自行衰变，以及在使用过程中，由于矿物油的污染、氟化物及硫化物的腐蚀，传感器的工作性能会逐渐发生变化，仪器一般半年到一年要校正一次。

湿敏元件表面污损和变形，会使水分仪的性能降低，因此不能触摸此元件，不能让灰尘和液滴等落在元件上。可拆卸的传感器，在不用时应带着保护罩放在装有干燥剂（分子筛）的密封干燥筒中保存。拆卸保护罩时，应绝对避免直接用手指或其他东西触摸。此外使用传感器时应避免剧烈振动和冲击。

任何一种对铝或铝的氧化物有腐蚀作用的气体都会侵蚀元件，应避免使用。在检测六氟化硫气体湿度时，检测完毕，应通高纯氮气清洁传感器。不要在相对湿度接近 100%RH 的气体中长时间使用这类仪器。

3. 测试结果的计算

本章第二节中已讲到湿度计量中各量值之间的计算。实际测量中，各种仪器测量的结果可用不同的量值来表示，如电解式水分仪测量结果以体积分数表示，阻容式和露点式水分仪测量结果直接以露点表示。我国国家标准规定六氟化硫高压断路器气体湿度以体积分数表示，所以实际工作中测量结果的换算是不可避免的。下面举例说明测试结果的计算。

例 1：某六氟化硫高压电气设备，六氟化硫气体充装压力为 0.43MPa（表压），在环境温度 20℃时，用露点仪测得六氟化硫气体露点为－36℃，测试系统压力 0.1MPa（绝对压力），计算六氟化硫气体含水量。

解：由测得露点－36℃，查相应露点下的饱和水蒸气压（本书附录三），p_w＝20.049 4Pa，

已知 $p_T=0.1\text{MPa}$，水的摩尔质量 $M_w=18$，六氟化硫的摩尔质量 $M_{SF_6}=146$

体积分数浓度：$\varphi_w=\dfrac{p_w}{p_T}\times10^6=\dfrac{20.0494\times10^{-6}}{0.1}\times10^6=200.49\quad(\times10^{-6})$

质量分数浓度：$\omega_w=\varphi_w\cdot\dfrac{M_w}{M_{SF_6}}=\dfrac{200.49\times18}{146}=24.72\quad(\times10^{-6})$

绝对湿度：$AH=2.195\dfrac{p_w}{T_K}=\dfrac{2.195\times20.0494}{273+20}=0.15\quad(\text{g/m}^3)$

例 2：上例中某电器设备，若假设测试时测量压力等同于设备压力，试推算测得露点应当是多少？六氟化硫高压电气设备内部水分的饱和蒸汽压是多少？计算六氟化硫气体含水量的体积分数浓度［设备内六氟化硫气体绝对压力为（0.43+0.1）MPa］。

解：由公式 $p_{wo}=p_{wa}\dfrac{p_o}{p_a}$，计算：

$$p_{wo}=20.0494\times\frac{(0.43+0.1)}{0.1}=0.106\text{kPa}$$

查露点与饱和水蒸气压表（附录三）得到相应露点为－19.7℃，体积分数浓度：

$$\varphi_w=\frac{p_w}{p_T}\times10^6=\frac{0.106\times10^3}{0.53\times10^6}\times10^6=200.49(\times10^{-6})$$

可以看出，此例中六氟化硫电气设备在常压下测量时露点－36℃，在设备压力下测量时露点为－19.7℃，设备内部六氟化硫气体中水分的饱和蒸气压为 0.106kPa，六氟化硫气体含水量的体积分数浓度是 200.94（$\times10^{-6}$）。说明设备内部六氟化硫气体中水分的饱和蒸气压（设备压力下）与将气体释压引出设备时气体中水分的饱和蒸气压（常压下）是不同的，它们与压力成正比。因此在常压下测量和在设备压力下测量得到的气体露点值是不同的。而无论在何种情况下测量，气体含水量的体积分数浓度是不变的。由于体积分数浓度的概念是相对的概念，这种测量与计算结果是合理的。

例 3：在环境温度为 20℃时，若使用露点仪测得环境大气的露点为 7℃，计算环境相对湿度是多少？

解：20℃时，查表 $p_s=2.3385\text{kPa}$

7℃时，查表 $p_w=1.0019\text{kPa}$

$$RH=p_w/p_s\times100\%=1.0019/2.3385\times100\%=42.8\%$$

大气环境的相对湿度为 42.8%。

四、六氟化硫电气设备气体湿度在线监测

随着智能电网的发展，如何实现电气设备中六氟化硫气体微水含量的在线监测显得越来越重要。此类在线监测装置可以通过固定的湿度传感器反映出电气设备中六氟化硫气体水分含量的变化，并适时发出警报，从而实现对电气设备实时运行状况的掌握及控制。图 4-11 所示为国内某 110kV 智能化变电站 GIS 六氟化硫气体密度湿度在线监测装置。

气体湿度在线监测系统的核心元件是传感器，目前常用的微水传感器大多采用露点法和阻容法。

但是，由于 GIS 设备的制造工艺、气密性要求，以及在线监测装置安装、检修等条件的制

约，目前大多数六氟化硫气体湿度在线监测装置只能安装在电气设备的取样口上。然而通过采用计算机仿真与实际监测等方法对不同压力条件下水分子从取样口扩散到设备本体的过程进行研究证明，安装在设备取样口的湿度在线监测装置测量的结果不能有效反应电气设备本体内真实的气体湿度，有可能发生误报警。目前，国家电网公司已明文要求停止新安装此类六氟化硫气体湿度在线监测装置。

五、六氟化硫电气设备气体湿度测量问题讨论

气体绝缘设备中的水分不仅存在于六氟化硫气体中，绝缘件及导体表面也吸附部分水分。气体绝缘设备中的水分在二者间的分配取决于温度的变化。据挪威工业技术大学瑞恩的研究表明，一年之中设备中气体水分含量随气温升高而升高。图 4-12 是一个 GIS 气室中六氟化硫气体含水量与季节变化的关系。表 4-1 是石景山发电厂安装的沈阳开关厂和日本日立公司生产的罐式六氟化硫断路器气体湿度的检测结果。从表中数据可以看出，环境温度是造成六氟化硫断路器气体水分测试结果有较大分散性的一个原因。

图 4-11 某 110kV 智能化变电站 GIS 六氟化硫气体密度湿度在线监测装置

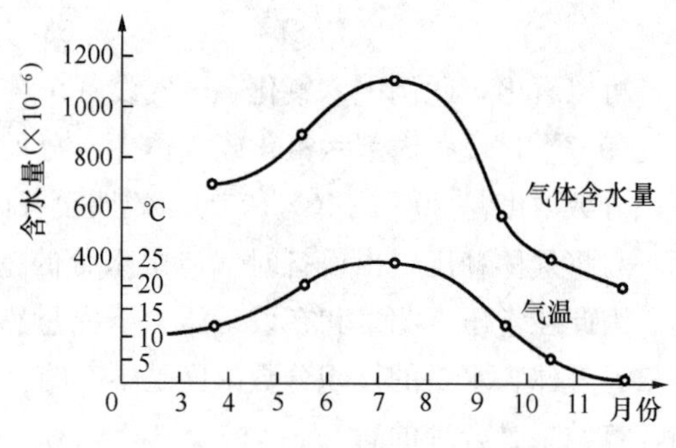

图 4-12 一个 GIS 气室中六氟化硫气体含水量与季节变化的关系

表 4-1 六氟化硫断路器气体湿度检测结果

项目 \ 开关号			2203	2215	2214	2245	2202	2213	2212	2200	2211	2201
测试时间	一九九一年八月十七日	环境温度（℃）	25.5	27.5	27.5	25.5	25.5	25.5	29.5	29.5	29.5	29.5
		环境湿度（%）	91	91	91	91	91	91	91	91	91	91
		测试含水量（$\times10^{-6}$） A相	131.4	131.4	109.6	142.2	75.6	117.3	114.7	114.7	112.1	114.7
		B相	162.6	131.4	142.2	127.0	101.1	124.2	112.1	117.3	117.3	127.0
		C相	112.1	145.4	108.3	108.3	93.2	107.1	143.8	110.8	117.3	105.9

续表

项目 \ 开关号				2203	2215	2214	2245	2202	2213	2212	2200	2211	2201
测试时间	一九九三年八月二日	环境温度（℃）		30	32	32	28.8	28.8	31	31	32	32	28
		环境湿度（%）		75	75	75	75	75	75	75	75	75	75
		测试含水量（$\times10^{-6}$）	A相	91.1	92.2	110.8	81.1	58.9	86.0	102.2	82.0	77.4	81.1
			B相	148.7	122.8	110.8	81.1	52.8	88.0	90.0	64.0	77.4	88.0
			C相	114.7	103.4	99.9	69.6	55.4	89.0	108.3	72.1	69.6	72.1
测试时间	一九九五年八月三日	环境温度（℃）		8	10	11	17	19	19	13	17.5	17.5	17.5
		环境湿度（%）		47	47	47	47	47	47	47	47	47	47
		测试含水量（$\times10^{-6}$）	A相	18.9	37.4	25.4	12.5	16.6	17.0	8.7	14.0	14.7	14.7
			B相	37.0	48.5	34.8	19.6	13.4	15.5	12.4	17.7	16.6	14.0
			C相	33.9	41.9	28.1	19.1	15.3	13.8	14.3	13.4	16.6	13.6

1. 温度对六氟化硫气体含水量测量产生影响的原因，可归纳以下几条：

（1）断路器材料的影响。六氟化硫断路器内部固体绝缘材料及外壳，在温度高的时候，释放渗透在材料内部的水分，使气体中的水分随温度升高而增大。在温度降低时，气体中的水分又较多地凝聚在外壳及绝缘材料表面，而使气体中的水分含量减少。

一般认为六氟化硫电气设备中含有一定数量的水汽分子，在外界环境温度降低时，水汽分子的平均动能减弱，器壁效应增强，这时会有相当数量的水汽分子被瓷套内壁或绝缘件表面所吸附，使六氟化硫气体中的水汽分子数减小，故此时测得的气体含水量相应减小。而当温度升高时，水汽分子平均动能增大，使原先附着在器壁和绝缘件表面的水汽分子重新释放，回到六氟化硫气体中，使六氟化硫气体中的水汽分子数目增加，故此时测得的气体含水量相应增大。

（2）六氟化硫断路器中的吸附剂的影响。如果六氟化硫断路器密封良好，可以认为断路器气室中气体水分含量是不变的。在环境温度升高时，气室内相对湿度会减小，而当温度降低时，气室内相对湿度相应增大。

六氟化硫断路器气室中的水汽分子大部分是被吸附剂吸附的，六氟化硫气体中残余的水汽分子是处于吸附与释放的平衡状态，这种平衡状态与温度有关。当温度升高，气室中相对湿度降低时，吸附剂吸附水汽的能力降低，吸附剂会释放出已吸附的水汽来平衡因温度升高而使相对湿度降低的变化。而在温度降低时，气室中相对湿度升高，吸附剂吸附水汽分子的能力增强，吸附剂又会吸收六氟化硫气体中水汽分子。所以吸附剂吸附水汽分子的作用，使得在不同环境温度时测量六氟化硫气体中水分值有所变化，环境温度高时，测得数值较大，反之则较小。

（3）温度对气体分子运动速度的影响。由麦克斯韦方程可知气体相对分子的平均热运动速度受温度和相对分子质量的影响，温度越高，气体分子运动速度越大，而相对分子质量越大，气体分子运动速度越小。

由气体湿度测量理论可知气体含水量的体积百分浓度即分子数目之比，也是气体的分压力之比，由于水和六氟化硫的相对分子质量差得很多，在温度变化时，气体中的水分所获得的动能与六氟化硫气体所获得的动能增量不同。这样就使整个系统六氟化硫气体与水蒸气的分压力发生变化，所以温度的改变导致了测量含水量数值的变化。

（4）环境温度对外部水分通过设备材质渗透进入气室的影响。一般认为，六氟化硫断路器密封是良好的，因此电气设备内部固相和气相的含水量应保持不变。实际上断路器的密封不可能保持绝对良好，且断路器内部六氟化硫气体虽有一定的压力，但断路器内外部水蒸气分压相差悬殊，所以外部的水汽分子有可能透过设备密封不严的部分进入设备内部。而这种外部水分通过设备物质渗透进入设备内部的现象受到环境温度的影响，环境温度高时，外部相对湿度大，外部水汽侵入设备内部量大，环境温度低时，进入量少。

鉴于不同温度下电气设备中六氟化硫气体的含水量测量值不同，为了更好地监测六氟化硫电气设备中气体含水量，人们试图对不同温度下测得的含水量值作温度修正。图 4-13 是法国阿尔斯通公司提供的水分—温度控制曲线，以 20℃时含水量为 150×10^{-6} 为基础，反映出 25、30、35、40℃时含水量随温度上升时的变化。图 4-14 是 MG 公司提供的水分和温度的关系曲线，九条曲线分别代表在 20℃时含水量分别为 40×10^{-6}、50×10^{-6}、60×10^{-6}、70×10^{-6}、80×10^{-6}、90×10^{-6}、100×10^{-6}、110×10^{-6}、120×10^{-6} 的电气设备，其含水量随温度上升或下降的趋势。

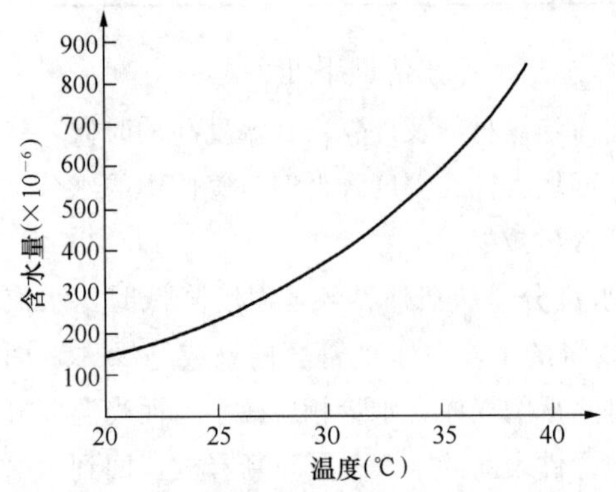

图 4-13 水分—温度控制曲线（阿尔斯通公司）

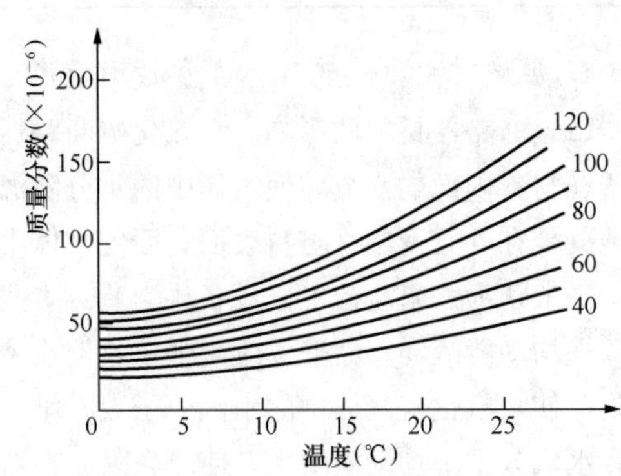

图 4-14 水分—温度关系曲线（MG 公司）

在以曲线反映各型六氟化硫断路器气体含水量随温度变化的同时，人们也试图以公式或经验修正值来反映这种关系。如式（4-19）为山东电力试验研究所提出的在运行环境温度作用下六氟化硫气体中水分含量遵循的变化公式。根据此式，可依据某运行环境温度下气体含水量的测试值，计算出设备在不同温度下的气体水分含量。

$$\frac{x_2}{x_1}=\frac{p_2}{p_1}\cdot\frac{T_1}{T_2} \tag{4-19}$$

式中 x_1——测试温度下的水分测量值，$\times10^{-6}$；

x_2——换算至 20℃时的水分测量值，$\times10^{-6}$；

p_1——测试温度下的饱和水蒸气压，Pa；

p_2——20℃时的饱和水蒸气压，Pa；

T_1——测试温度，K；

T_2——293K。

对平顶山开关厂生产的 FA4-550 六氟化硫断路器在不同温度下测试的气体含水量，按经验修正值换算到20℃时的含水量。换算原则见表4-2。

表4-2　不同温度下的含水量换算到20℃时的换算原则

测试温度	气体含水量范围（体积分数）	换　算　原　则
20℃以下	$\leqslant 160\times10^{-6}$	温度每降低1℃，湿度测量相应露点加0.1℃
20℃以下	$160\times10^{-6}\sim400\times10^{-6}$	温度每降低1℃，湿度测量相应露点加0.2℃
20℃以下	$400\times10^{-6}\sim720\times10^{-6}$	温度每降低1℃，湿度测量相应露点加0.3℃
20℃以下	$>720\times10^{-6}$	温度每降低1℃，湿度测量相应露点加0.4℃
20℃以上	—	温度每升高1℃，湿度测量相应露点加0.5℃

由于温度对测试气体含水量值变化确有影响，我国国家标准规定的六氟化硫电气设备中气体水分含量的标准，已指明是20℃时的数值。据各地的经验，按经验修正值对测试数据换算到20℃时的数值后，数据的可信性增强，同时便于与标准值比较，更有利于对设备气体含水量的监督。但是我们也看到厂家提供的几条修正曲线或各地的经验修正方法，对测试数据的修正水平是不一致的。这反映了各个生产厂生产的各种型号的六氟化硫断路器对气体含水量温度校正的依据不同。因此实际工作中，对温度的修正要依据断路器型号，采用不同修正方法，最好是依据厂家提供的曲线、图表来修正。图4-15是湖南电力试验研究院提供的LW_7-220型六氟化硫断路器修正曲线。

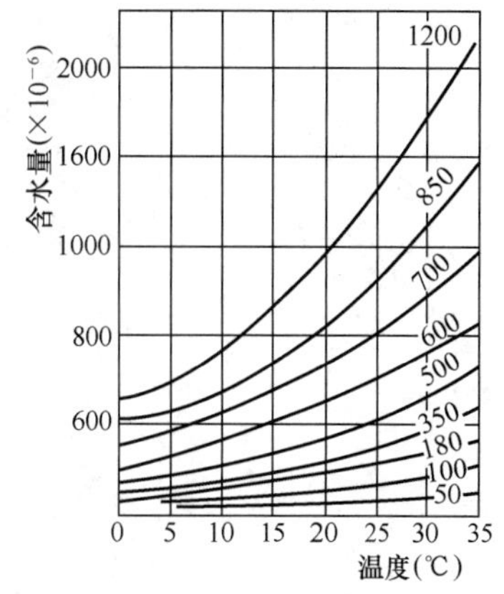

图4-15　含水量的温度修正曲线（LW_7－220型断路器）

2. 六氟化硫气体湿度测量结果的温度修正方法

在对六氟化硫气体湿度的监测中，国内外的研究人员对环境温度对六氟化硫气体湿度的影响（包括环境温度影响设备中六氟化硫气体湿度的原因、环境温度对设备中六氟化硫气体湿度影响的方式）作了大量的研究，并试图从各方面探讨对温度影响进行修正的方法。

我国电力行业标准DL/T 506《六氟化硫电气设备中绝缘气体湿度测量方法》在2005年的制定修订中充分考虑了各项研究成果，在该标准第十条中提出了测量结果的温度折算方法。

（1）由于环境温度对设备中气体湿度有明显的影响，测量结果应折算到20℃时的数值。

（2）如设备生产厂家提供有折算曲线、图表，可采用厂家提供的曲线、图表进行温度折算。

（3）在设备生产厂家没有提供可用的折算曲线、图表时，推荐使用DL/T 506附录C《SF_6气体湿度测量结果的温度折算表》，在其中对折算方法作了说明，并给出了计算实例。

第四节　六氟化硫气体泄漏检测原理

由于六氟化硫是负电性气体，具有吸收自由电子形成负离子的特性，检漏的各种方法多是利用这一特性进行的。六氟化硫气体泄漏检测方法常用的有四种：紫外电离检测、电子捕获检测、真空高频电离检测及负电晕放电检测。

一、紫外电离检测法原理

紫外电离检测是利用紫外线将检测气体中的氧气和六氟化硫气体离子化，根据它们的离子迁移速度和对电子吸收的能力的差异，迅速简便地测定出在检测的气体中所包含的微量六氟化硫的浓度。

1. 仪器结构

图 4-16 是紫外电离检测器原理图，主要由检测器（包括紫外灯、光电面、加速电极等），气路系统（包括探头、气体净化管、抽气泵等）和电子线路组成。

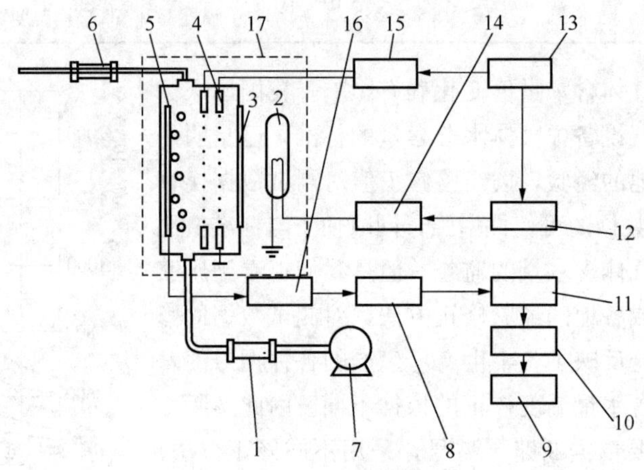

图 4-16　紫外电离检测器原理图

1—气体净化管；2—紫外灯；3—石英窗；4—加速电极；5—光电面；6—气体净化管；7—抽气泵；8—波形处理；9—指示仪表；10—直流增幅；11—相位检波；12—振荡线路；13—电源；14—紫外电源；15—加速电压；16—信号放大器；17—检测器

2. 检测原理

紫外检测器中的紫外灯以 2kHz 振荡频率脉动，发射出 1849×10^{-10}m 的紫外线。紫外线通过网状的加速电极，直接照射在光电面上，使光电面发放出自由光电子。在光电面与加速电极之间通过被测气体，使被测气体中的氧气和六氟化硫气体吸附在这些光电子上。这些光电子在光电面和加速电极之间施加的电压作用下，被电离为离子状态，以各自的迁移速度向光电面移动。由于氧气和六氟化硫气体的负电性不相同，对光电子俘获能力不相同，则形成不同的迁移速度。利用这种速度差别形成的离子流的相位差，将相位改变的离子流检测出来，就可检出六氟化硫气体的存在及浓度。式（4-20）表示与上述迁移速度有关的离子电流：

$$i=\sum_{k=1}^{n}\frac{eV_k}{d} \tag{4-20}$$

式中　e——离子的电荷；

V_k——离子迁移速度；

d——光电面和加速电极间的距离；

n——离子数；

i——离子电流。

由于 d 是固定的，离子电流 i 由离子电荷和离子迁移速度所决定，对六氟化硫气体来说，则主要由离子数来决定，离子数则指示气体中的六氟化硫浓度。这样检测器就可以定量地检测出六氟化硫的浓度。

由于气体中的水分及粉尘干扰检测器的电离状态，所以在探头与检测器之间通常装有水分及粉尘净化器。在检测器的出口通常也装有气体净化器，用于消除检测器中产生的臭氧。

二、电子捕获检测法原理

电子捕获检测采用放射性同位素 Ni^{63} 作为检测器的离子发射体。该类仪器只对具有电负性的气体（如卤素物质以及含有 O、S、N 分子的物质）产生信号，灵敏度随物质电负性的增强而增高。

1. 仪器结构

仪器由探头和控制器组成。探头包括有电子捕获检测器、检测管、信号放大器和指示器、浓度报警器。控制器包括载气钢瓶、气体控制部件、信号控制系统及电源。

2. 检测原理

当载气通过放射源时，β射线的高能电子使载气电离形成正离子与慢速电子，向极性相反的电极定向迁移形成基流。当电负性气体（如六氟化硫）从探头进入检测器时，捕获了检测器中的慢速电子生成负离子，其负离子在电场中的运行速度比自由电子的低。待检气体负离子与载气正离子复合成为中性化合物，被载气带出检测室外，而使原有的基流减少。该基流的减少量与被测气体的浓度成一定数量的比例关系。这样，通过信号放大器，将变化了的基流转为浓度指示信号输出，从而达到检测气体浓度的要求。

该类检测器对载气（通常为氩、氮气）的纯度有特殊要求。

三、负电晕放电检测法原理

负电晕放电检测以高频脉冲负电晕连续放电效应为原理。根据六氟化硫负电性对负电晕放电有抑制作用的特性来检测泄漏气体。

1. 仪器结构

图 4-17 是负电晕放电检测器原理图。仪器由检测器，高频脉冲发生器，信号放大器，自动跟踪电路，报警电路以及采样系统（包括采样探头、净化层和抽气泵）组成。

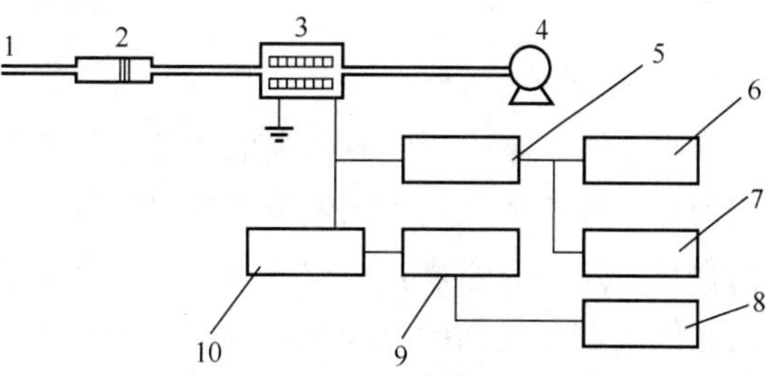

图 4-17　负电晕放电检测器原理图

1—探头；2—净化层；3—检测器；4—抽气泵；5—信号放大器；6—指示仪表；7—报警电路；8—电源；9—自动跟踪电路；10—高压脉冲发生器

2. 检测原理

抽气泵使气体经过净化层（清除水分及灰尘）进入检测器中，检测器在脉冲高压作用下产生电晕连续放电效应，当气体中带有负电性气体（如六氟化硫、卤素、氟卤烃等）时，这些负电性气体对检测器中的电晕电场起到抑制作用。其气体中的负电性越强，物质浓度越高，则电晕效应越受到抑制，电晕放电电流则会减少。这些随负电性气体浓度而变化的电晕电流通过信号放大电路转换成浓度指示值。同时，由已设定的报警电路根据信号大小而发出浓度超限警告信号。

该类仪器的检测器容易受空气中的粉尘、油烟及腐蚀性气体的污染，而使仪器灵敏度及其性能下降，所以对检测器要定期清洗。通常用无水乙醇注入检测器反复清洗数次，晾干后可重新标定使用。

四、高频电离测量法原理

该法以空气中含有不同浓度的六氟化硫气体或各种卤素气体时在高频电磁场的作用下电离程度不同为原理。

1. 仪器结构

图 4-18 是高频电离检测法原理图。仪器由探头和泵体两部分组成。探头部分包括针阀、气体电离腔、振荡电路、指示仪表和报警信号器。泵体部分包括抽气泵、控制电源，以及直流电源组成。

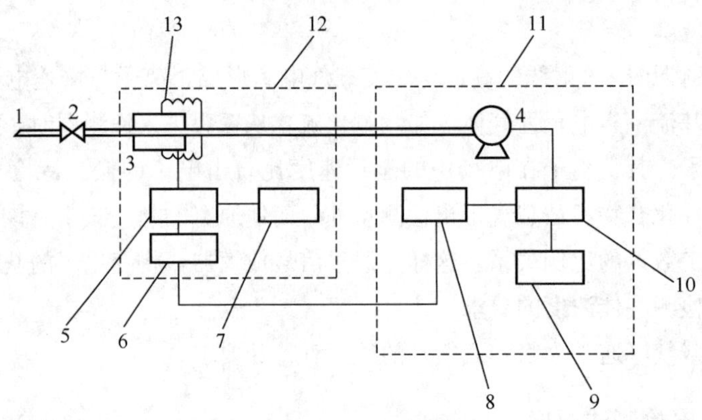

图 4-18　高频电离检测法原理图

1—探嘴；2—针阀；3—电离腔；4—抽气泵；5—信号放大器；6—指示仪表；7—报警信号器；8—直流电源；9—交流电源；10—控制电源；11—泵体；12—探头；13—振荡电路

2. 检测原理

仪器气体电离腔两侧的高频电场电极与高频振荡线圈组成高频振荡器的谐振回路和能量输出回路。探头的针阀可以调节进气量，使其与抽气泵的抽气速率相配合，以便在气体电离腔内保持一定的真空度，使被测气体在较低能量的高频电磁场作用下，具有足够的电离度。由高频线圈产生的高频电场和磁场共同作用于电离腔内的稀薄气体，使之产生高频无极电离现象。当电离腔内通过的空气不含六氟化硫或卤素气体时，腔体吸收高频电场和磁场所给予的能量，致使谐振回路内的 Q 值显著下降，同时引起高频振荡器的振荡幅值大大下降。然而当空气中含有六氟化硫或卤素等负电性气体时，因为六氟化硫及卤素气体是俘获电子的气体，可大量地俘获在电离腔内的自由电子，这样电离腔中的电离度减弱，振荡器的振荡幅值上升，上升的幅值与被测气体的负电性气体浓度成比例变化，从而通过信号放大器 5 将信号转为浓度指示。

第五节　六氟化硫气体绝缘电气设备气体泄漏现场检测

随着六氟化硫（气体绝缘）电气设备安装和投入运行数量的增多，六氟化硫电气设备的日常监督工作日益重要。六氟化硫气体泄漏的检测是设备投入运行或日常维护工作的重要环节。气体的泄漏不仅引起环境的污染，而且危及设备的绝缘水平，必须引起重视。

一、六氟化硫电气设备检漏的方法

六氟化硫电气设备的检漏分两个方面：一是定性检漏，它只能确定六氟化硫电气设备是否漏气，判断是大漏还是小漏，不能确定漏气量，也不能判断年漏气率是否合格；二是定量检漏，可以判断产品是否合格，确定漏气率的大小。前者一般用于日常维护；后者主要用于设备制造、安装、大修和验收。

1. 定性检漏

定性检漏主要有两种方法：

（1）抽真空检漏法。对设备抽真空，维持真空度在 133×10^{-6} MPa 以下，使真空泵运转30min，停泵 30min 后读真空度 A，再过 5h 读真空度 B，如 $B-A$ 的值小于 133Pa，可以初步认为密封性能良好。在设备制造、安装中可以采用这种方法。

（2）定性检漏仪检测法。采用校验过的六氟化硫气体检漏仪，沿被测面以大约 25mm/s 的速度移动，若无泄漏点发现，则认为密封良好。此方法适用于日常的六氟化硫设备维护。

常用的定性检漏仪器主要包括卤素检漏仪、激光检漏仪和红外检漏仪等，其中激光检漏和红外检漏可将六氟化硫气体泄漏情况可视化，故又称为可视成像法泄漏检测。

激光检漏仪的成像原理是利用仪器打出一束激光，激光遇到背景后反射，经过泄漏的六氟化硫气体时，即可被仪器捕捉到成像，所以检测时必须有可供激光束反射的特定背景，否则无法成像。在检测时，检测人员需要佩戴保护眼镜，避免激光伤人。

红外检漏仪的成像原理是利用六氟化硫气体和空气对波长在 10.3～10.7μm 左右的红外线的吸收特性存在较大差异，致使两者反映的红外影像不同，通过使用特定检测波段的高精度红外测试设备，可将通常可见光下看不到的气体泄漏，以红外视频图像的形式直观地反映出来，无需特殊背景即可清晰显示气体泄漏位置。红外检漏仪被动感应特定波段的红外线，属于非接触、无损伤检测。

2. 定量检漏

定量检漏有四种方法：

（1）扣罩法。如图 4-19 所示，用塑料薄膜、塑料大棚、密封房或金属罩等把试品罩住（塑料薄膜可以制成一个塑料罩，内有骨架支撑，塑料罩不得漏气）。扣罩前吹净试品周围残余的六氟化硫气体。试品充六氟化硫气体至额定压力后不少于 6～8h 才可以扣罩检漏。扣罩 24h 后用检漏仪测试罩内六氟化硫气体的浓度。测试点通常选在罩内上、下、左、右、前、后，每点取 2～3 个数据，最后取得罩内六氟化硫气体的平均浓度，计算其累计漏气量、绝对泄漏率、相对泄漏率等。

（2）挂瓶法。挂瓶法适用于法兰面有双道密封槽（如图 4-20 所示的主密封、副密封）的六氟化硫电气设备泄漏检测。双道密封槽之闾留有与大气相通的检漏孔。在试品充气至额定压力，并经一定时间间隔后，在检漏之前，取下检漏孔的螺塞，过一段时间，待双道密封问残余的气体排尽后，用软胶管分别连接检漏孔和挂瓶（挂瓶一般为体积 1L 的塑料瓶）。挂一定时间间隔后，取下挂瓶，用灵敏度不低于 0.01×10^{-6}（体积分数）的、经校验合格的检漏仪，测量挂瓶内六氟化硫气体的浓度。根据测得的浓度计算试品累计的漏气量、绝对泄漏率、相对泄漏率等。

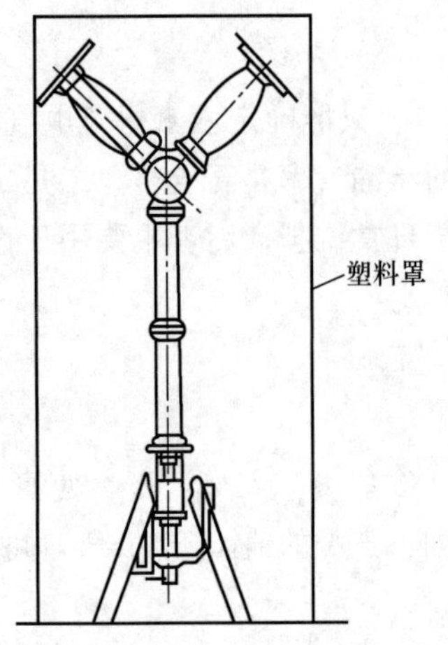

图 4-19　扣罩法检漏示意图

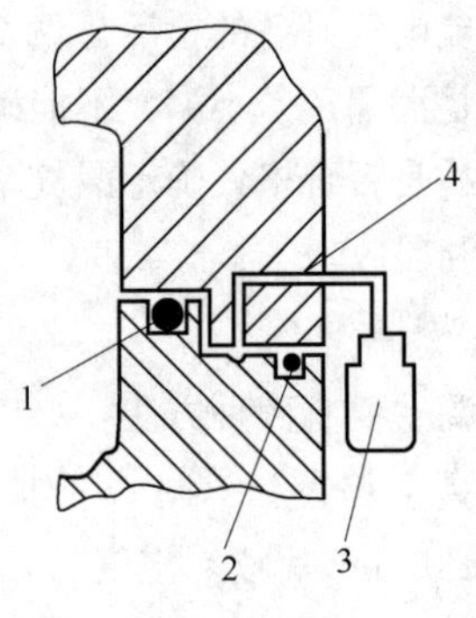

图 4－20　挂瓶法检漏示意图

1—主密封；2—副密封；3—挂瓶；4—检漏孔

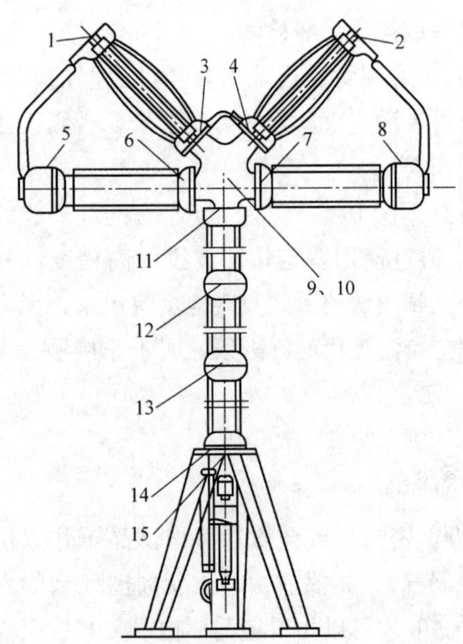

图 4－21　局部包扎法包扎部位图

1～15—包扎点

（3）局部包扎法。局部包扎法一般用于组装单元和产品。包扎部位如图 4-21 中所示的 1～15 处。

包扎时可采用 0.1mm 厚的塑料薄膜按被检部位的几何形状围一圈半，使接缝向上，包扎时尽可能构成圆形或方形。经整形后，边缘用白布带扎紧或用胶带沿边缘粘贴密封。塑料薄膜与被试品间应保持一定的空隙，一般为 5mm。包扎一段时间（一般为 24h）后，用检漏仪测量包扎腔内六氟化硫气体的浓度。根据测得的浓度计算漏气率等指标。

（4）压力降法。压力降法适用于设备气室漏气量较大的设备检漏，以及在运行中用于监督设备漏气情况。它的原理是测量一定时间间隔内设备的压力差，根据压力降低的情况来计算设备的漏气率。具体方法是：先测定压降前的六氧化硫气体压力 p_1，根据 p_1 和当时的温度 t_1，换算出六氟化硫气体密度 ρ_1；过一段较长的时间间隔，如 2～3 个月或半年，再测定压降后的六氧化硫气体压力 ρ_2，根据 ρ_2 和此时的温度 t_2 换算出气体密度 ρ_2，根据六氟化硫气体在一定时间间隔内密度的改变计算漏气率。

二、泄漏量的计算方法

电气设备中气体的泄漏直接影响电网的安全运行和人身的安全，所以，六氟化硫气体泄漏量检查是六氟化硫电气设备交接和运行监督的主要项目。依据国家的标准，六氟化硫电气设备中气体的泄漏量是以设备中每个气室的年漏气率来衡量的，规定年漏气率应≤1%。

1. 泄漏计算用名词术语

检漏——检测设备泄漏点和泄漏气体浓度的手段。

累计泄漏量——整台设备所有漏气量的总和。

绝对泄漏率——单位时间内气体的泄漏量。以 $Pa \cdot m^3/s$ 或 g/s 表示。

相对泄漏率——设备在额定充气压力下的绝对泄漏量与总充气量之比，以每年的泄漏百分率表示（%/年）。

补气间隔时间——从充至额定压力起到下次必须补充气体的间隔时间。

2. 漏气量以 $Pa \cdot m^3 \cdot s^{-1}$ 表示的计算法

若用扣罩法检查设备的泄漏情况，以 F_0 表示单位时间的漏气量，F_y 表示年漏气率，则：

$$F_0 = \frac{\varphi \cdot (V_m - V_1) p_s}{\Delta t} \tag{4-21}$$

式中　F_0——单位时间漏气量，$Pa \cdot m^3/s$；

φ——扣罩内六氟化硫气体的平均浓度（体积分数），10^{-6}；

V_m——扣罩体积，m^3；

V_1——六氟化硫设备的外形体积，m^3；

Δt——扣罩至测量的时间间隔，s；

p_s——扣罩内的气体压力，MPa。

$$F_y = \frac{F_0 t}{V(p_r + 0.1)} \times 100\% \tag{4-22}$$

式中　F_y——年漏气率，%；

V——设备内充装六氟化硫气体的容积，m^3；

p_r——六氟化硫设备气体充装压力（表压），MPa；

t——以年计算的时间，每年等于 31.5×10^6 s。

3. 漏气量以 g/s 表示的计算法

若用局部包扎法来检查设备的泄漏情况，假设共包扎了 n 个部位，单位时间内的漏气量以 F_0 表示，年漏气率以 F_y 表示，则：

$$F_0 = \frac{\sum_{i=1}^{n} (\varphi_i V_i \rho)}{\Delta t} \tag{4-23}$$

式中　ρ——六氟化硫气体的密度（6.16g/L）；

φ_i——每个包扎部位测得的六氟化硫气体泄漏浓度（体积分数），$\times 10^{-6}$；

V_i——每个包扎腔的体积，m^3；

Δt——包扎至测量的时间间隔，s。

$$F_y=\frac{F_0 t}{m_T}\times 100\% \tag{4-24}$$

式中　t——以年计算的时间，每年等于 31.5×10^6 s；

m_T——设备内充入六氟化硫气体的总量，g。

4. 压力降法检查泄漏的计算法

若以压力降法检查设备的漏气情况，要考虑六氟化硫气体的温度、压力和密度三者的关系，按两次检查记录的设备六氟化硫气体压力和检查时的环境温度算出六氟化硫气体的密度，据此计算年漏气率 F_y，则：

$$F_y=\frac{\Delta\rho}{\rho_1}\times\frac{t}{\Delta t}\times 100\% \tag{4-25}$$

$$\Delta\rho=\rho_1-\rho_2 \tag{4-26}$$

式中　$\Delta\rho$——六氟化硫气体在两次检查时间间隔间的密度变化；

ρ_1——第一次检查设备压力时换算出的气体密度；

ρ_2——第二次检查设备压力时换算出的气体密度；

Δt——两次检查之间的时间间隔，月；

t——以年计算的时间，每年等于 12 月。

5. 计算举例

例 1：采用扣罩法测量六氟化硫断路器的泄漏率。

已知：一台六氟化硫断路器，所占空间体积 1.3m³，塑料罩容积 1.6m³，断路器气室容积 0.65m³，设备表压 0.46MPa，用检漏仪测得塑料罩内泄漏六氟化硫气体的平均浓度为 85×10^{-6}（体积分数），间隔时间 24h，塑料罩内气体压力假设为 0.1MPa（绝对压力）。断路器内六氟化硫气体填充量为 24kg，气体密度 6.16g/L。计算年漏气率。

解一：

$$\begin{aligned}F_0&=\frac{\varphi(V_m-V_1)\cdot p_s}{\Delta t}\\&=\frac{85\times10^{-6}\times(1.6-1.3)\times10^3\times0.1\times10^{-3}}{24\times60\times60}\\&=29.5\times10^{-12}(\mathrm{MPa\cdot m^3\cdot s^{-1}})\end{aligned}$$

$$\begin{aligned}F_y&=\frac{F_0\cdot t}{V(p_r+0.1)}\times100\%=\frac{29.5\times10^{-12}\times31.5\times10^6}{0.65\times(0.46+0.1)}\times100\%\\&=0.26(\%/\text{年})\end{aligned}$$

解二：

$$\begin{aligned}F_0&=\frac{\varphi(V_m-V_1)\rho}{\Delta t}\\&=\frac{85\times10^{-6}\times(1.6-1.3)\times10^3\times6.16}{24\times60\times60}\\&=18.1\times10^{-7}\,\mathrm{g/s}\end{aligned}$$

$$\begin{aligned}F_y&=\frac{F_0\cdot t}{Q}\times100\%=\frac{18.2\times10^{-7}\times31.5\times10^6}{24\times10^3}\times100\%\\&=0.24(\%/\text{年})\end{aligned}$$

例 2：采用局部包扎法检测六氟化硫电气设备年漏气率。

已知：包扎部位与检测浓度如下：

参数	V_1	V_2	V_3	V_4	V_5	V_6	V_7
体积（L）	10	10	10	10	10	1	1
浓度（10^{-6}）	40	30	36	60	80	20	30

设备内六氟化硫气体填充量为 24kg，间隔时间 24h。

解：年漏气率

$$F_0=\frac{\sum_{i=1}^{7}(\varphi_i V_i)\cdot\rho}{\Delta t}=\frac{2510\times10^{-6}\times6.16}{60\times60\times24}$$
$$=1.78\times10^{-7}\mathrm{g/s}$$

$$F_y=\frac{F_0t}{Q}=\frac{1.78\times10^{-7}\times31.5\times10^6}{24\times10^3}\times100\%$$
$$=0.02(\%/年)$$

例 3：压力降法检查设备的泄漏。

已知：某六氟化硫断路器，使用YB-100 型压力表，第一次检查压力时环境温度为 20℃，查气体压力为 0.42MPa，第二次在间隔 6 个月后检查气体压力，检查时环境温度为 25℃，查气体压力为 0.43MPa。计算这台六氟化硫断路器的年漏气率。

解：由第一次检查时环境温度 20℃，压力 0.42MPa，查出六氟化硫气体密度 $\rho_1=32.86\mathrm{kg/m^3}$，由第二次检查时温度 25℃，压力 0.43MPa，查出六氟化硫气体密度 $\rho_1=32.46\mathrm{kg/m^3}$，则：

$$F_y=\frac{\rho_1-\rho_2}{\rho_1}\times\frac{t}{\Delta t}=\frac{32.86-32.46}{32.82}\times\frac{12}{6}\times100\%=2.4\%$$

三、六氟化硫电气设备气体泄漏现场检测要点

1. 现场检测方法的选择

通过以上论述和举例可以看到，目前六氟化硫电气设备的气体泄漏检测，其方法还比较粗略，检测的精度还比较低。

几种检测方法中，扣罩法比较准确，但由于被测设备体积大，在现场应用有一定的难度。扣罩体积大，泄漏气体浓度相应降低，对检漏仪的精度要求相应提高，因此扣罩法一般适用于生产厂家对出厂产品做密封试验时使用。压力降法受压力表精度限制，要求两次检测时间间隔要长，这对设备安装大修后要求立即进行检漏是不适用的，只能作为一般的日常监测。挂瓶法作为检漏的一种方法，也比较准确，但对电气设备的密封结构有特殊要求。这种方法仅适用于法兰面有双道密封槽，并留有检漏孔的六氟化硫电气设备，一般电气设备无法应用。所以现场六氟化硫电气设备的检漏目前应用较多的方法还是局部包扎法。局部包扎法在现场使用简单易行，包扎体积紧凑，泄漏气体易于检测。但包扎法的密封性差，检测精度相对降低。

2. 现场检测误差来源

扣罩法、局部包扎法，挂瓶法和压力降法测得的结果与实际泄漏值都有一定的误差。引起误

差的主要原因有：

（1）收集泄漏六氟化硫气体的腔体不可能做到绝对密封，泄漏气体有外泄的可能。

（2）扣罩法和局部包扎法在估算收集腔体积时存在误差，包扎腔不规则，估算体积不准确。

（3）环境中残余的六氟化硫气体带来的影响。

（4）检漏仪的精度影响造成检测误差。

3. 现场检测注意事项

为了减少测量误差，在现场进行六氟化硫电气设备气体泄漏检测时，要求做到：

（1）六氟化硫电气设备充气至额定压力，经12～24h之后方可进行气体泄漏检测。

（2）为了消除环境中残余的六氟化硫气体的影响，检测前应先吹净设备周围的六氟化硫气体，双道密封圈之间残余的气体也要排尽。

（3）采用包扎法检漏时，包扎腔尽量采用规则的形状，如方形、柱形等，使易于估算包扎腔的容积。在包扎的每一部位，应进行多点检测，取检测的平均值作为测量结果。

（4）采用扣罩法检漏时，由于扣罩体积较大，应特别注意扣罩的密封，防止收集气体的外泄。检测时应在扣罩内上下、左右、前后多点测量，以检测的平均值作为测量结果。

（5）定性检漏可以较直观地观察密封性能，对于定性检漏有疑点的部位，应采用定量检漏确定漏气的程度。经检查，如发现某一部位漏气严重，应进行处理，直到合格。

（6）定量检漏的标准是按每台设备年漏气率小于1%来控制的。这个标准是比较宽的。设备生产厂家一般对每个密封部位的密封性能有不同的要求，例如：分别控制检测点的单位时间泄漏率不大于$2.57\times10^{-7}MPa\cdot cm^3/s$，或控制每点的泄漏浓度不超过$5\times10^{-6}\sim10\times10^{-6}$（体积分数）。现场检漏可参照生产厂家要求执行。

第六节　六氟化硫气体在线监测报警装置

由于六氟化硫电气设备发生泄漏的情况无法完全避免，当室内六氟化硫电气设备发生泄漏时，泄漏出来的六氟化硫气体及其分解物会往室内低层空间积聚，造成局部缺氧和带毒，对进入室内的工作人员的生命安全构成严重的危害。所以，根据《电力安全工作规程》的相关要求，在室内六氟化硫电气设备工作场所，必须安装一种实时检测空气中六氟化硫气体和氧气含量的智能化在线监测系统。六氟化硫在线监测报警装置是保障现场工作人员人身安全的重要设施，当环境中六氟化硫气体含量超标或缺氧，能实时进行报警，同时自动开启通风机进行通风，以保证进入室内工作人员的人身安全。

一、六氟化硫在线监测报警装置的组成与分类

1. 组成

六氟化硫在线监测报警装置是一种智能型在线监测装置，主要用于同步实时监测环境空气中六氟化硫气体和氧气含量，通过设置报警点进行报警。它一般由监控主机、采样单元、检测单元和报警单元等四部分组成，各部分功能如下：

（1）监控主机。主要完成检测数据显示及上传、报警数据储存、报警控制、报警查询等功能，当有报警信号发出时，装置自动启动风机排风。

（2）采样单元。用于完成气体样品的采集，将被测气体采集到检测器进行检测。气体采样主要分为泵吸入式和扩散式两种类型。泵吸入式是用采样泵，按一定流量将空气采集到检测器进行检测；扩散式是将检测传感器放置在环境空气中，并与空气接触，靠空气自然对流和扩散进行检测，因此对于扩散式报警装置一般不需要再单设采样单元。

（3）检测单元。用于完成气体的检测，包括六氟化硫气体传感器、氧气传感器、温湿度传感器以及检测是否有人员进入室内六氟化硫电气设备工作场所的红外传感器等。

（4）报警单元。当室内工作环境中六氟化硫气体浓度、湿度数值高于设定的报警值或氧气含量低于设定的报警值时，装置发出报警信号，并发出声光警示。

图 4-22 和图 4-23 分别为典型的扩散式和泵吸式装置通用结构图。

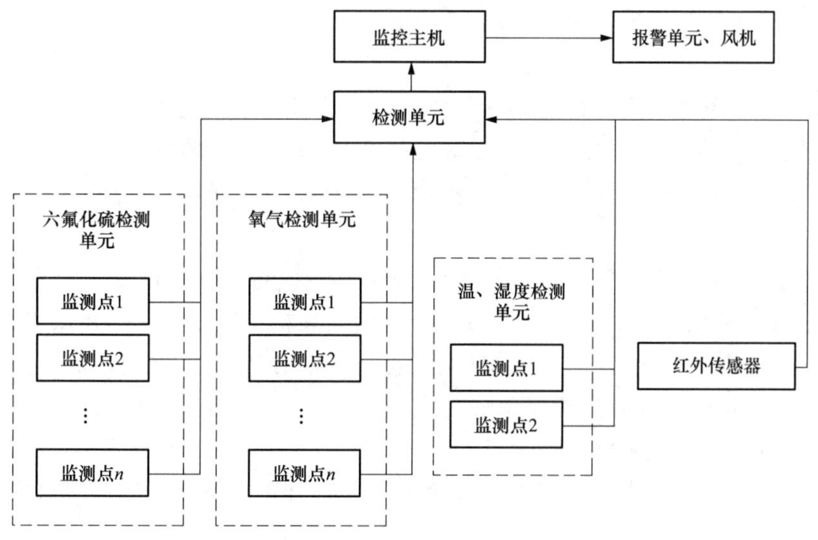

图 4-22　扩散式装置通用结构图

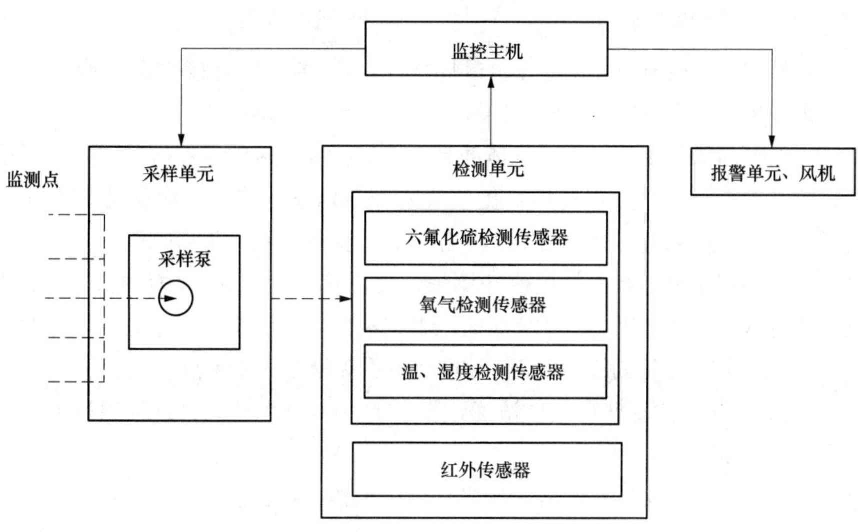

图 4-23　泵吸入式装置通用结构图

2. 分类

六氟化硫在线监测报警装置从检测方式上可以分为定性和定量两种；从测量原理上，主要分高压放电电离法、声波法、电化学传感器法以及红外光谱吸收法；从采样方式上分探头扩散式和泵吸入式。

定性报警装置能分别对环境空气中氧气和六氟化硫气体进行定性检测，并依据报警设定值进行预警。一般采用高电晕放电法、声波法等原理传感器对六氟化硫气体进行检测，采用电化学传感器对氧气进行检测，气体采样方式为扩散式。

定量报警装置是能分别对环境空气中氧气和六氟化硫气体含量进行定量检测的装置。一般采用红外光谱吸收原理传感器对六氟化硫气体进行检测，采用电化学原理或荧光猝灭原理传感器对氧气进行检测，气体采样方式采用泵吸入式或扩散式。

3. 安装布局

常规六氟化硫在线监测报警装置安装设计推荐方案如下：

(1) 监测主机：采用壁挂式或嵌入式安装在巡检人员日常进出的门口外侧，保证工作人员第一时间能看到室内各项气体数据，听到语音提示，启动风机进行排风等。若是室外，需要加装防雨罩。

(2) 采样单元：监测探头采用L形支架式安装，离地面高度约为10cm，安装位置为GIS断路器或其他主设备的正下方。一般位置为GIS间隔安装槽钢支架处。不建议安装于墙面上。110kV及220kV变电站GIS，建议每一个间隔安装1个监测探头；500kV及以上电压等级变电站GIS，建议每一个间隔安装2个监测探头。

(3) 检测单元：与监测主机同布置。

(4) 报警单元：每一个出入门口安装1个人体红外开关，每一个出入门口安装1个声光警灯。

二、报警装置检测原理

1. 六氟化硫检测传感器的原理

传感器是六氟化硫在线监测报警装置的测量核心，其准确性直接决定仪器的性能，传统传感器测量原理大多采用高压放电电离法、声波法以及电化学传感器法。

(1) 高压放电电离法利用六氟化硫气体的高度绝缘特性，从置于被检测空气中高压电极间电压或电流的变化来判断空气中是否有六氟化硫气体存在以及其浓度。优点是成本低、结构相对简单、检测灵敏度高，但此类传感器寿命短、漂移大，受湿度和粉尘影响严重。

(2) 声波法是利用超声波在六氟化硫气体中传播的速度比在大气中传播的速度慢的特点对被测气体成分进行区分。如德国DILO公司的六氟化硫气体报警仪，它能检测环境中六氟化硫气体含量大于2%体积百分比的浓度，可以通过扩展器连接最多达6个点的监控系统。但其主要缺点是检测下限太低，2%的六氟化硫气体浓度，相当于20 000μL/L，已远远超过了六氟化硫气体对人的安全上限1000μL/L。

(3) 电化学传感器法基于电化学技术的半导体卤素传感器，被检测气体接触到高温催化剂表面，并与之发生相应的化学反应，从而产生电信号的改变，以此来发现被检测气体。电化学传感器法的优点是成本低、结构简单、可连续工作，但此检测方法灵敏度低，不能满足1000μL/L的浓度检测要求，且传感器使用寿命有限。

红外光谱吸收原理的六氟化硫在线监测报警装置，是近几年发展起来的一种新型在线检漏设备，该类传感器测量灵敏度和准确度高，不受环境的影响和干扰，使用寿命可达十年，但由于价格较高，目前普及程度较低，其测量原理主要是利用六氟化硫气体对红外线的特征吸收来检测六氟化硫气体浓度，通过检测样品气体对特定波段红外线吸收强度的变化，依据朗伯-比尔（Lambert-Beer）吸收定律，确定六氟化硫气体的浓度。

2. 氧气检测传感器原理

报警装置对于环境空气中氧气检测，目前一般采用电化学氧气传感器，根据电化学原电池的原理进行氧气测量，其内部一般采用液体或固体电解质，氧气通过电解质在阴阳极发生氧化还原反应，产生电流，所产生的电流与其浓度成正比并遵循法拉第定律，通过测定电流的大小就可以确定氧气的浓度。

采用电解质为液态电化学原理传感器，由于整个反应过程中，有液体电解质蒸发或污染和阳极金属消耗，会导致测量精度下降，寿命短。固态电解质电化学原理传感器，不存在电解质的蒸发和污染问题，其准确度和稳定性以及使用寿命要好于液态电解质电化学传感器。

荧光猝灭原理是目前正在发展的一种检测空气中氧含量的新技术，这种类型传感器利用光学原理进行环境中氧气含量的检测。传感器中包埋的敏感物质在光源的激发下会发出荧光，环境中的氧气会使敏感物质的荧光发生猝灭（也就是熄灭），荧光猝灭的程度与氧气的含量相关，通过检测敏感物质荧光强度的变化就可以准确计算出环境中的氧气含量。这种原理传感器满足环保要求、检测精度高、不受环境变化的影响、稳定性高，传感器内部无消耗品和易损件，免维护。使用寿命优于电化学原理传感器，寿命可达五年以上。

三、报警装置选型

鉴于上述各类六氟化硫在线监测报警装置及其传感器原理的优缺点，为满足变电站设计要求及实际需要，对环境中六氟化硫气体检测应选用定量报警装置，其中对六氟化硫含量检测宜采用非分光式红外吸收检测原理，采样方式可采用扩散式或泵吸入式。对氧气含量检测宜采用固态电解质电化学原理或荧光猝灭原理等其他先进传感器技术。具体检测技术指标要求见表4-3。

表 4-3　　六氟化硫及氧气含量检测技术指标

项　　目	六氟化硫	氧　　气
检测范围	0～1500μL/L	0～25%（体积比）
最小示值	1μL/L	0.1%（体积比）
泄漏报警阈值	1000μL/L 且可调	18%（体积比）且可调
报警误差	≤±5%（报警设定值）	≤±0.5%（体积比）
检测误差	≤±5%（显示值）	≤±0.5%（体积比）
最小检测限	10μL/L	0.1%（体积比）

思考题

1. 采集六氟化硫样品时应注意什么？
2. 六氟化硫气体的湿度有什么危害？
3. 现场测定六氟化硫湿度时常用什么原理的仪器？
4. 现场捡漏检测误差来源有哪些？常用的检漏仪的检测原理？
5. 现场的报警装置检测原理是什么？
6. 非大气压下气体湿度的测量结果如何换算到规程要求条件下的结果？

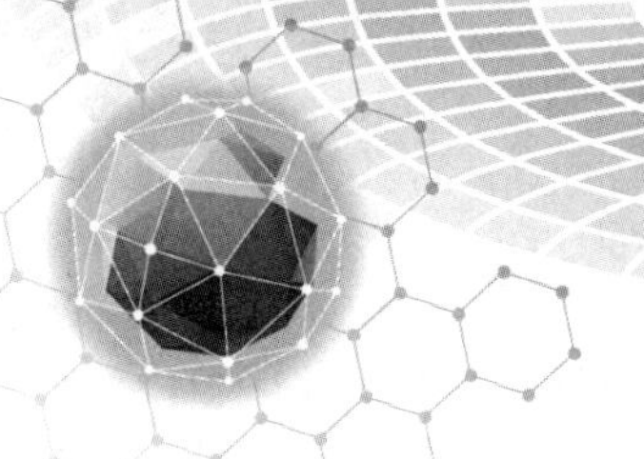

第五章　六氟化硫气体绝缘电气设备故障诊断的气体分析技术

随着对六氟化硫气体分解机理的进一步了解和分析检测技术的进步，气体分析技术已逐渐应用在六氟化硫电气设备的故障诊断当中。

六氟化硫电气设备在运行中如果存在潜伏性故障，气体在放电和过热的情况下会导致六氟化硫气体分解，在特定的情况，内部绝缘材料也可能参与其中，在水分和氧气的作用下形成多种分解产物。设备内部不同故障可能会产生不同的分解产物，通过对分解产物种类和含量进行分析，可以判断设备内部的故障类型和故障程度。

与利用绝缘油中溶解气体组分和含量分析来判断充油电气设备运行状况一样，利用气体分析技术作为诊断工具可带电采样分析，不受电磁环境干扰等优点，是掌握设备运行状况的有力工具，本章对六氟化硫电气设备故障诊断的气体分析技术作简单介绍。

第一节　六氟化硫气体绝缘设备的故障类型和主要分解产物

一、六氟化硫气体绝缘设备的故障类型

六氟化硫电气设备内部可能存在导致六氟化硫气体分解的故障类型包括放电性故障和过热性故障。

根据放电过程中消耗能量的大小，放电性故障分为三种类型：电弧放电、火花放电和电晕放电或局部放电，见表 5-1。

电路器在正常操作下开断会产生电弧放电，气室内部发生短路故障也会产生电弧放电，放电能量和电弧电流有关；火花放电是一种气隙间极短时间的电容性放电，能量较电弧放电低，火花放电一般发生在隔离开关气室开断操作时或高压试验中出现闪络时；电晕放电或局部放电的产生，是由于在六氟化硫电气设备中，当某些部件处于悬浮电位时，会导致局部电场强度升高，若此时设备中存在导电杂质或绝缘子存在气泡等缺陷会导致局部放电，局部放电可较长时间存在于运行设备中，并导致绝缘受损引发更大故障。

表 5-1　　六氟化硫气体绝缘电气设备放电类型和特点

放电类型	放电产生的原因	放电特点
电弧放电	断路器开断电流，气室内发生短路故障	电弧电流 3～100kA，电弧释放能量 10^5～10^7J，持续时间 5～150ms
火花放电	隔离开关开断，高压试验中出现闪络	短时瞬变电流，火花放电能量 10^{-1}～10^2J，持续时间微秒级
电晕放电或局部放电	场强太高时，处于悬浮电位部件，导电杂质绝缘件缺陷引发	局部放电脉冲重复频率为 10^2～10^4Hz，每个脉冲释放能量在 10^{-3}～10^{-2}J，放电量值 10～10^3pC

过热性故障也能够引起六氟化硫气体分解，如锄头接触不良引起的过热，根据 IEC 60480 及相关介绍，六氟化硫气体在 500℃条件下会发生剧烈分解，实验表明六氟化硫气体在 200℃条件下即开始分解，根据分解物的种类和含量可以判断设备内部的过热情况。

二、故障情况下主要分解产物

六氟化硫气体在故障情况下分解产物种类繁多，一般而言，六氟化硫气体在氧气和水分的参与下一般按照图 5-1 进行分解。

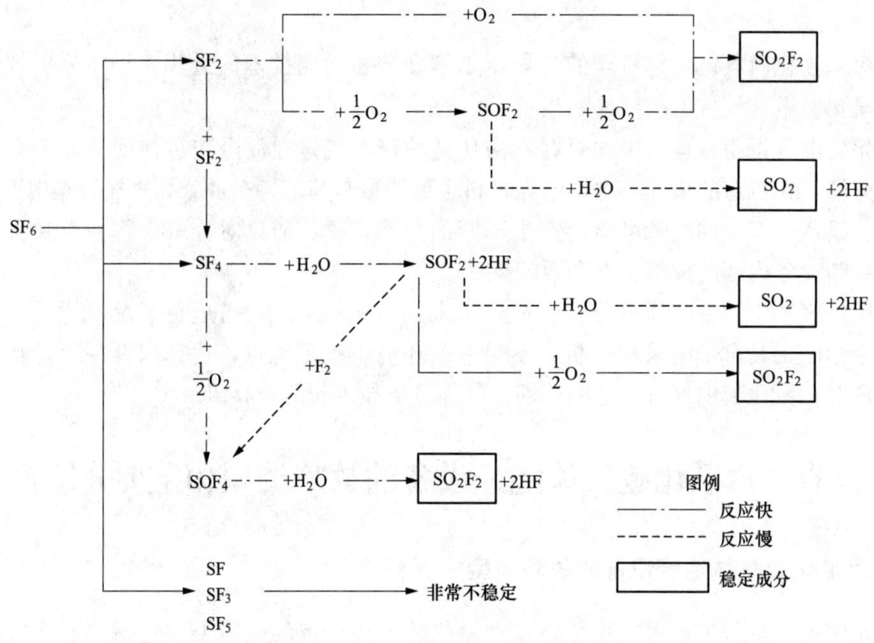

图 5-1　六氟化硫气体分解原理图

六氟化硫气体在放电或过热作用下会发生分解，生成 SF、SF_2、SF_3、SF_4、SF_5 等极不稳定的分解产物，在氧气和水分的作用下生成 SOF_4、SOF_2、SO_2F_2 和 HF 等分解产物，其中 SOF_4 很不稳定，在水分作用下分解成为 SO_2F_2 和 HF；SOF_2 较不稳定，在水分和氧气的作用下分解成为 SO_2、SO_2F_2 和 HF。

当六氟化硫电气设备内部故障涉及绝缘介质时，会生成 CO、CO_2、全氟烷烃和其他含碳化合物，代表性的分解产物见表 5-2。

表 5-2　　六氟化硫气体绝缘电气设备内部故障代表性分解产物

生成过程		代表性的分解产物
六氟化硫气体的分解	SF_6 的分解产物	SF_4（四氟化硫）
	SF_6 的分解产物与 O_2 以及 H_2O 反应生成的产物	HF（氟化氢）、SOF_2（氟化亚硫酰）、SO_2F_2（氟化硫酰）、SO_2（二氧化硫）
	SF_6 的分解产物与材料或是材料分解产物反应生成的产物	CF_4（四氟化碳）、C_2F_6（六氟化乙烷）

续表

生成过程		代表性的分解产物
固体绝缘材料的分解	高分子聚合材料（PET 薄膜、PPS 薄膜、芳族聚酰胺纸、环氧树脂）分解产物	CO（一氧化碳）、CO_2（二氧化碳）、CH_3CHO（乙醛）、CH_4（甲烷）、酮类、醇类、胺类
	纤维材料（绝缘纸板）的分解产物	CO（一氧化碳）、CO_2（二氧化碳）、CH_4（甲烷）等碳氢化合物

三、六氟化硫分解产物量子化学计算

量子化学计算是一种非常有效的研究方法，可以针对所有可能的基元化学反应过程，进行高精度的理论模拟，直接揭示复杂化学反应的微观机理，给出所有可能的化学反应的结构和能量变化。研究人员在考虑 SF_6气体中微量 O_2和 H_2O 分子存在的条件下，应用高水平的量子化学方法，详细研究了 SF_6的分解反应及各种产物的生成机制，包括 SF_4、SO_2、SOF_2、SOF_4、H_2S、和 HF，并结合统计理论，分析不同条件下化学反应的动力学性质，在原子分子水平上模拟实验测量结果，证明了 SF_4与 SOF_2两个水解反应均不能够自发地进行。理论模拟结果很好地解释了实验测量中水分对分解产物 SOF_2以及 SO_2影响小的现象，这对判断电气设备运行情况提供了帮助和新的认识。

第二节　气体分析技术

六氟化硫气体分解产物种类较多，含量低、性质活泼，很难用一种方法进行检测，同时很多分解产物性质近似，如果需要准确的定性和定量分析，必须使用相关的标准物质。经过多年的研究，目前国内已有 CF_4、SO_2、SOF_2、SO_2F_2等分解产物标准物质，为六氟化硫气体分解产物的定性定量分析打下了基础。本节主要介绍上述具有代表性的分解产物的分析方法，主要包括色谱方法、光谱方法和其他的一些分析方法。

一、检测管

检测管可以用来测定六氟化硫气体中的某一种杂质组分，目前具有实用价值的是 HF、SO_2、CO 和 H_2S 检测管。检测管是根据要测定的样品气与检测管内填充的化学物质发生反应生成特定的化合物，生成的化合物与检测管内的指示剂作用发生颜色的变化，由颜色变化的深浅、长短检出样品中待测组分的含量，该方法可以快速地判断设备内部是否存在较严重的故障。

直读式检测管由检测管和气体取样器构成的，如图 5-2 和图 5-3 所示。

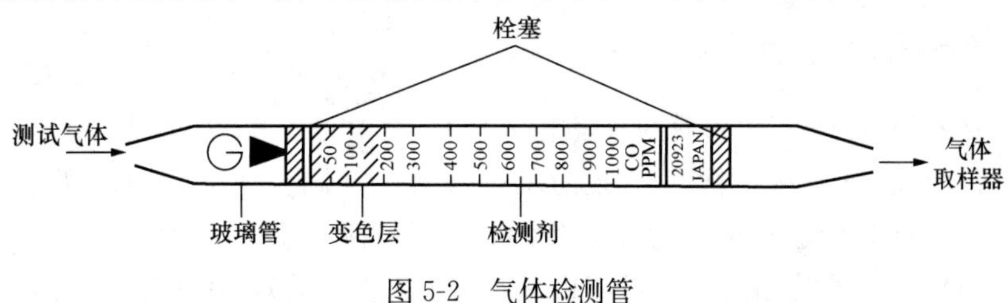

图 5-2　气体检测管

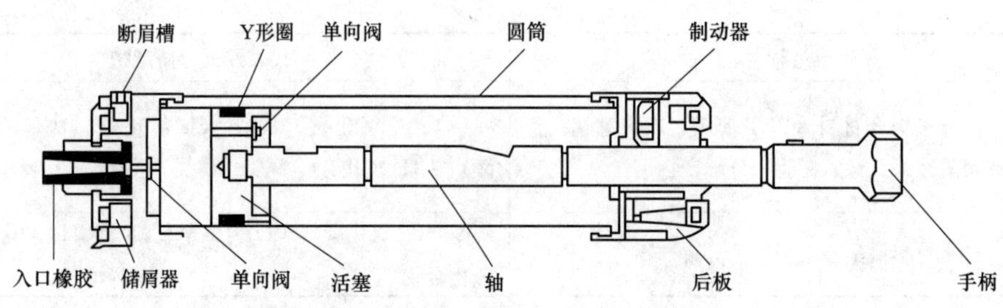

图 5-3　气体取样器

检测管是在一定内径的玻璃管里紧密地填充检测剂，然后熔封其两端，在其表面应刷有浓度刻度。气体取样器是用活塞使一定容量的圆筒减压，具有吸气机能。检测方法如下：

(1) 将气体取样器的手柄向前推进，使筒内空气排空。

(2) 将检测管两端在切割孔上折断，然后把检测器管一端插入气体取样器进气嘴，使检测管上箭头方向指向气体取样器，另一端同六氟化硫采样袋相连，注意密封。如图 5-4 所示。

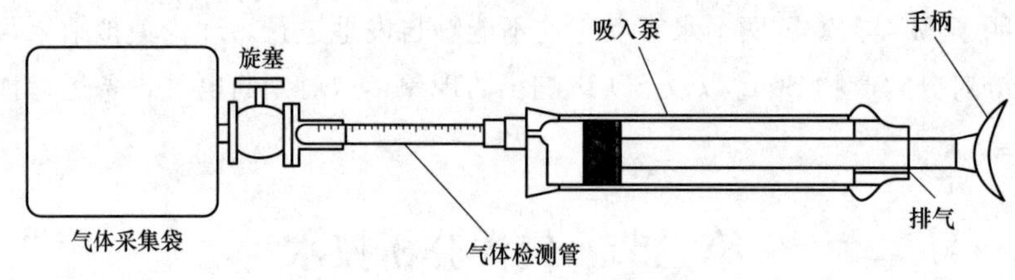

图 5-4　检测方法示意图

(3) 将手柄拉动至 100mL 档位（或 50mL 档位，按检测管使用说明而定）。

(4) 记住采样次数，采样体积为 100mL×n 次。每采完一次复位时，转动手柄然后向前推进手柄，排出筒内气体，便可进行下一次操作。

(5) 待检测管中指示剂变色终止，即可从色柱所指示的刻度，读出气体中待测分解产物的含量。

二、电化学传感器检测技术

可用于 HF、SO_2、CO 和 H_2S 的检测，目前在六氟化硫气体绝缘设备现场检测中广泛应用。当被测气体流入传感器后，仪器输出六氟化硫气体所含特定杂质含量相应的电信号，经 A/D 转换成相应的气体浓度值。电化学传感器检测灵敏度高、检测时间短、耗气量少、使用方便，但传感器使用寿命较短，同时存在信号漂移和杂质之间的交叉干扰问题。

三、色谱检测技术

色谱检测技术是目前最行之有效的六氟化硫分解产物检测技术，能够检测除 HF 以外的大部分分解产物。但由于部分分解产物性质接近，难以采用一个流程对所有分解产物进行分析，必要时可采用多个流程对相关组分进行分析。常用的检测器包括 TCD（热导检测器）、FPD（火焰光度检测器）、SCD（硫发光检测器）和 PDHID（氦离子化检测器），其中 TCD 和 PDHID 对分解产物均有响应，但 TCD 灵敏度较低而 PDHID 灵敏度很高；FPD 和 SCD 对硫化物具有选择性响应，检测灵敏度较高。检测器可以根据实际需要选用。

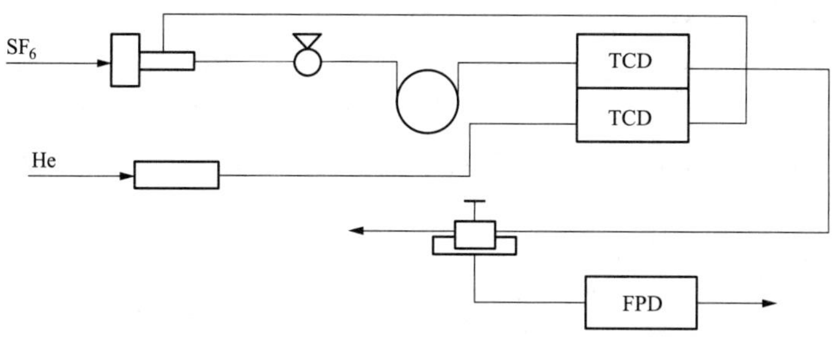

图 5-5 色谱分析流程示例

在图 5-5 中，气相色谱采用 TCD 和 FPD 检测器串联流程，TCD 检测器检测空气、四氟化碳、六氟化硫和二氧化碳，FPD 检测器主要检测含硫氟化物，包括氟化硫酰、氟化亚硫酰和二氧化硫，对含硫化合物有较高的检测灵敏度。采用该流程时，在 TCD 和 FPD 检测器中串联一个四通阀，在 TCD 出峰完毕后将六氟化硫排空，主要是为避免将六氟化硫气体带入 FPD 检测器导致脱尾甚至熄火，该流程能够对六氟化硫气体中的大部分分解产物进行检测。

气相色谱检测法适用于六氟化硫气体中杂质的定量检测，目前已有多种以氦气和六氟化硫为底气的分解产物标准物质（参看第八章），可按照式（5-1）进行计算：

$$V_i=\frac{A_i}{A_s}\cdot V_s \tag{5-1}$$

式中 A_s——标准物质峰面积；

A_i——待测物质峰面积；

V_s——标准物质体积浓度；

V_i——待测物质体积浓度。

对于没有标准物质的未知检测样品，可以采用气相色谱质谱联用技术进行检测，运用气相色谱法对混合样品进行分离，采用质谱检测技术对未知样品进行检测。质谱分析法主要是通过对样品的离子的质荷比的分析而实现对样品进行定性和定量的一种方法。质谱仪通过电离装置把样品电离为离子，经质量分析装置把不同质荷比的离子分开，通过检测器检测之后可以得到样品的质谱图，由于有机样品，无机样品和同位素样品等具有不同形态的质谱图，通过与谱库中的谱图比较或由分析人员对谱图（见图 5-6）进行分析，确定样品的性质。

在 TCD 和 FPD 串联分析技术中，由于一根色谱柱的分离能力有限，H_2S 的出峰时间与 SF_6 出峰时间接近，H_2S 在 FPD 检测器上未能得到有效识别，所以，为了发挥 FPD 检测器对分解产物重要组分 H_2S 的检测作用，又开发了 TCD 和 FPD 并联分析检测技术。

TCD 和 FPD 并联分析色谱流程如图 5-7 所示。色谱柱 1 分离空气、CF_4、CO_2、C_3F_8、SOF_2、SO_2F_2，色谱柱 2 分离 H_2S、SO_2。TCD 检测器用于检测空气、CO_2、CF_4、C_3F_8，FPD 检测器用于检测 H_2S、SO_2、SOF_2、SO_2F_2。进样分析时，1 路样气经过色谱柱 1 及自动切换阀进入 TCD 检测器，测定空气、CF_4、CO_2、六氟化硫等组分；为避免大量六氟化硫对 FPD 检测器的影响，2 路样气经过色谱柱 2，分离出的六氟化硫气体经自动切换阀排空后再进入 FPD 检测器，测定 H_2S、SO_2。之后，自动切换阀将色谱柱 1 分离出的 SOF_2、SO_2F_2 接入 FPD 检测器，

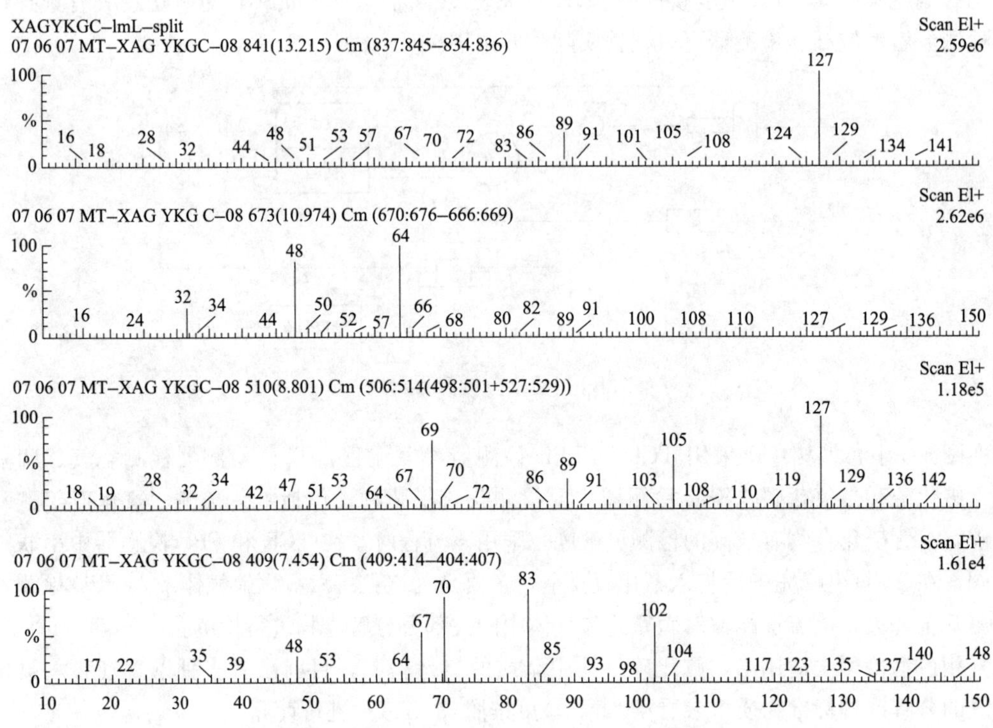

图 5-6　SF_6样品中分解产物的质谱特征棒图

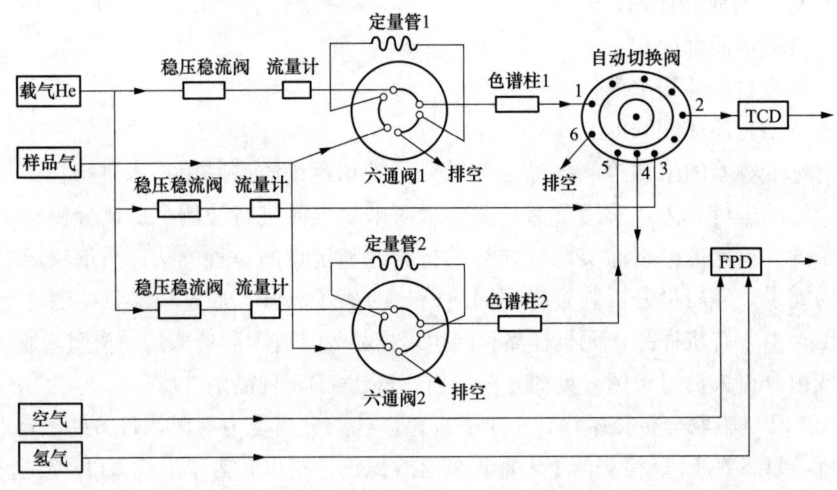

图 5-7　热导检测器（TCD）与火焰光度检测器（FPD）并联检测流程图

检测完后自动切换阀再将谱柱 1 分离出的 C_3F_8 接回 TCD 检测器，完成全部检测。

常用色谱柱见表 5-3。

色谱条件：柱温 50～60℃；TCD 温度：60℃；桥流：80mA；TCD 载气流速：10～15mL/min；FPD 温度：150℃；FPD 载气流速：10～15mL/min；补充 H_2：40mL/min；空气：150mL/min。

表 5-3　　常用色谱柱

种类	型号	适合粒度（目）	柱长（m）	柱内径（mm）	主要分析对象
硅胶	涂萘二酸二异辛酯	30～60	3～4	3	空气、CF_4、CO_2
高分子多空小球	Porapak Q	40～60	3	3	空气、CF_4、CO_2、SOF_2、C_3F_8
高分子多空小球	Porapak R	40～60	3	2	空气、CF_4、CO_2、SOF_2、SO_2F_2
毛细柱	PLOT Q	—	30～50	0.53	CF_4、CO_2、H_2S、C_3F_8
毛细柱	GasPro	—	30～50	0.3	H_2S、SO_2、SOF_2、SO_2F_2

四、红外光谱（IR）检测技术

波长范围在 0.78～1000μm 的光称为红外光，红外光分为三个区域，其中 2.5～25μm 称为中红外区，在光谱分析中采用最多的应用的就是中红外区。绝大多数有机化合物和许多无机化合物的化学键振动就出现在此区域。把一束具有连续波长的红外光照射到某物质上时，如果物质中的某个基团的振动频率和光的频率相同时，二者会产生共振，则该基团就吸收这一频率的红外光，反之物质就不能吸收光能。根据这一原理，我们可以通过化合物吸收的光能的波长和吸收光能的大小对化合物进行定性或定量的分析。

由于六氟化硫气体中分解产物的组成是多样的，虽然通过红外光谱扫描可以大致判断气体中杂质含量的变化情况，但分解产物具体的组成和含量的大小，红外光谱仪则无能为力，解决这一问题可以利用气相色谱和红外联用技术（GC-FTIR），见图 5-8。气相色谱是一种分离技术，通过气相色谱将六氟化硫气体中的杂质组分进行分离，通过快扫型傅立叶变换红外仪对分解产物进行定性和定量。虽然在检测灵敏度方面，IR 较 MS 存在一定的差距，但是由于每一种化合物都有自己特征的 IR 谱图，在未知化合物的鉴定方面，IR 的误检的可能性很小。在对六氟化硫气体分解进行定性分析方面能发挥重要的作用。

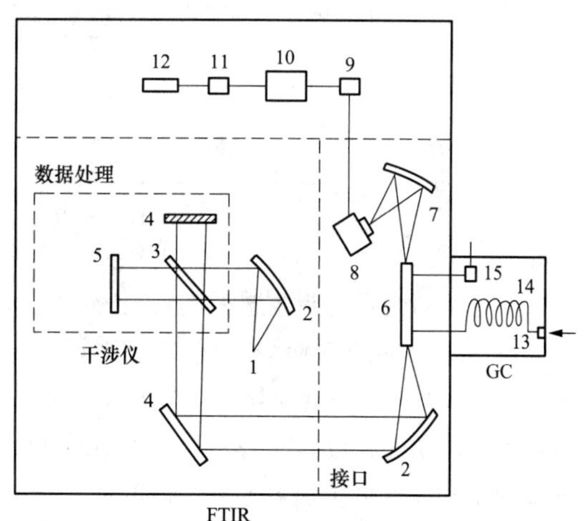

图 5-8　GC-FTIR 联用仪示意图

1—光源；2—抛物面镜；3—分束器；4—固定镜；5—移动镜；6—光管；7—椭圆面镜；8—红外检测器；9—A/D 转换器；10—计算机；11—D/A 转换器；12—绘图仪；13—样品汽化室；14—色谱柱；15—色谱检测器

目前某公司利用红外光谱仪开发的六氟化硫分解产物多组分分析系统，采用 MCT（汞镉碲）检测器，配备专用数据库系统，可以检测 HF、SO_2、SOF_2、SO_2F_2、CF_4、SOF_4、S_2F_{10}等 13 种分解产物，其中 SOF_2的检测限达到 5μL/L，SO_2F_2的检测限达到 1μL/L，见图 5-9。

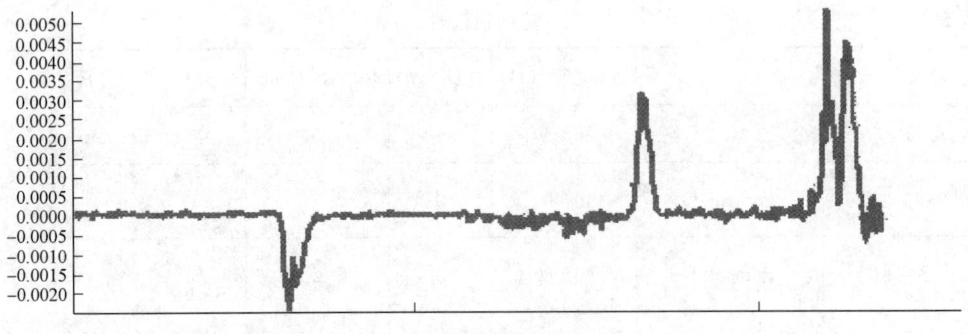

图 5-9 SOF_2红外光谱图

五、光声光谱检测技术

光声光谱技术（photoacoustic spectroscopy，PAS）是一种基于气体光声效应的微量气体定量检测技术。它通过测量气体对调制特定波长红外光的吸收得到气体的浓度信息。当密闭容器的气体受到周期性的调制光照射时，会产生声信号，这种现象即为气体的光声效应。本质上，气体的光声效应是气体分子吸收调制光后引起的周期性无辐射驰豫的过程，即热过程，宏观上表现为气体压力的周期性变化。气体光声检测主要在红外波段进行。气体光声信号的检测过程如图 5-10 所示。

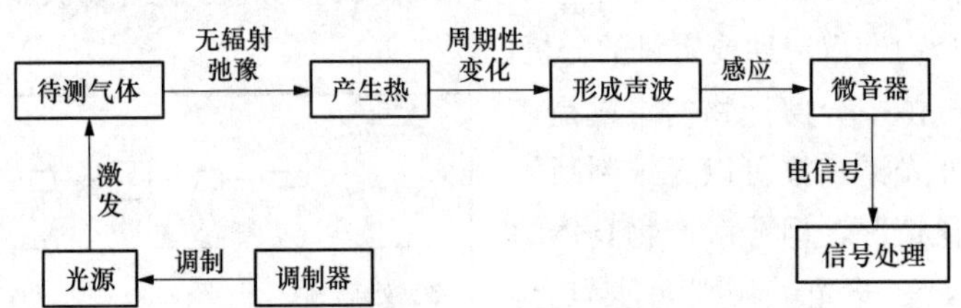

图 5-10 气体光声信号的检测过程

气体分子对光强的吸收遵循朗伯-比尔（Lambert-Beer）定律，光声信号的大小和光声池结构、光源功率、被测气体体积分数、调制频率等因素有关。在相同实验条件下，改变被测气体体积分数，光声信号强度也会随之出现相应的线性变化。因此，可以通过检测光声信号强度来确定相应被测气体的体积分数。另外，由于不同气体都有各自的吸收光谱特性，因此只需选择特定中心波长的滤光片就可实现多组分气体的体积分数检测，目前光声光谱技术可检测六氟化硫气体中 CF_4、CO_2、CF_4和 SOF_2等气体。

六、可水解氟化物的检测技术

六氟化硫气体中含硫、氧低氟化物其多数可与水或碱发生化学反应，如 SF_2、SF_4、SOF_2、SOF_4等，有的可部分碱解，如 SO_2F_2。可水解氟化物的测定可参照 DL/T 918 方法进行。可水解氟化物的测定是一种较为简便的方法，无需昂贵的仪器设备（采用氟离子选择电极进行检测），具有较广泛的推广意义，适用于各个基层单位的取样检测。如果发现可水解氟化物含量较初始值有明显的增加时，可以初步判定设备内部可能存在故障。但是由于可水解氟化物测试的是六氟化硫气体中可水解和可碱解部分含硫、氧低氟化物的总量，因此不能采用此方法对设备内部故障性质进行判断，同时该方法检测灵敏度较低，不适用于早期故障判断。

七、动态离子分析检测技术

这是一种离子迁移率的频谱检测技术，其基本原理是从六氟化硫电气设备中抽取的样气在离子室内的电场作用下输出一信号幅值与迁移时间关系的波形，如果设备内六氟化硫气体由于局部放电或其他因素导致分解产物后，波形的峰值产生迁移，分解产物的浓度越大，峰值迁移的时间越大。如果以标准纯度六氟化硫的峰值时间作为参数标准，那么相对于纯气参数时间偏移的时间差就可以表征被测气体的分解产物含量，由此可见六氟化硫电气设备的工作状态，但仪器容易受到分解产物的污染，不适用于故障后的气体检测。

八、等离子体发射光谱技术

根据原子的特征发射光谱来研究物质的结构合测定物质的化学成分的方法称为原子发射光谱分析，目前应用的最为广泛的原子发射光谱光源是等离子体，包括电感耦合等离子体、直流等离子体及微波等离子体，等离子体发射光谱分析技术可以快速地同时进行多元素分析，周期表中多达 73 种元素皆可测定；测定灵敏度高；基体效应较低，较易建立分析方法；具有良好的精密度和重复性。可以检测样品中的金属离子含量，协助判断故障的发生位置。

第三节 分解产物特征气体与故障关系

六氟化硫气体绝缘设备内部的故障可以通过检测六氟化硫分解组份的含量来诊断和识别，但在识别设备缺陷过程中，还存在如何选择六氟化硫分解组分特征量、利用何种理论和方法进行辨识等诸多基础问题。国内很多科研机构做过相关研究，但并未形成统一判断方法和流程。本节对采用气体分析技术判断六氟化硫气体绝缘设备运行状况进行一定的探讨。

在六氟化硫电气设备中，促使六氟化硫气体分解的放电形式以放电过程中耗能的大小分为三种类型：电弧放电、火花放电和电晕放电或局部放电。电弧放电主要是由于设备发生短路故障引起的，火花放电是一种气隙间极短时间的电容性放电，能量较低产生的分解产物与电弧放电产生的分解产物有明显的差异。六氟化硫电气设备内部的另外一种放电形式是电晕放电或局部放电，长时间的电晕放电或局部放电会导致分解产物的积累。除了上述三种能够引起六氟化硫气体分解的主要放电过程外，过热作用也会促使六氟化硫气体分解。

一、特征分解产物与故障的关系

(1) 在放电和热分解过程中，都能检测出 SOF_2 和 SO_2F_2，在电弧过程中，SOF_2 是主要分解产物，低能量放电更容易产生 SO_2F_2。综合比较 SOF_2 和 SO_2F_2 的含量，可以判断内部故障的放电性质。

(2) SO_2 一般是由 SOF_2 和水分反应生成的，当 SOF_2 的含量达到几百个 ppm 时，在热分解条件下，能够检测出 SO_2，其最大的可能是金属性过热故障。

(3) CF_4 在一般的六氟化硫气体中均不同的存在，但如果检测到其含量较原始值有明显增加时，则内部故障可能涉及固体绝缘材料。

(4) 低硫氟化物在有水分存在的情况下会产生 HF，但由于其不稳定性，不容易检出，一旦检出，可以判断设备内部存在潜伏性故障。

(5) 在设备内部存在的故障的情况下可能还会生成诸如 SF_4 和 SOF_4 等杂质，但由于这些杂质的化学性质不稳定，不易检出，一般不作为故障判断的依据。

(6) 在热分解过程中，SOF_2 是主要分解产物，产生 SOF_2 的故障点温度低于 SO_2F_2 和 SO_2，其规律为随着故障点温度升高，SOF_2、SO_2F_2 和 SO_2 逐次产生。

二、判断标准定义

因为目前尚无判断相关的国家及行业标准，参考国内外相关资料，可以采用“注意”和“异常”的管理方式，定义如下：

(1) 注意：从六氟化硫气体分解产物性质和含量的分析结果，推测六氟化硫气体或绝缘材料分解，怀疑六氟化硫电气设备有异常。

(2) 异常：从六氟化硫气体分解产物性质和含量的分析结果，明显判断出六氟化硫电气设备内部有异常。

三、管理标准

六氟化硫气体分解产物管理标准见表 5-4。

表 5-4　　六氟化硫气体分解产物管理标准

分析杂质组分		注意	异常
由于六氟化硫气体分解而产生的组分	HF	超过 1μL/L	超过 10μL/L
	可水解氟化物	超过 1μg/g	超过 10μg/g
	SOF_2（氟化亚硫酰）、SO_2F_2（氟化硫酰）、SO_2（二氧化硫）等含 S、F 的分解产物	检出时	—
由于绝缘材料分解而产生的成分	CO、CO_2	明显增加时	—
	CF_4	认为有增加倾向时	—

第四节　故障分析判断实例

气体分析技术目前已被应用在六氟化硫气体绝缘设备故障判断方面，可有效地判断故障性质、程度和发生部位，本节将介绍各种不同的气体分解物分析方法在实际故障诊断的应用案例。

一、气体检测管法故障诊断案例

1. 设备状况介绍

2007 年 5 月 29 日，某 220kV 变电站线路遭雷击，276 断路器跳闸，单相重合闸后，加速跳三相。该断路器产品型号为 HPL1B 2451D，出厂时间为 2006 年 09 月，投运日期为 2006 年 12 月

27 日。5 月 30 日，对 276 断路器进行现场检查，发现 A 相极柱上部一次端子板有明显的电弧烧蚀痕迹，灭弧室瓷瓶靠上端法兰有金属溅射痕迹，中部一次端子板有明显的电弧烧蚀痕迹；B 相极柱上部一次端子板有明显的电弧烧蚀痕迹，灭弧室瓷瓶靠上端法兰、首节瓷裙、下端法兰及靠下端法兰的瓷裙有金属溅射及闪络痕迹，下一次接线端子板有明显的电弧烧蚀痕迹；C 相下一次接线端子板有电弧烧蚀痕迹。化学人员用气体检测管法对 276 断路器各气室进行六氟化硫气体分解产物的检测以确定故障气室和故障严重程度，检测结果见表 5-5，检测管变色情况见图 5-11，图中蓝色的 SO_2 检测管检测后变为黄色，橙色的 HF 检测管检测后变为红色。

表 5-5　　276 断路器 SF_6 气体分解产物检测结果

设备名称	检测结果（μL/L）	
	SO_2 含量	HF 含量
276 断路器 A 相	105	30
276 断路器 B 相	未检出	未检出
276 断路器 C 相	未检出	未检出

2. 故障诊断

从断路器的外观检查来看，A、B、C 三相断路器的一次接线端子板都有电弧烧蚀痕迹，似乎三相都有可能存在故障。但从气体分解产物检测情况来看，只有 A 相断路器气室测出较高的 SO_2 和 HF 气体，而 B、C 两相断路器未检出 SO_2 和 HF 气体，则可以判断 A 相断路器内部存在较严重故障，B、C 两相断路器内部可能正常。

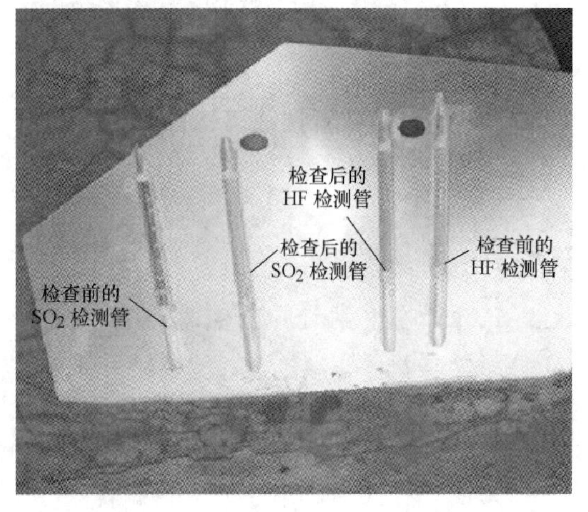

图 5-11　检测前后检测管颜色变化图

3. 故障确认及处理

制造厂对更换下的断路器极柱返厂进行解体，解体情况如下：A 相极柱气室、支持瓷瓶无异常；灭弧室上下一次接线端子有烧蚀痕迹，灭弧室瓷瓶靠上法兰处有金属溅射痕迹；上下电流通道无异常；动静弧触头有灼烧熏黑的痕迹；动静主触头有三处点状轻微烧蚀痕迹；喷口喉部有分解产物微粒附着。A 相极柱解体照片见图 5-12。

B 相极柱灭弧室上下一次接线端子有烧蚀痕迹，灭弧室靠上下法兰处伞裙有拉弧和金属溅射痕迹，解体内部检查均无异常。

C 相极柱下一次接线端子板有烧蚀痕迹，解体内部检查均无异常。

从解体情况得出：A 相断口内绝缘击穿，B、C 两相内部无异常，这和 A 相气体分解物超标而 B、C 两相未检出气体分解物的测试结果相吻合。通过检测管法检测六氟化硫气体分解产物 SO_2、HF 的含量，是一种可行、简便有效发现和判断六氟化硫电气设备内部故障的手段。

图 5-12　断路器解体照片

二、电化学传感器法故障诊断案例

（一）案例 1

1. 设备状况介绍

某 110kV 变电站 500 断路器型号为 LW25-126，额定电流为 2000A，额定开断电流为 31.5kA，为 1999 年 11 月产品。2011 年 11 月 29 日，某电力科学研究院在带电检测过程中用电化学传感器法的六氟化硫气体分解产物测试仪检测发现，该断路器 SO_2气体含量偏高，湿度、纯度测试结果正常，检测结果见表 5-6。查阅运行单位记录，该断路器于 2011 年 11 月 1 日 8 时操作动作一次，之后再无动作，直至检测日期设备运行未发现有异常情况。

表 5-6　　500 断路器 SF_6气体带电检测结果

SO_2(μL/L)	H_2S(μL/L)	CO(μL/L)	湿度（μL/L）	纯度（%）
30.4	0	103.1	87	98.4

2. 故障诊断

根据六氟化硫气体检测结果来，气室中 SO_2 含量超过 DL/T 1359《六氟化硫电气设备故障气体分析和判断方法》中判定缺陷状态设备 SO_2 或 H_2S 含量≥5μL/L 的指标，可初步判断该正在运行设备内部存在故障。从气体检测结果未检出 H_2S 和 CO 含量正常来看，判断该故障应该未涉及固体绝缘部分，可能是金属部件存在放电故障。再根据运行单位记录，该断路器距检测日期 28 天前操作动作一次，之后再无操作。因此判断设备内部故障部位可能存在于操作时发生机械运动的金属部件有关，要求尽快停运检修。

3. 故障确认及处理

对该断路器三相进行解体检查，其中两相内部完好，一相在灭弧室活塞杆与绝缘拉杆接头连接处存在烧损现象，如图 5-13 所示。提升杆销孔外表有破损，孔径增大，圆柱销中部已明显变细，活塞杆端部表面明显烧损，动、静触头表面发黑，灭弧室内有大量残余灰黑色粉末。故障原因是灭弧室活塞杆与绝缘拉杆接头连接处为轴销配合连接结构，误差积累配合间隙偏大，断路器在操作冲击过程中，不断地使配合间隙增大，轴销变细、孔变大，在轴销与孔之间产生悬浮电位导致悬浮电位放电，使得轴销不断烧损，产生灰黑色粉末，随断路器分、合闸操作扩散至灭弧室。处理措施如下：①建议制造厂改进绝缘拉杆与活塞杆连接的轴销连接方式，防止轴销出现悬浮电位。②对运行时间 10 年以上的该型号断路器，应着手陆续安排大修和技改工作。③加强对运行中的该型号断路器进行六氟化硫分解产物的检测工作。

图 5-13　断路器解体照片

（二）案例 2

1. 设备状况介绍

某变电站 107 断路器为国产的 LW25-126 型产品，额定电流为 2000A，2002 年 8 月出厂，

2003 年 2 月投运，机械寿命设计值为 3000 次，实际开断次数为 89 次，运行最高电流值为 450A，最高负荷为 76kW。2011 年 5 月 21 日，运行人员巡检发现 110kV 某线路 107 开关 A 相有异常响声，当时 107 开关 A 相电流 395.6A，B 相 397.19A，C 相 392.26A，负荷 P 为 70.68kW，Q 为 31.79kVar。接到缺陷汇报后，试验、检修人员对已转检修状态的 107 断路器进行检查，外观检查未发现损伤、裂纹及放电痕迹，气体压力在正常范围，开展了包括回路电阻、SF_6 气体组分等项目的试验检查，开关 A、B、C 三相回路电阻值正常，SF_6 气体组分检测结果见表 5-7。

表 5-7　　107 断路器 SF_6 气体组分检测结果

设备名称	压力（MPa）	露点（℃）	湿度（μL/L）	SO_2（μL/L）	H_2S（μL/L）	HF（μL/L）	CO（μL/L）	纯度（%）
107 断路器	0.50	−42.9	45.0	736	≥100	0.3	19.2	99.78

2. 故障诊断

从 107 断路器的气体组分含量来看，六氟化硫气体的绝缘性能是良好的，但其分解物 SO_2 和 H_2S 组分含量已远超出正常范围，CO 含量正常，可判断该气室存在的故障还未涉及固体绝缘部分，属于裸金属放电故障，异响来自设备内部裸金属持续放电所发出的声音，应尽快停运检修。

3. 故障确认

2011 年 5 月 25 日，检修人员对 107 断路器进行解体检查。解体后发现开关 A 相内部导电杆存在一处明显放电点，该放电点不断烧损导电杆，产生灰黑色粉末，随断路器分、合闸操作扩散至灭弧室并使导电杆整体呈黑色，灭弧室内出现有较多深灰色粉尘，而 B、C 相灭弧室内存在少量粉尘，但导杆颜色正常，无明显的放电痕迹。断路器解体检查情况见图 5-14。

图 5-14　107 断路器解体检查图

三、气相色谱法故障诊断案例

1. 设备状况介绍

2012 年 3 月下旬，在对 110kV 独山变 GIS 设备进行六氟化硫气体组分普查工作中，用电化学传感器分解物检测仪发现Ⅱ段母线 TV A 相气室六氟化硫气体中存在含量达到 61.4μL/L 的 SO_2 组分，而现场对该设备进行了特高频和超声波局部放电检测，均未发现异常。为进一步判断设备状态，用气相色谱法对该母线 TV 气室气体的分解物含量进行全面分析，检测的色谱图见图 5-15，测试数据见表 5-8。

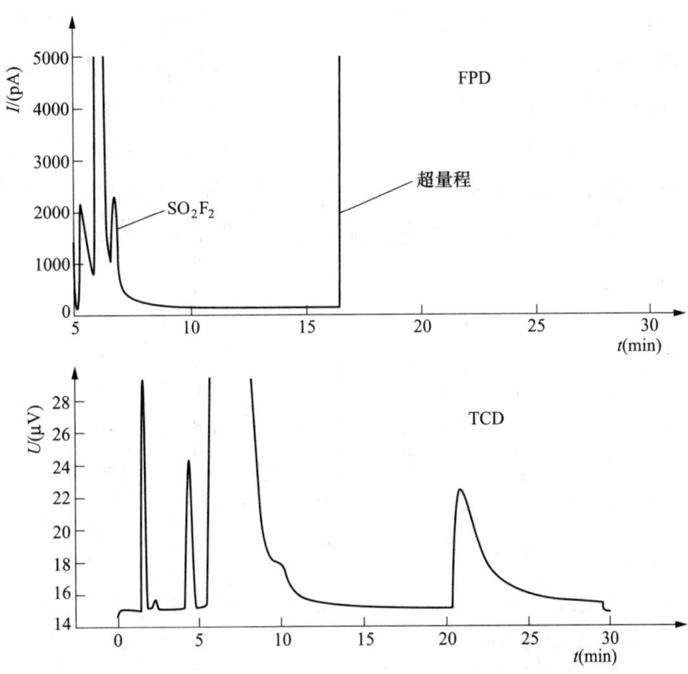

图 5-15　110 kVⅡ段母线 TVA 相气体样品气相色谱图

表 5-8　　110 kVⅡ段母线 TV 六氟化硫气体组分含量气相色谱分析结果

样品气室名称	气体组分含量（μL/L）					
	H_2S	SO_2F_2	S_2OF_{10}	CF_4	C_3F_8	CO_2
TV A 相 1	0	275～570	0.37～0.96	52.78	0	1537
TV A 相 2	0	277～576	0.34～0.90	56.03	0	1514
TV B 相	0	0	0.01～0.08	38.17	0	96.82
TV C 相	0	0	0	25.17	0	79.90

2. 故障诊断

从色谱分析结果来看，Ⅱ段母线 TV A 相气体中 SO_2F_2、S_2OF_{10}、CO_2 等组分浓度含量远高于 B、C 相，虽然 A 相特高频和超声波局发试验未发现异常，但可以判断该 TV 气室内部存在明显的绝缘缺陷，建议运行部门立即对该设备进行隔离，并安排解体检查检修。

3. 故障确认

对该 TV 气室进行解体检查，发现设备内部存在明显的绝缘故障，与 TV 连接的导杆部件松动，导致在运行过程中产生悬浮电位放电，该设备解体检查结果验证了应用气相色谱分析诊断技术，能够准确诊断正常运行状态下电气设备的内部绝缘缺陷。

四、红外光谱法故障诊断案例

1. 设备状况介绍

2010 年 11 月 28 日，某变电站 110kV GIS 设备Ⅱ母线母差动作，110 kVⅡ母线失电。专业人员立即对设备外观检查，110 kVⅡ母线侧所有隔离开关气体密度、继电器压力值正常，试验人员用便携式色谱仪和电化学传感器六氟化硫分解物测试仪对所有与跳闸故障相关气室进行六氟化硫分解物检测分析，对故障气室进行定位，发现 8882 刀闸气室 SO_2 含量 1875μL/L，H_2S 为 185μL/L，CF_4 为 0.084%；迅速判定为故障气室。为了进一步判断该气室的故障状态，还需要了解该气室中还含有哪些成分的 SF_6 分解物，取故障气室的气样用傅立叶红外光谱仪进行气室气体的分解物分析，该故障气室气体和六氟化硫新气的红外吸收光谱图见图 5-16。

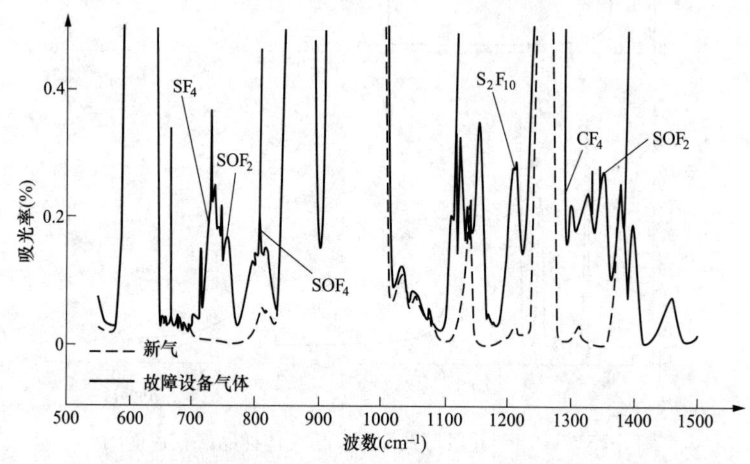

图 5-16　故障设备气体和六氟化硫新气红外吸收光谱图

2. 故障诊断

从现场便携式色谱仪和电化学传感器六氟化硫分解物测试仪检测结果来看，8882 刀闸气室 SO_2 和 CF_4 含量极高，气室内部肯定存在放电性故障，从故障气室气体和六氟化硫新气的傅立叶红外光谱图比较来看，故障气室气体出现了大量各种六氟化硫分解物的吸收峰，根据这些杂质峰的特征吸收波数，可以确定故障气室中还含有大量的 SF_4、SOF_2、SOF_4、S_2F_{10} 和其他未知成分的分解物。从以上所得的故障气室的六氟化硫分解物的定量和定性数据来分析，该气室发生的放电性故障很有可能涉及绝缘材料，建议对该刀闸气室进行开盖检查。

3. 故障确认

该刀闸气室返厂解体检查发现，8882 刀闸 C 相盆式绝缘子上部约有 1/2 扇面的电弧烧灼痕迹，发现同批次设备 8882 刀闸 A 相和 B 相盆子密封圈内、外两侧均涂有较多硅脂，且部分硅脂已发生融化，盆式绝缘子表面上部有硅脂流过的痕迹，且部分硅脂已发生融化，并流向绝缘子外侧。同时经过对故障盆式绝缘子进行交流耐压试验，结果正常，排除了盆式绝缘子本身的质量问题。由于该GIS设备中使用的密封材料为硅脂，虽然其短时电气强度很高，但在工作电压的长期作用下，会发生电离、老化等过程，从而使其电气强度大幅度下降。若多余的硅脂流淌在盆式绝缘子表面，将使盆式绝缘子绝缘强度降低，发生沿面闪络故障。因此本次故障原因是：盆式绝缘子在工厂装配过程中其密封圈涂抹的硅脂过多，在设备运行时由于温度升高造成硅脂融化，融化的硅脂向下逐渐流向盆子表面，造成盆式绝缘子爬电距离缩短，最终导致盆式绝缘子发生沿面闪络故障。8882刀闸气室解体检查情况见图5-17～图5-19。

图5-17　A相盆式绝缘子密封圈上硅脂流过的痕迹

图5-18　C相盆式绝缘子上部约有1/2扇面的电弧烧灼

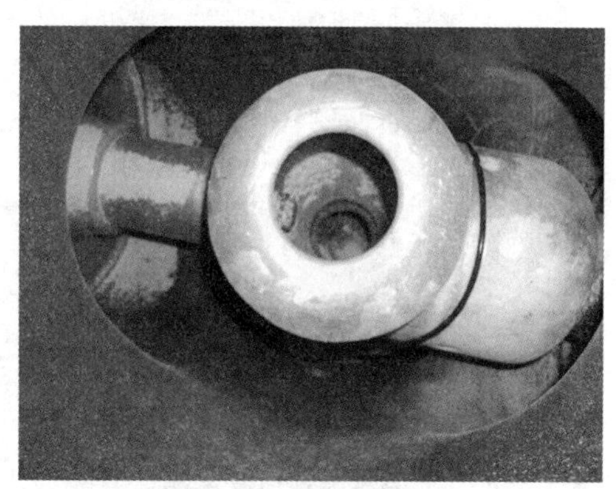

图5-19　C相盆式绝缘子闪络后触头上附着大量白色粉末

五、动态离子法故障诊断案例

1. 设备状况介绍

2007年3月6日，某变电站2012母联故障，使用动态离子六氟化硫分解物分析仪检查Ⅱ线MDJ2气室，检测情况见图5-20，MDJ5气室检测情况见图5-21，同时运行人员反映运行时MDJ2气室有轻微的响声。

2. 故障诊断

从MDJ2气室动态离子检测仪的测试谱图来看，该气室气体的出峰时间与纯六氟化硫气体相比发生了3.1ms的偏移，表明该气室总的杂质气体含量在1000～2000μL/L之间，这些杂质气体中应该有不少是六氟化硫气体分解物，再结合运行人员反映运行时气室有轻微的响声的情况，可判断该气体内部可能存在故障，建议对该间隔解体检查。而在MDJ5气室动态离子测试谱图中气室气体的出峰时间与纯六氟化硫气体的出峰时间只发生0.7ms的偏移，该气室总的杂质气体含量要小于500μL/L，这些杂质气体应该主要是水分和空气等气体，设备内部应该不存在故障。

3. 故障确认

2007年3月25日，Ⅱ线打开人孔检查，发现Ⅱ线MDJ2气室的B相刀闸操作机构漏装一根

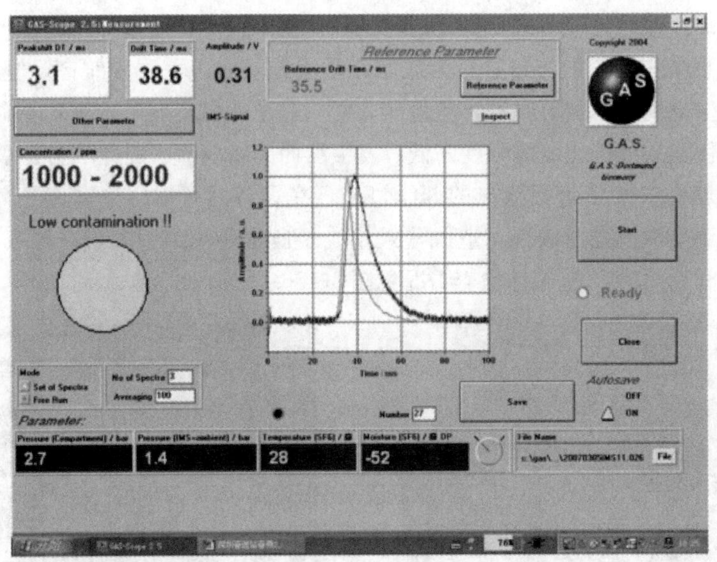

图 5-20　MDJ2 气室检测结果存在接近故障状态

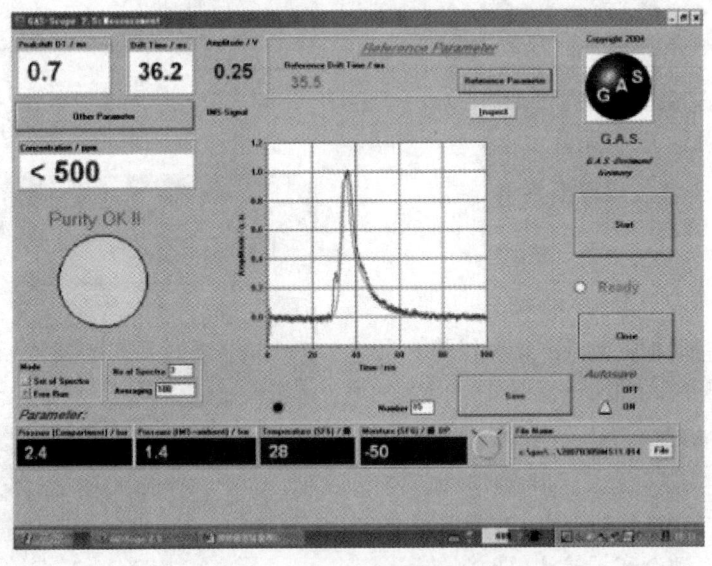

图 5-21　MDJ5 气室检测结果正常

弹簧（见图 5-22），内部触头有向外壳放电痕迹（见图 5-23），随后厂家安排解体检修。

六、酸值和水解氟化物测定故障诊断案例

1. 设备状况介绍

2005 年 7 月 10 日 20 时 49 分，某变电站 110kV 第Ⅱ段母线的差动保护装置动作，A 相和 B 相相间及对地短路故障，故障点最大短路电流约为 12kA，第Ⅱ段母线上的 1376 号开关、1371 号开关、2 号主变压器高压侧 1102 号开关、母联 1012 号开关跳闸。GIS 的型号为 Z F7A-126，2002 年 7 月出厂，2002 年 12 月投入运行。2005 年 7 月 11 日下午，利用简易六氟化硫酸度测试

仪对与110kV第Ⅱ段母线有关的10个气室进行了六氟化硫气体酸度测定。结果发现：10262隔离开关气室的气体酸度很大，且有臭鸡蛋味。为此，将110kV GIS和第Ⅱ段母线有关的所有气室的气样采集回试验室进行气体的酸值和水解氟化物准确分析，试验结果见表5-9。

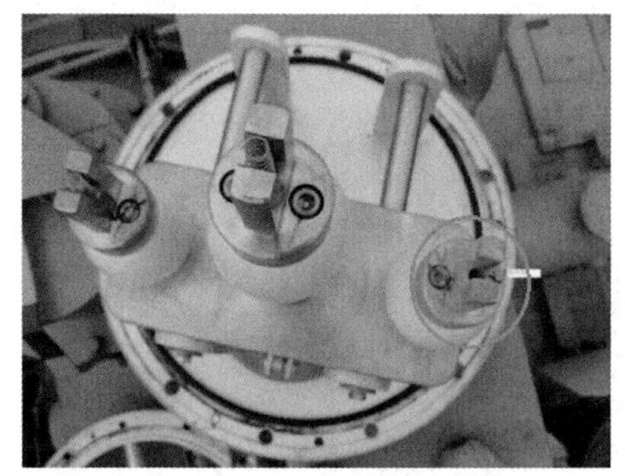

图5-22　MDJ2刀闸操作机构漏装弹簧

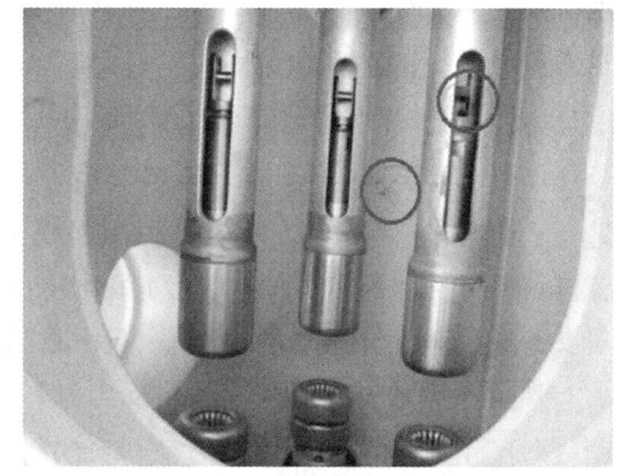

图5-23　MDJ2刀闸触头对外壳局部放电痕迹

表5-9　　某变电站110kV GIS SF_6气体检测结果

抽检气室编号	13711	13761	13712	1371	1102	1376	13762	1012	Ⅱ段母线	10262
w_{flu}(μg/g)	0.023	0.056	0.045	0.037	0.052	0.033	0.054	0.028	0.036	6.71
w_{aci}(μg/g)	0.084	0.092	0.072	0.075	0.065	0.086	0.045	0.077	未检出	189

注　w_{flu}为可水解氟化物质量分数，w_{aci}为酸度。

2. 故障诊断

从表5-9气体检测结果可以看出，10262隔离开关气室可水解氟化物的质量分数达6.71μg/g，超过运行六氟化硫气体允许值的6.7倍；酸度为189μg/g，超过运行六氟化硫气体允许值的630倍；而其他气室的检测结果均符合运行六氟化硫气体质量标准，因此可判断该隔离开关气室发生了电弧放电故障，应开盖检查。

3. 故障确认

2005年7月14日，打开10262隔离开关气室进行检查，发现该气室靠母线侧盆式绝缘子及隔离开关导体上有电弧烧伤痕迹，并且盆式绝缘子A相和B相间有明显裂纹，见图5-24和图5-25，与气体检测结果作出的判断是相符的。

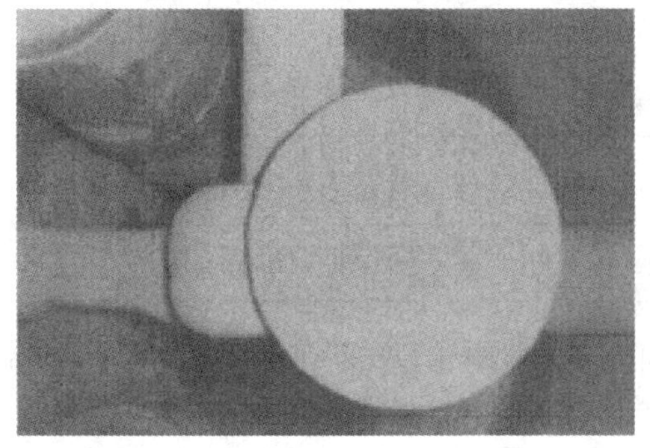

图5-24　110262号气室隔离开关内部情况

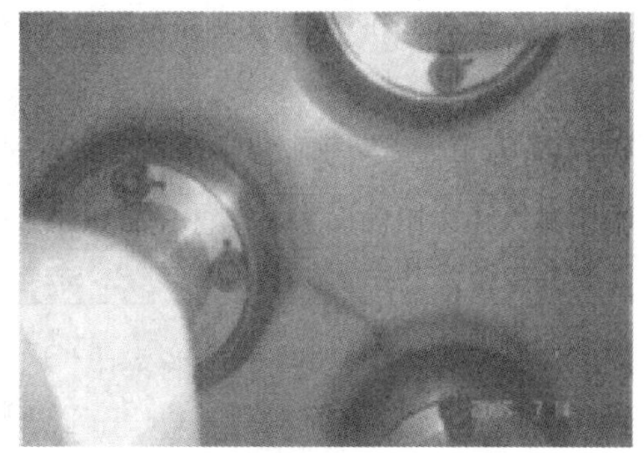

图5-25　10262号气室绝缘盆裂纹

七、多种气体检测方法综合故障诊断案例

2008 年 1 月 15 日，某变电站 220kV GIS 母差保护动作，263 间隔发生故障，但当时故障具体部位及原因不明。在进一步的分析中，首先用检测管技术对故障进行了定位，然后用钢瓶采集了正常运行设备和故障设备的气体带回实验室进行分析。

1. 利用检测管在现场对故障定位

现场用取样袋采集了 263 间隔各气室及母线气室的气体，用 HF 检测管和 H_2S 检测管对样品进行了检测，经检测除了 2631 气室中 HF 的含量超过 30μL/L（检测管的最大检测限），其他所有样品中都没有 HF 和 H_2S。低硫氟化物在有水分存在的情况下会产生 HF，一旦检出，可以判断设备内部存在故障。由此判断该 GIS 故障发生在 2631 气室。

2. 实验室分析

(1) 采用离子色谱法的分析。检测管分析方法可快速的判断设备内部是否存在较严重的故障，但其精度不理想，仅能作为半定量测量。在六氟化硫分解产生的低氟化物中有的极易水解和碱解，通过测定可水解氟化物的含量，可以在一定程度上反映出六氟化硫气体中低硫氟化物杂质的含量。

GB/T 8905 规定运行设备中六氟化硫气体可水解氟化物的含量应不超过 1μg/g 时，如果运行设备中六氟化硫气体可水解氟化物超过 10μg/g 时，设备可能存在异常。图 5-26 为故障设备气体可水解氟化物测定离子色谱图，表 5-10 为故障样品可水解氟化物的测试结果。从表 5-10 中可以看出，被测的正常运行设备 2632 中可水解氟化物的含量只有 0.05μg/g，而疑是故障设备的 2361 中 SF_6气体可水解氟化物的含量达到 317.79μg/g，远远超过了 10μg/g，表明该设备内发生了严重的故障。

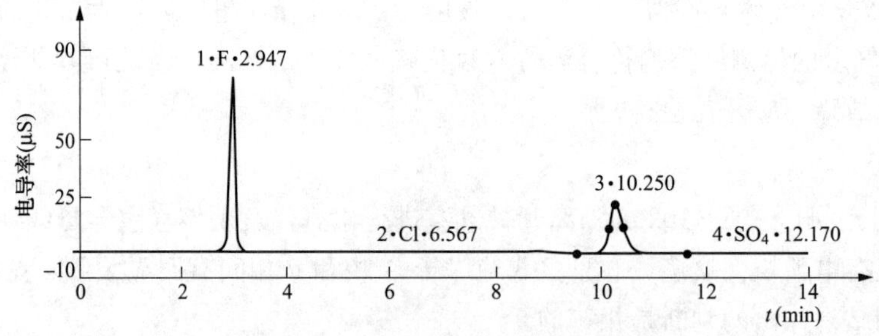

图 5-26　2632 气室气体离子色谱图

表 5-10　**样品可水解氟化物测试结果**

设备编号	样品吸收液中氟离子（mg/L）	可水解氟化物（用 HF 表示μg/g）
正常设备 2632	0.002 9	0.05
故障设备 2631	18.597	317.79

(2) 运用 GC-FTIR 联用法进行定性分析。要判断设备的故障类型就必须对故障产生的杂质进行准确定性和定量分析。由于六氟化硫气体杂质的组分比较复杂，有些物质的保留时间十分接近，在某些条件变化后，其保留时间也会发生变化，这就给采用气相色谱进行定性带来很大困难，而 GC-FTIR（气相色谱-傅立叶变换红外光谱）联用技术可以解决这一难题，通过 GC-FTIR

联用，既能很好地利用色谱优良的分离性能，又发挥红外光谱能够准确定性的特点。GC-FTIR联用仪是由一台气相色谱仪通过光管接口与一台傅立叶变换红外光谱仪连接而成。样品经气相色谱分离后各组分按分离顺序通过接口后由红外系统进行扫描，可以得到样品的红外色谱图及红外光谱图，从红外色谱图的不同时间提取各组分的红外光谱图，用计算机进行处理后将其同各组分的标准红外图进行对比分析。如图 5-27 所示，从样品 2631 的红外色谱图 2.68min 处提取红外光谱图 a，该吸收谱图比较复杂，对其进行多次差谱处理得到谱图 b，将其同 SOF_2的标准谱图 c 进行比较，能够很清楚地看出二者有相同地吸收峰，同时用计算机进行检索，可以确定该样品中存在 SOF_2杂质，通过同样的分析方法我们在样品中发现了 CF_4、C_3F_8等物质的吸收峰，表明故障样品中存在这些杂质。

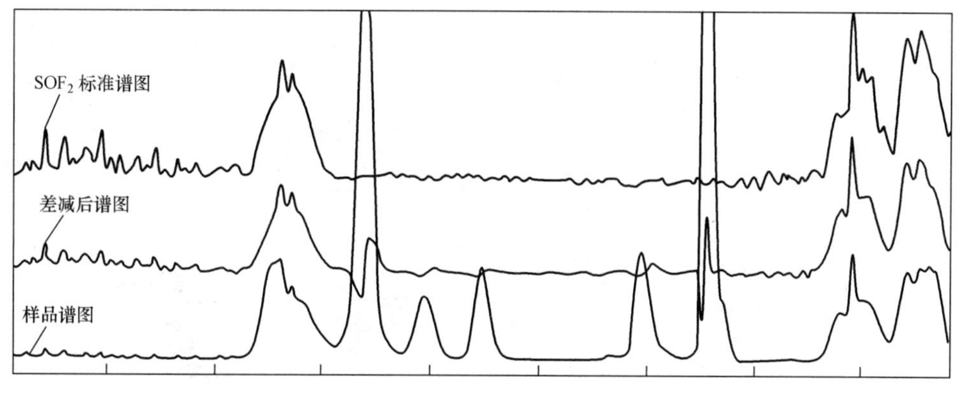

图 5-27　故障设备的红外谱图

（3）用气相色谱法进行定量分析。气相色谱法是目前实验室分析六氟化硫气体分解产物最普遍的方法。由于热导检测器还不具备直接测定低氟化物的灵敏度，因此采用热导（TCD）及火焰光度（FPD）双检测器串联气相色谱法对样品中的分解产物进行分离测定，TCD 检测器检测空气、CF_4、CO_2、C_3F_8等，FPD 检测器对于含硫化合物有特殊的选择性及灵敏度，在切除六氟化硫主峰后可检测位于六氟化硫主峰后的含硫氟化物杂质。分别对样品在取回的当天、一天后及一周后进行了色谱分析，气相色谱图见图 5-28 和图 5-29，数据见表 5-11。

表 5-11　　气相色谱测试数据

分解产物含量（μL /L）	CF_4	CO	CO_2	C_3F_8	SOF_2	SO_2F_2	SO_2
2632 气室	6.0	0	10.0	188.5	0	0	0
2631 气室当天	591.8	65.4	234.4	1237.4	3774.2	0	0
2631 气室一天	614.8	58.6	249.4	1228.7	4056.6	0	46.8
2631 气室一周	588.8	62.3	251.6	1202.9	3781.9	0	256.0

（4）故障分析。根据国内外的研究资料和经验，如果气室中检测出的 SO_2的体积分数高于 SOF_2或 SO_2F_2，其故障类型以过热性故障为主。而通过比较 SOF_2和 SO_2F_2的体积分数，可以判断内部故障的放电性质。虽然电弧、火花和电晕放电都能产生 SOF_2和 SO_2F_2，但是在电弧放电中，SOF_2/ SO_2F_2比率较高，火花和电晕放电较电弧放电更容易产生 SO_2F_2，SOF_2产生量的多少直接取决于放电能量的大小。

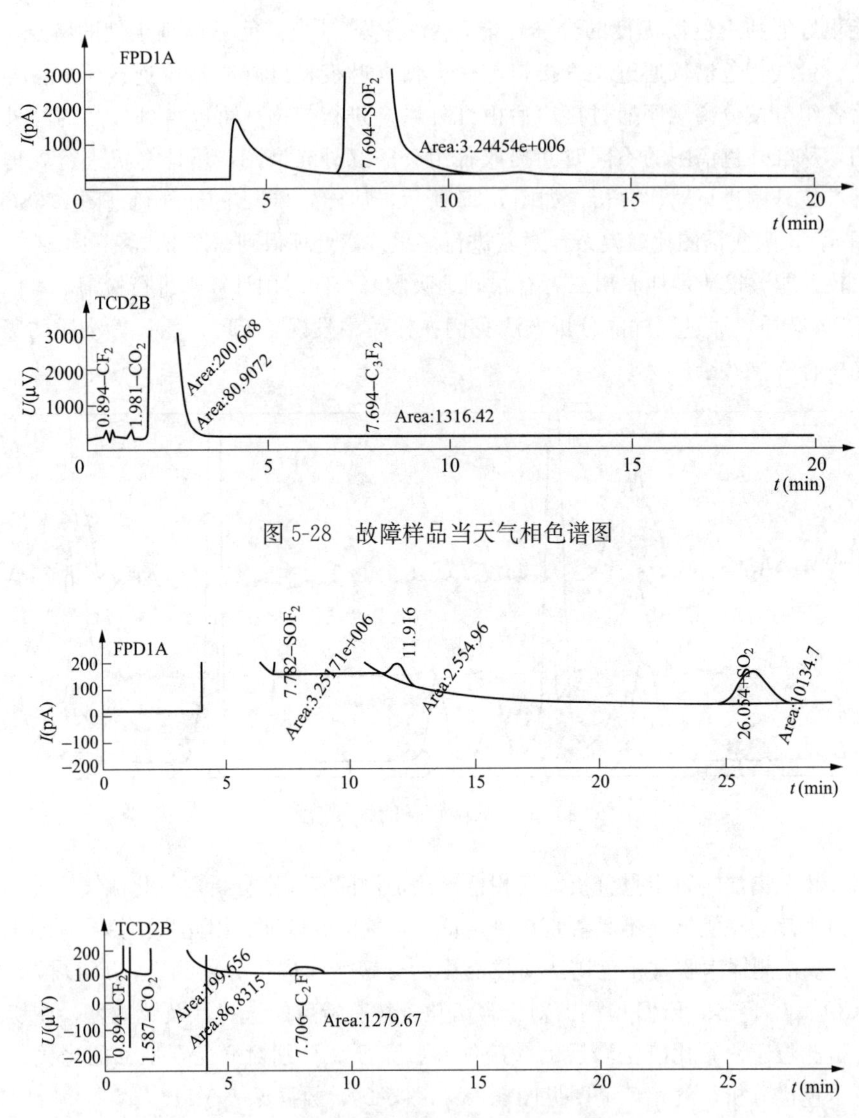

图 5-28　故障样品当天气相色谱图

图 5-29　故障样品一周后气相色谱图

从样品的气相色谱图和表 5-11 中可以看出，故障发生的当天对样品测试中，2631 气室中不含有 SO_2，而一天后及一周后的样品测试中，SO_2 的量呈明显的增长趋势，说明在故障发生时，并没有 SO_2 产生，它的增加量是在样品放置过程中由其他低硫氟化物水解生成，因此排除了设备过热性故障的可能。

在设备 2632 中不含有 SOF_2 和 SO_2F_2，说明正常运行设备中是不含 SOF_2 和 SO_2F_2 的，而在故障设备 2631 中 SOF_2 的含量突然增加到 3774.2μL/L，SO_2F_2 的含量没有变化，SOF_2 的含量远远超过 SO_2F_2 含量，因此判断 2631 气室发生了严重的电弧放电故障。

在正常运行的设备中，一般都会有不同程度的 CO_2、CO、CF_4、C_3F_8 等杂质存在，正常运行的设备中 CO_2、CO、CF_4、C_3F_8 的含量都很小，如果检测到 CO_2、CO、CF_4、C_3F_8 的体积分数较原始值有较大增加时，则内部可能发生涉及固体绝缘材料的故障。从表 5-11 中可以看到，运行正常的2632气室中CO_2、CO、CF_4、C_3F_8的含量都很小，但是发生故障后这几种杂质的含量都有大幅增加，并且比较稳定，因此可判断在263开关间隔2631气室发生了严重的涉及固体绝缘材料的电弧放电故障。

(5) 故障确认。通过对2631气室的解体，发现气室内发生了严重电弧放电故障，盆式绝缘子严重烧毁，见图5-30，最后认定是263间隔内置式CT气室低位A相静触头触座上的屏蔽罩对地击穿放电，这与用气体分析技术作出的故障性质判断是相符的。

图5-30　2631气室盆式绝缘子电弧放电烧毁

思考题

1. 请描述特征分解产物和六氟化硫气体绝缘设备故障之间的关系？
2. 检测六氟化硫分解产物常用哪些方法？
3. 色谱检测技术中有哪些检测器可用于六氟化硫分解产物检测？
4. 常见六氟化硫设备故障有哪些类型？
5. 放电性故障的特征组分主要有什么？

第六章　六氟化硫气体的质量监督和管理

六氟化硫是气体绝缘电气设备的主要绝缘介质和灭弧介质，因此气体绝缘设备的绝缘性能和灭弧性能与六氟化硫气体的质量有很大关系。掌握六氟化硫气体中杂质的来源，了解控制新气和运行气质量的方法，对气体绝缘设备的安全可靠运行至关重要。

第一节　六氟化硫新气的质量监督

一、六氟化硫气体的制备

1. 六氟化硫的合成和杂质来源

工业上普遍采用的六氟化硫气体的制备方法是单质硫和过量气态氟直接化合，反应式如下：

$$S+3F_2 \longrightarrow SF_6+Q$$

氟硫直接化合成六氟化硫气体的方法很多，化工行业主要采取使硫磺保持在熔融状态(120～140℃)，通入氟气与硫蒸汽反应的方法，来制备六氟化硫气体。

气态氟的制取，通常用电解法，以KF和HF为电解质，放入专用的氟电解槽中，用无定形碳作阳极，碳钢作阴极，板间用隔膜隔开，电解制取气态氟。

制取六氟化硫时产生的副产物有硫的低氟化物和氟、硫、氧的化合物。杂质含量取决于设备的结构和原料的纯度。在电解制取氟时可能带入HF、OF_2、CF_4等杂质；氟硫反应时可能生成S_2F_2、SF_2、SF_4、S_2F_{10}等低氟化物，若原料含有水分和空气时，还能生成SOF_2、SO_2F_2、SOF_4、SO_2等。杂质含量可高达5%。

工业化生产的六氟化硫气体粗品必须进行一系列的净化精制，才能用于六氟化硫气体绝缘电气设备。

2. 新气净化

净化工艺一般可分为热解、水洗、碱洗、吸附、干燥等流程。副产物中的某些可水解氟化物（如S_2F_2、SF_2、SF_4等）和SO_2、HF，均可用水洗、碱洗除去。低氟化物水解产生酸性物质，即

$$2SF_2+3H_2O \longrightarrow H_2SO_3+4HF+S$$

$$SF_4+3H_2O \longrightarrow H_2SO_3+4HF$$

$$2S_2F_2+3H_2O \longrightarrow H_2SO_3+4HF+3S$$

水解产生的酸性产物可采用碱中和，一般采用KOH溶液中和，即

$$H_2SO_3+KOH \longrightarrow K_2SO_3+2H_2O$$

$$HF+KOH \longrightarrow KF+H_2O$$

六氟化硫气体中微量的极毒物 S_2F_{10} 在室温下不与水和碱液作用，一般采用热解的方法清除。主要热解产物为 SF_6 和 SF_4，加热反应如下：

$$S_2F_{10} \longrightarrow SF_6 + SF_4$$

而 SF_4 可经水洗、碱洗除去。

经过洗涤后的六氟化硫气体，还需再经吸附净化处理。常用的干燥剂和吸附剂有硅胶、活性氧化铝和合成沸石、活性炭等。它们可以吸附六氟化硫中残余的有毒气体，如 SOF_2、SO_2F_2、SOF_4 等。这些吸附剂对水分也具有吸附作用。

经过干燥吸附处理后，六氟化硫气体中残留的空气和 CF_4 可以采用加压冷冻或低温蒸馏的方法去除。生产的六氟化硫气体经过这一系列的净化处理，才可以得到纯度在 99.8%以上的产品。

为了保证六氟化硫新气的纯度和质量，国际电工委员会（IEC）和许多国家都制定了六氟化硫新气的质量标准，六氟化硫气体应根据国家标准进行验收。六氟化硫气体生产厂家还应向用户提供生物试验无毒证明书。

二、六氟化硫新气的质量监督

1. 检验出厂

工业六氟化硫气体出厂前应由生产厂的质量检验部门进行检验，应保证每批出厂的产品都符合国家标准的要求。每批出厂的六氟化硫气体都应附有一定格式的质量证明书，内容包括生产厂名称、产品名称、批号、气瓶编号、净重、生产日期和标准编号。气瓶应喷涂油漆，漆色和字样应符合国家相关标准。气体质量应符合 GB/T 12022《工业六氟化硫》的要求。

2. 使用检验

使用单位在六氟化硫新气到货后，应检查新气生产单位名称、气瓶的漆色字样、安全附件、气体净重、灌装日期、批号及质量检验单。不应使用信息不全的气体。

在六氟化硫新气到货后 15 天内，应按照 GB/T 8905《六氟化硫电气设备中气体管理和检测导则》中的分析项目和质量指标进行质量验收，如表 6-1 所示。

表 6-1　　六氟化硫新气质量指标

分析项目		单　位	指　标
六氟化硫		%	≥99.9
空气		%	≤0.04
四氟化碳		%	≤0.04
水分含量	湿度	μg/g	≤5
	露点	℃	≤−49.7
酸度（以 HF 计）		μg/g	≤0.2
可水解氟化物（以 HF 计）		μg/g	≤1.0
矿物油		μg/g	≤4
毒　性			生物试验无毒

抽样检测应按照表 6-2 规定执行，即同一厂家同一批次的六氟化硫新气，10 瓶以下抽检 1

瓶；10 瓶及以上按照总瓶数的 10%抽检。其中任何一瓶出现不合格时，对该批次气体进行 100%检测。抽检结果应符合六氟化硫新气标准，否则不准使用。对检测结果存在争议时，应请第三方检测机构进行检测。

表 6-2　　抽检气瓶数表

每批气瓶数	抽检的气瓶数
＜10 瓶	1 瓶
≥10 瓶	总瓶数的 10%

新气验收合格后，应将气瓶转移到阴凉、干燥、通风的专门场所直立存放。

六氟化硫新气在储气瓶内存放时间超过半年后，使用前应重新检测其中的湿度和空气含量，指标应符合 GB/T 12022《工业六氟化硫》标准。若发现气体质量已不符合标准，则应进行净化处理，经检验合格后方可使用。

对于国外进口的六氟化硫新气，亦应按相同的新气质量标准复检验收。

3. 存贮

气瓶应按照 GB/T 13004《钢质无缝气瓶定期检验与评定》中关于检验周期和检验项目的规定，定期进行检验。

采购和使用有制造许可证的企业合格产品，不能使用超期未检验的六氟化硫气瓶。检查不合格的气瓶不得接收。

六氟化硫气瓶使用前应按照 GB/T 13004《钢质无缝气瓶定期检验与评定》中的要求对气瓶进行安全状况检查，不符合安全技术要求的气瓶严禁入库和使用。

验收合格的六氟化硫新气，应存贮在带顶篷的库房中。六氟化硫气瓶严禁曝晒，严禁靠近易燃、油污地点，库房应阴凉，通风良好。气瓶要直立存放。未经检验的气体及其他气体不能同检验合格的六氟化硫气体存放一室，以免混淆。

六氟化硫气体在气瓶中存放半年以上时，使用单位在将这种气体充入六氟化硫气室以前，应复检其中的湿度和空气含量，指标应符合新气标准。

当供需双方对产品质量发生异议时，可请双方认可的具有相应资质的检测机构检测，合格方可使用。

第二节　六氟化硫运行气体的监督和管理

六氟化硫新气在确认质量合格后方可充入电气设备中。凡充于电气设备中的六氟化硫气体，均属于使用中的六氟化硫气体。对运行电气设备中的六氟化硫气体的质量监督和管理，应参照有关规定执行。

一、运行中的六氟化硫气体的质量监督

1. 运行中的六氟化硫气体检测

运行中气体的检测项目、检测标准和检测周期见表 6-3。

表 6-3 运行中六氟化硫气体检测项目、检测标准和检测周期

序号	检测项目	检测标准		检测周期	检测方法
1	湿度(μL/L)	有电弧分解物的气室	≤300*	(1) 新安装及解体检修后1年复测一次，以后3年1次；(2) 诊断检测	DL/T 506 或 DL/T 915
		无电弧分解物的气室	≤500*		
2	气体泄漏(质量分数,%)		≤0.5**	(1) 日常监控；(2) 诊断检测；(3) 解体检修后	GB/T 11023
3	六氟化硫纯度(质量分数,%)	有电弧分解物的气室	≥99.5	(1) 诊断检测；(2) 解体检修后	DL/T 920
		无电弧分解物的气室	≥97		
4	空气(质量分数,%)		≤0.2	(1) 诊断检测；(2) 解体检修后	
5	四氟化碳(质量分数,%)		比原始测定值大0.01%时应引起注意	(1) 诊断检测；(2) 解体检修后	
6	矿物油(μg/g)		≤10	诊断检测	DL/T 919
7	二氧化硫(μL/L)	断路器	3～5	3个月内复测一次	检气管或专用检测仪
			5～50	1个月内复测一次	
			>50	1周内检测一次	
		其他设备	3～5	3个月内复测一次	
			5～30	1个月内复测一次	
			>30	1周内检测一次	
8	硫化氢(μL/L)	断路器	2～5	3个月内复测一次	检气管或专用检测仪
			5～20	1个月内复测一次	
			>20	1周内检测一次	
		其他设备	2～3	3个月内复测一次	
			3～15	1个月内复测一次	
			>15	1周内检测一次	
9	可水解氟化物(μg/g)		≤1.0***	诊断检测	DL/T 918
10	氟化氢(μL/L)		≤2.0****	诊断检测	检气管或专用检测仪

* 水分标准指20℃和101.3kPa情况下，其他情况按照设备生产厂家提供的温、湿度曲线换算。

** 可按照每个检测点泄漏值不大于30μL/L执行。

*** 以氟化氢计。

**** 参考注意值。

2. 运行中六氟化硫气体绝缘变压器

运行中变压器的气体检测项目、检测标准和检测周期按照 DL/T 941《运行中变压器用六氟化硫质量标准》执行。

3. 六氟化硫气体湿度监督

(1) 六氟化硫气体的湿度检测应按照 DL/T 915 中的要求执行。

(2) 对于六氟化硫气体湿度超标的设备，应进行干燥、净化处理或检修更换吸附剂等工艺处理，直到合格，并做好记录。

(3) 对充气后表压低于 0.35MPa 且用气量少的六氟化硫电气设备（如 35kV 以下的断路器），只要不漏气，交接时气体湿度合格，除在异常时，运行中可不检测气体湿度。

4. 六氟化硫气体泄漏监督

(1) 六氟化硫气体泄漏检测可结合设备安装交接、预防性试验或大修进行。

(2) 六氟化硫气体泄漏检测必须在设备充装六氟化硫气体 24h（或更长时间）后进行。

(3) 如果设备运行中出现表压下降、低压报警时应分析原因，必要时对设备进行全面泄漏检测，并进行有效处理。

(4) 发现六氟化硫电气设备泄漏时应及时补气，所补气体必须符合新气质量标准，补气时注意接头及管路的干燥。

5. 六氟化硫电气设备补气

补气时，如遇不同产地、不同生产厂家的六氟化硫气体需混用时，应参照 DL/T 596《电力设备预防性试验规程》中有关混合气的规定执行。

二、设备运行时六氟化硫气体的安全防护

设备运行时六氟化硫气体的安全防护按照 DL/T 639《六氟化硫电气设备运行、试验及检修人员安全防护导则》的要求执行。

储存六氟化硫气瓶的场所须通风良好，应安装底部强制通风装置和六氟化硫泄漏报警装置。这些装置应定期校验。

严禁用温度超过 40 度的热源对气瓶进行加热，瓶阀发生冻结时不得用火烤，可将气瓶移入室内或气温较高的地方，或用 40℃以下的温水冲洗，再缓慢得打开瓶阀。

气瓶的安全帽、防震圈应齐全。储存时气瓶应直立在地面或架子上，标志向外。搬运时应轻装、轻卸，严禁抛滑。

使用过的六氟化硫气体钢瓶应关紧阀门，戴上瓶帽，防止剩余气体泄漏。

第三节　六氟化硫气体绝缘电气设备运行和解体时的安全防护

六氟化硫气体在生产制造时，在用于运行中的电气设备时，会产生许多种有毒的具有腐蚀性的气体及固体分解产物，不仅影响到电气设备的性能，而且会危及设备运行检修人员的人身安全，因此必须采取有效的安全防护措施，以避免工作人员中毒事故的发生。

一、设备运行中的安全防护

安装于室内的六氟化硫电气设备，其安装室与主控室之间要作气密性隔离，以防有毒气体扩散进入主控室。六氟化硫设备安装场所要安装通风系统，抽风口应设在室内下部。

设备安装室应定期进行六氟化硫和氧气含量的检测。空气中的含氧量应大于18%，空气中六氟化硫浓度不应超过1000μL/L。

运行人员经常出入的户内设备场所每班至少换气15min，换气量应达3～5倍的场所空间体积；对工作人员不经常出入的设备场所，在进入前应先通风15min。

在设备室内安装场所的地面层应安装带报警装置的氧量仪和六氟化硫浓度仪。氧量仪在空气中氧气含量降至18%时应报警，六氟化硫浓度仪在空气中六氟化硫含量达到1000μL/L时应发出报警。

定期监测设备内部的水分、分解气体含量，如发现起含量超过允许值，应采取有效措施，包括气体净化处理、更换吸附剂、更换六氟化硫气体、设备解体检修等。在气体采样操作及处理一般泄漏时，要在通风的条件下戴防毒面具工作。

当六氟化硫电气设备故障造成大量六氟化硫气体外逸时，工作人员应立即撤离现场。若发生在室内安装场所，应开启室内通风装置，事故发生后4h内，任何人进入室内必须穿防护服、戴手套、护目镜和佩戴氧气呼吸器。在事故后清扫故障气室内固态分解产物时，工作人员也应采取同样的防护措施。清扫工作结束后，工作人员必须先洗净手、臂、脸部及颈部或洗澡后再穿衣服。被大量六氟化硫气体侵袭的工作人员，应彻底清洗全身并送医院诊治。

二、设备解体时的安全保护

设备解体前，应对设备六氟化硫气体进行必要的分析测定，根据有毒气体含量，采取相应的安全防护措施，制定设备解体工作方案。对于设备内的六氟化硫气体须进行回收，不可随意排放。

解体时，检修人员应穿戴防护服及防毒面具。设备封盖打开后，应暂时撤离现场30min。

在取出吸附剂，清洗金属和绝缘零部件时，检修人员应穿戴全套的安全防护用品，并用吸尘器和毛刷清除粉末。

将清出的吸附剂、金属粉末等废物放入酸或碱溶液中处理至中性后，进行深埋处理，深度应大于0.8m，地点选在野外边远地区、下水处。

六氟化硫电气设备解体检修净化车间要密闭、低尘降，并保证有良好的底部引风排气设施，其换气量应保证在15min内全车间换气一次。

对欲回收利用的六氟化硫气体，需进行净化处理，达到新气标准后方可使用。对排放废气，事前需作净化处理（如采用碱吸收的方法），达到国家环保规定标准后，方可排放。

工作结束后使用过的防护用具应清洗干净，检修人员要洗澡。

三、安全防护用品的管理与使用

设备运行、试验及检修人员使用的安全防护用品，应有专用防护服、防毒面具、氧气呼吸器、手套、防护眼镜及防护脂等。安全防护用品必须符合GB/T 11651《个体防护装备选用规范》

规定并经国家相应的质检部门检测，具有生产许可证及编号标志、产品合格证。

安全防护用品应存放在清洁、干燥、阴凉的专用柜中，设专人保管并定期检查，保证其随时处于备用状态。

对设备运行、试验及检修人员要进行专业安全防护教育及安全防护用品使用训练。使用防毒面具和氧气呼吸器的人员要先进行体格检查，尤其是要检查心脏和肺功能，功能不正常者不能使用上述用品。

工作人员佩戴防毒面具或氧气呼吸器进行工作时，要有专门监护人员在现场进行监护，以防出现意外事故。

第四节　再用六氟化硫气体

近年，国际电工委员会在修订 IEC 60480 标准时，关注了六氟化硫气体的温室效应对环境的影响，将原标准名称修改为《六氟化硫电气设备中气体的检测处理导则及再利用规范》，提出气体再生、回收及再利用的概念，侧重于六氟化硫气体的回收再利用。我国 GB/T 8905 标准是对六氟化硫电气设备维护和管理的一个主要国家标准，考虑六氟化硫电气设备从七十年代末已在电力系统得到应用，有些设备至今已运行多年，对六氟化硫电气设备中的气体进行分析检测、回收处理已成为这些设备运行及检修中的主要问题，因此我国标准的修订内容也侧重于气体的回收再利用，根据 IEC60480 作了相应修订。所以六氟化硫气体的回收、处理、再利用已成为六氟化硫电气设备运行中维护和管理的重要内容。作者认为只有严格按有关导则及规范执行，六氟化硫电气设备的使用对全球环境和生态的影响才是可以控制的。

国内多年来已开展对六氟化硫气体的回收及处理工作，近几年已经关注对六氟化硫的再利用工作，国网、南网所属相关单位（如广东、安徽、河南、江苏、河北、云南、四川、贵州、黑龙江、陕西等多地的电力科学研究院和生产企业）开展的一些研究回收、回充、处理和再利用工作，华北电网、广东电网还进行相关的 CDM 项目，对减少温室效应气体的排放和保护环境起到积极的促进作用。再利用工作不断得到提升，取得有目共睹的成果，具体的回收、回充、处理和再利用内容详见第七章。

第五节　报警装置的运行与维护

一、运行管理设备

1. 装置管理

运行人员应定期监视六氟化硫在线监测报警装置的运行状况并做好记录，及时发现其存在的缺陷并通知有关检修部门或生产厂家及时维护，消除缺陷，以保证报警系统始终处于正常运行检测状态。

运行人员应结合变电站周期巡检同步对报警装置进行巡视，巡视周期不应低于：500kV 及以上 2 周一次，220kV/330kV 每月一次，110kV/66kV 3 个月一次。进入六氟化硫设备室前应通风 15min 以上，首先应检查六氟化硫设备室监测报警装置氧量仪指示大于 18%，六氟化硫气体含量不大于 1000μL/L 才能进入室内。主要巡视项目如下：①装置主机面板显示、语音功能、数据通信、定时通风情况是否正常；②报警历史记录查询，观察有无异常报警记录，如有报警应及时查明原因；③采样管道有无老化现象；④采样泵的运转是否正常；⑤检测、分析模块功能正常，无积灰现象。

发现异常时，应在中控室查看运行设备是否存在异常，如无异常，应开启强力通风至氧气和六氟化硫气体含量合格后，才能进入 GIS 室，必要时还需佩戴便携式氧量计，防止因设备六氟化硫气体泄漏和室内缺氧引起的人身伤害。

2. 技术管理

运行单位应建立全面的装置技术管理档案，内容应该包括安装场所、数量、制造厂家、型号规格、制造日期、编号、投运日期、新设备验收报告、安装调试报告、交接验收报告、校准检验报告以及维修、缺陷处理、更新、报废记录等。

二、报警管理

六氟化硫在线监测报警装置应根据 DL/T 408 规定和依据装置校验结果正确设定报警值，各级人员不得随意修改。当装置发生报警时，首先确定是六氟化硫气体报警还是缺氧报警，并结合下列因素，查找报警原因：①报警值的设置是否变化；②六氟化硫电气设备的气体压力是否正常，气体密度继电器是否有报警信号；③设备工作场所是否缺氧；④是否因现场检修、试验等原因引起室内六氟化硫气体浓度增加。

确认非以上原因引起报警时，应通知有关检修部门对装置进行检查、维护，消除误报警现象。

三、定期校验

装置投运后应按时进行在线校验，校验周期一般不宜超过 1 年。对于定期校验结果不合格的报警装置，应查明原因并由厂家维修调整，合格后再投入使用。

校准检验相关内容见第八章。

四、装置异常原因及处理措施

装置应正常运行，如果装置运行异常，应查明原因并采取相应处理措施，六氟化硫气体报警装置在运行中常见异常的原因及处理措施见表 6-4。

表 6-4　　装置常见运行异常原因及处理措施

异常现象	异常原因	处理措施
主机显示屏不显示	主机无电	检查电源，重启主机
	显示屏黑屏、花屏	更换显示屏并查明原因
	硬件故障（显示屏/触控屏工作电源未供给）	更换电路板并查明原因
	软件故障（程序未响应）	软件更新
	连接器老化，接触不良	重新插入连接器

续表

异常现象	异常原因	处理措施
屏幕数据显示不稳定	传感器线性漂移	标定
	AD 转换回路故障	更换电路板并查明原因
屏幕数据显示不变化	程序数据包卡死	恢复出厂设置或重启
	传感器失效	更换传感器
屏幕零点不为零	零点漂移	重新校准
通信故障	通信电缆或回路损坏	检修线路
	软件故障（程序未响应）	软件更新
	地址不对	设置正确的地址
无数据上传信号	无报警信号开关量	检查主机端开关量输出并恢复
	无 RS485 信号	检查通信电缆并恢复
	采集器异常中断，接头松动	接头重新拔插，检查航空接
风机无法启动或联动	风机控制器未得电	打开电源开关或检查供电回路
	风机电源被切断	检查原风机供电回路，检查线路有无短路
	内部交流接触器损坏	更换交流接触器并查明原因
	软件故障（程序未响应）	软件更新
	风控继电器接点粘连	更换继电器或用工具轻敲继电器
气体或温湿度传感器无监测能力或监测能力弱	传感器失效	更换传感器并查明原因
	传感器特性漂移	校准
	进出气气路不通畅	检查气路
红外监测传感器未起作用	红外传感器供电回路异常	检查供电回路
	红外传感器失效	更换红外传感器并查明原因
语音无提示	语音模块供电回路异常	检查供电回路，更换电路板
	语音模块损坏	更换语音模块并查明原因
	探测器没有对准工作人员入口	调整红外探测器
	主机配置是否开启	开启
取样泵无法工作	取样泵供电回路异常	检查供电回路
	取样泵损坏	更换取样泵并查明原因
	软件故障（程序未响应）	软件更新
采样通道气路流量异常	管道堵塞或折弯明显	更换管道或清洗管道
	取样模块对应通道电磁阀未开启	更换电磁阀
	软件故障（程序未响应）	软件更新
装置运行误报警	程序报错	查明原因并修复
	传感器失效	更换传感器
声光报警灯无法工作	声光报警灯供电回路异常	检查供电回路
	声光报警灯失效	更换声光报警灯并查明原因

思考题

1. 六氟化硫新气的抽检比例是如何规定的?
2. 运行六氟化硫变压器的允许泄漏量是多少?
3. 运行六氟化硫断路器的允许泄漏量是多少?
4. 六氟化硫电气设备的室内允许六氟化硫气体含量是多少?
5. 对于六氟化硫电气设备室内的排风系统有何要求?

第七章　六氟化硫气体的回收处理及再利用技术

六氟化硫气体是京都议定书禁止排放的六种温室气体之一，随着国际社会对环境问题的日益重视，开展六氟化硫气体的回收、净化处理循环再利用工作，将使用过的六氟化硫气体经净化处理合格后重复利用，既节约电网运行维护成本，又可减少温室气体排放，具有十分重要的环保意义。

我国现行国家标准GB/T 8905《六氟化硫电气设备中气体管理和检测导则》是对六氟化硫电气设备维护和管理的一个重要国家标准，后期修订内容开始侧重于六氟化硫气体的回收、处理再利用。目前，国内已大量开展六氟化硫气体的回收回充工作，如安徽、河南等地开展了六氟化硫气体的回收、处理和再利用的相关研究，国家电网公司在各省（市）公司建立了省级六氟化硫回收处理中心，南方电网公司也在逐步建立六氟化硫回收处理中心等，对温室气体减排和保护环境起到了积极的促进作用。本章针对六氟化硫气体的充装、回收、处理和再利用过程进行详细的介绍。

第一节　六氟化硫气体的充装

六氟化硫气体是良好的绝缘和灭弧介质，六氟化硫电气设备的绝缘和灭弧性能与充入设备中的六氟化硫气体质量密切相关。六氟化硫新气在确认质量合格后才能充入设备，但在六氟化硫气体的充装过程中，不正确的充装方式可能引入其他杂质，影响六氟化硫气体的质量，进而影响电气设备的安全稳定运行，因此应严格控制六氟化硫气体的充装过程。

六氟化硫气体的充装包括绝缘气体电气设备的补气和充气，常见的几种六氟化硫气体的充、补气的情况如下：①电气设备投运前，新投运的电气设备需要充装六氟化硫气体。②电气设备检修并回收六氟化硫气体后，重新投运前需要充装六氟化硫气体。③六氟化硫电气设备发生气体泄漏，造成设备压力降低报警时，首先确定泄漏点并采取相应处理措施，再进行补气。

一、六氟化硫气体的充装模式

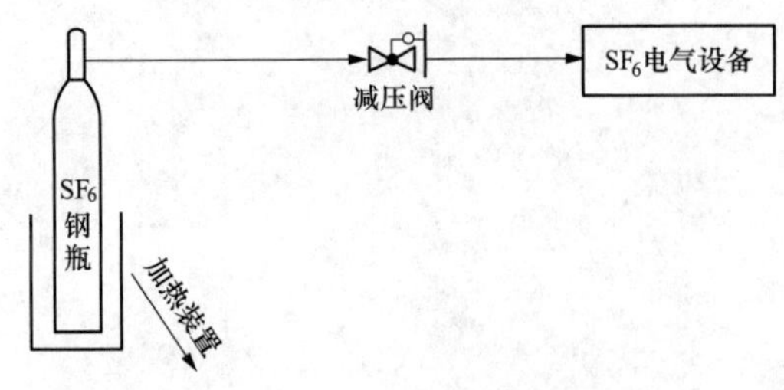

图7-1　对钢瓶直接加热充装模式

充入设备的六氟化硫需为气态组分，需要将气瓶中液态的六氟化硫汽化后再进行充装，目前常见的六氟化硫充装的工作模式可分为以下3种：

1. 对钢瓶加热直接充装模式

充装流程见图7-1，直接对待充气钢瓶外部加热，使钢瓶中液态六氟化硫先汽化，再进行充装。该充装模式先加热钢瓶后加热六氟化硫，加热速度慢，换热效率低。

2. 利用蒸发器加热直接充装模式

充装流程见图 7-2，首先将钢瓶倒转倾斜一定的角度，利用蒸发器加热六氟化硫使其气化，然后再对设备进行充装。该充装模式加热气化速度快、换热效率高，能有效提高充气速度。

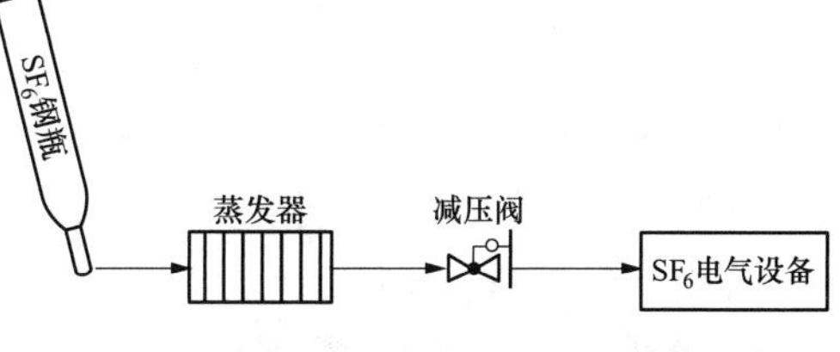

图 7-2　利用蒸发器加热直接充装模式

3. 利用六氟化硫回收回充装置充装模式

充装流程见图 7-3，回收装置不包含加热汽化功能时，采用对气瓶加热的方式使六氟化硫汽化；回收装置内置蒸发器时，配合风扇使六氟化硫汽化，结合回收回充装置的气路控制功能，对设备进行充装。

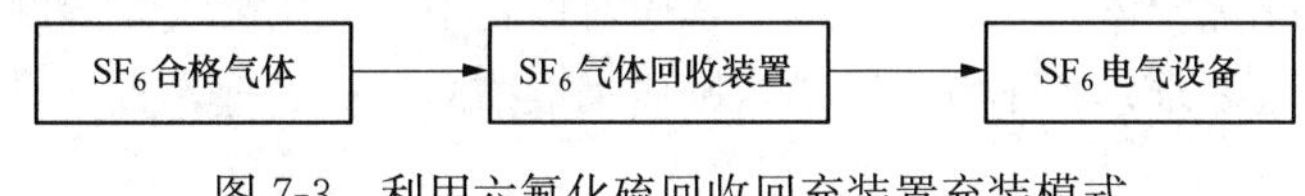

图 7-3　利用六氟化硫回收回充装置充装模式

二、安装、交接期间及检修设备中六氟化硫气体的充装

安装、交接期间及检修设备中进行六氟化硫气体充装前后都应检测六氟化硫气体的质量；为避免充装时污染六氟化硫气体，应保障充气管路和接头的洁净；充装结束后应进行气体的检漏，具体充装过程可按下列方式进行：

(1) 六氟化硫气体充入设备前应首先检验气体质量，确认六氟化硫符合 GB/T 12022《工业六氟化硫》中新气标准要求。

(2) 在对设备进行六氟化硫气体充装作业时，为防止引入外来杂质，需要注意确保所有管路、连接部件干净；连接管路时，操作人员应佩戴清洁、干燥的手套；接口处擦拭吹干，管内用待充六氟化硫气体低压冲洗即可正式充气。

(3) 在待充装设备气室内快速加入吸附剂，随后立即开始抽真空。

(4) 设备的抽真空，设备的抽真空可按照下列两种方式进行：①充装六氟化硫气体前，应先对设备抽真空至 133×10^{-6}MPa，再继续抽气 30min，停泵 30min，记录真空度 (A)，再隔 5h，读取真空度 (B)，若 $B-A$ 值 $<133\times10^{-6}$MPa，即可进行充气操作。②新设备安装前，内部充压力为 0.03MPa 的氮气或六氟化硫气体运输；现场安装时，排氮至大气压力，停留 30min；再次充氮到额定气压的 10%；排氮到 0.1MPa，停留 30min，检查是否漏气；稳定 12h，水分检测合格后，排氮到 0 表压；充六氟化硫气体到额定压力。

(5) 设备充装至额定压力后，结束充装，应对设备密封处、焊缝以及管路接头进行全面检漏，确认无泄漏则可认为充装完成。

(6) 设备中六氟化硫气体充装完毕 24h 后，应对设备中六氟化硫气体纯度、湿度等项目进行检测，并符合相关标准要求；若不符合要求，则应采取相应处理措施，直至合格。

三、运行设备中六氟化硫气体的充、补气

电气设备内充装带压六氟化硫气体，运行过程中发生漏气是不可避免的。按有关规定，六氟

化硫设备单个隔室年泄漏量小于1%。以此泄漏量计算，该隔室第一级报警需补气的时间约为7年。当设备发生异常泄漏时，导致设备中六氟化硫气体压力降低发生报警时，需要进行充、补气。

运行电气设备中六氟化硫气体进行充、补气时，一般按下列方式进行：

(1) 首先明确设备的泄漏特征，了解设备泄漏是否异常。

(2) 然后根据气体的压力情况，确定设备充至额定压力时需要充装六氟化硫气体的用量。

(3) 充气前，确认待充气的六氟化硫气体符合GB/T 12022《工业六氟化硫》中新气标准质量要求；检查连接接口、管路是否清洁干燥以避免污染。

(4) 充气时，选择合适的充装方式，对设备进行补气，至设备额定压力时停止补气。

(5) 充装结束后，及时对设备密封处、焊缝以及管路接头进行全面检漏，确认无泄漏方可认为充装完成。

(6) 设备中六氟化硫气体充装完毕24h后，应对设备中六氟化硫气体湿度、纯度等项目进行检测，并符合相关标准要求；若不符合要求，则应采取措施进行处理，直至合格。

四、混合气体的充装

六氟化硫气体达到临界温度后，其液化温度随着气体压力的增大而升高。在我国北方低温寒冷地区，冬季户外温度可达－40℃，在这种低温环境下，电气设备中六氟化硫气体可能发生液化，影响设备正常运行。为此，在我国北方寒冷地区，多采用混合绝缘气体（SF_6+CF_4）替代六氟化硫气体。另外，为了减少六氟化硫温室气体的用量，在GIL中开始采用混合绝缘气体（SF_6+N_2）。随着混合绝缘气体设备的增多，对混合绝缘气体的充装也提出了要求，目前常见的混合绝缘气体的充装方法包括：

(1) 分压充气法。分两步完成，第一步先充入一定分压的一种气体，如六氟化硫气体；第二步再充入一定分压的另一种气体，如CF_4、N_2等气体。这种方法需要连接两次充气管路，分压力控制两种气体混合比，准确度不够，适用于不要求精确配比的快速补气。

(2) 配气充气法。首先利用配气方法配置特定比例的带压混合绝缘气体，然后再连接设备进行补、充气。

1. 分压充气法

(1) 操作方法。按各气体组分分压力充、补气时，根据道尔顿分压定律计算，气体总压力P等于各组分分压P_i之和，即

$$P=\sum_{i=1}^{n}P_i \tag{7-1}$$

体积百分比浓度X_i用式（7-2）计算：

$$X_i=\frac{P_i}{P} \tag{7-2}$$

经过计算后，得出设备额定压力中各组分的分压力，依次将各组分充入设备，使压力增加等于各组分的分压力，全部组分充入设备后，其补气总压力等于额定压力。

经过计算，得出各组分应充装气体的分压力，依次将各组分充入设备，设备压力增加值等于各组分的分压力之和。

(2) 操作步骤。采用分压法进行混合气体的充装，一般按如下步骤进行：①根据计算结果将第一组分充入已抽真空的设备中，达到规定的压力后，待设备内气体稳定10min后，记录气体压力值。②关闭设备阀门，对充气管路进行抽真空，接着向设备中充入第二组分气体，使压力略高于第一组分压力，以防止先充入的组分逸出，继续向设备中充入第二组分气体直到规定的压力。③如果混合气体组分>2种，其他组分可参考上述方法进行充装。④待设备内气体稳定10min后，记录设备内气体压力值。⑤通过压力表读数与充入各组分气体后设备内气体压力的增加值计算设备内各组分气体体积百分比含量。⑥充气结束后断开气路连接，对设备进行泄漏检测，确保设备无泄漏。⑦设备中气体充装完毕后，根据相关规定对设备中混合气体湿度等项目进行检测，并符合相关要求；若不符合要求，则应采取措施进行处理，直至合格。

2. 配气充气法

(1) 操作方法。气体混合装置能够将多种气体按照设定混合比进行均匀混合，连续不断的提供压力不低于1.0MPa的混合气体，可以对设备进行直接充、补气。按照此种方法对设备进行充、补气可以参照GB/T 28537—2012执行。

(2) 典型混合气体充、补气装置。以质量流量配气补气装置为例进行介绍，基于质量流量配气的补气装置的结构如图7-4所示。

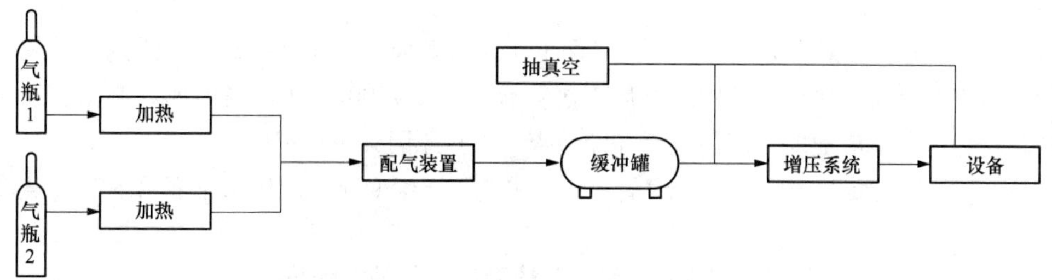

图7-4　基于质量流量配气的补气装置的结构图

气瓶：主要是六氟化硫和CF_4或N_2等组分，是补气气源。

抽真空系统：对设备和补气装置管路和功能部件系统抽真空。

加热系统：对六氟化硫或CF_4等组分进行加热，使其快速汽化。

配气装置：基于质量流量混合法，利用质量流量控制器（MFC）控制各支路气体的质量流量，实现气体的精确配比。

缓冲系统：对配制的混合气体进行缓冲，避免质量流量控制器背压。

增压系统：对配制的混合气体进行增压，增压压力高于设备充气额定压力。

(3) 操作步骤。采用配气充气法进行混合气体的充装，一般按如下步骤进行：

1) 将六氟化硫气瓶、CF_4或N_2等气体气瓶与气体混合装置连接。

2) 检查气路密封性，确保气体混合过程中无泄漏。

3) 启动气体混合装置，按照混合气体设备额定比例设定气体混合装置工作条件，使装置处于稳定工作状态。

4) 连接气体混合装置与设备，检查气路密封性，确保充气过程无泄漏。

5) 对设备进行抽真空。

6) 打开设备进气阀门，对设备进行充气至额定压力。

7）充气结束后断开气路连接，对设备进行泄漏检测，确保设备无泄漏。

8）设备中气体充装完毕后，根据相关规定对设备中混合气体湿度等项目进行检测，并应符合相关要求；若不符合要求，则应采取措施进行处理，直至合格。

五、气体充装注意事项

进行六氟化硫气体或混合气体充装操作时注意事项如下：

(1) 气体管路应采用不锈钢钢管或聚四氟乙烯管。

(2) 整个气体充装系统如压力表和真空计、管道等都必须进行检漏。

(3) 六氟化硫气体充装过程中应做好防雨防潮措施。充装六氟化硫气体时，首先应测定现场周围环境空气相对湿度≤80%。避免充气过程中向设备中带入水分。如空气湿度较大，则应采取措施或重选干燥晴朗的天气进行充装。

(4) 若设备内充装气体湿度不合格，则应首先查明水分来源，再用干燥氮气置换，直至设备内气体湿度下降至合格范围内为止。

(5) 现场充气时，操作人员应与设备保持足够的安全距离。

(6) 户外设备充装六氟化硫气体时，工作人员应在上风方向操作，尽量减少和避免六氟化硫气体泄漏到工作区。

(7) 在室内充装六氟化硫气体时，为确保工作人员安全，应开启六氟化硫泄漏报警装置和风机，使室内空气流通，保证空气中六氟化硫含量不得超过1000μL/L，当出现六氟化硫气体含量增高或超过标准时，应随即对部件进行详细检查，查找原因并予以消除。

(8) 混合气体充装时，应注意温度的变化，避免因温度变化引起压力读数出现较大误差。

第二节　六氟化硫气体的回收

六氟化硫气体的回收是六氟化硫气体循环再利用的重要环节，GB/T 8905 规定六氟化硫气体的回收包括对电气设备中正常的、部分分解或污染的六氟化硫气体的回收；对需要进行六氟化硫回收的几种情况也进行规定：①设备压力过高时；②在对设备进行维护、检修、解体时；③设备构件需要更换时，需要进行六氟化硫气体回收。

电气设备中六氟化硫气体的回收主要通过回收装置实现。

一、六氟化硫回收装置的原理及分类

1. 六氟化硫回收装置的原理

利用负压回收的方式，将设备中六氟化硫气体抽出，再通过高压、制冷等多种方法将回收的六氟化硫液化后灌装，从而实现六氟化硫的回收和灌装过程。

六氟化硫气体的回收装置在六氟化硫电气设备检修或故障处理时回收设备中的气体，其辅助功能包含对设备抽真空和充装六氟化硫气体。

2. 六氟化硫回收装置的分类

六氟化硫气体回收装置可根据对六氟化硫气体液态制冷方式的不同分为 3 种。

(1) 高压液化模式回收装置。主要指通过高压增压方式将回收的六氟化硫气体液化后灌装的

装置，流程见图 7-5。从电气设备中回收的六氟化硫气体经吸附过滤去除分解产物、水分等杂质后，进入无油压缩机，通过增加压力使六氟化硫液化并经风冷降温后液态灌装。该模式的装置主要适用于低温环境下作业，由于风冷降温降压能力有限，在高温环境下回收效率低。

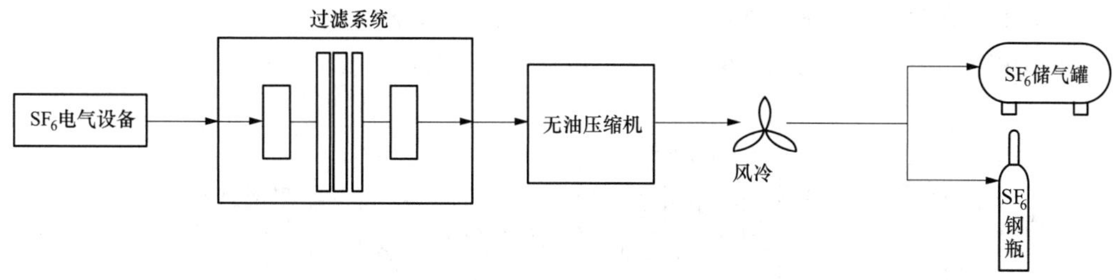

图 7-5　高压液化灌装回收模式

(2) 制冷液化模式回收装置。利用制冷方式将回收的六氟化硫快速液化后罐装的装置，流程图见 7-6。从设备中回收的六氟化硫气体通过装置的过滤模块，吸附去除分解产物、水分等杂质后，进入无油压缩机高压压出，经风冷、盘管式冷凝器降温后，液态灌装。该类型的装置适在大多数环境下都可作业，但由于盘管式冷凝器的冷热交换不充分，效率偏低，在南方夏季温度较高的地区可能会出现回收装置压缩机后级管路、容器压力过高，回收效率偏低。

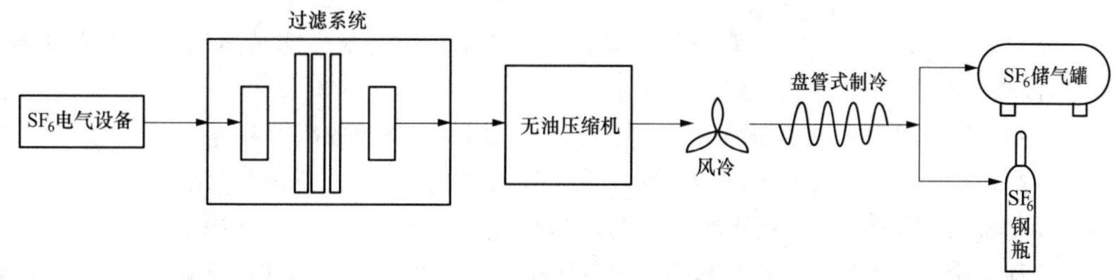

图 7-6　制冷液化灌装回收模式

(3) 高压内置制冷模式回收装置。利用高压和内置式的低温制冷模式将回收的六氟化硫液化后罐装的装置，流程图见 7-7。设备中的六氟化硫经吸附过滤后，进入无油压缩机，综合高压液化和风冷、内置式冷凝器制冷，将回收的六氟化硫液态灌装。该模式的回收装置适用于各种场合的六氟化硫回收罐装，能将六氟化硫快速液化罐装，即使在高温环境下也能保持较高地回收效率。

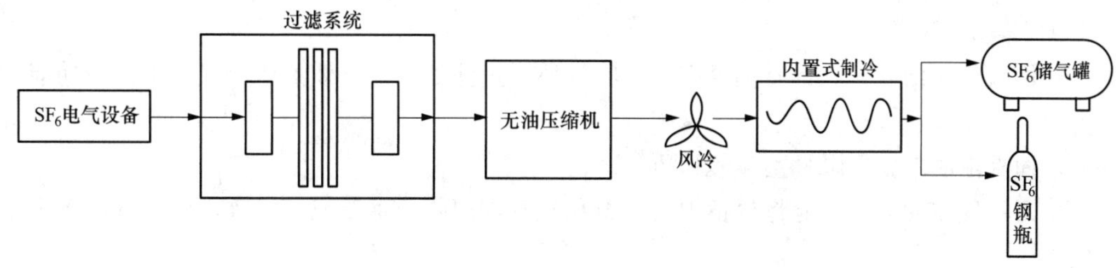

图 7-7　高压内置式制冷回收模式

二、典型回收装置结构组成及功能

1. 典型回收装置结构组成

典型六氟化硫气体回收装置主要由气路和电气控制两部分组成。

(1) 气路部分。气路部分包括真空系统、压缩系统、过滤系统、冷却系统等，气路流程见图7-8。

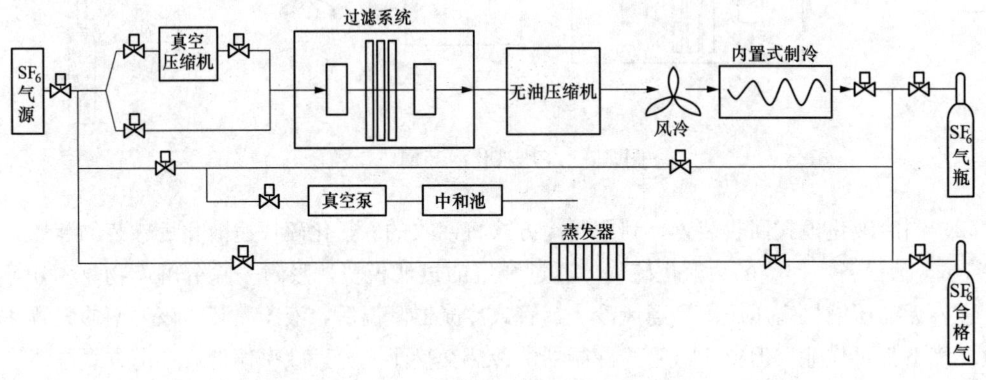

图 7-8 典型回收装置结构

1) 真空系统：包括真空泵、真空阀门等，要求整个系统密封性能满足系统抽真空的要求，并可承受高真空。

2) 压缩系统：可采用无油压缩机，由压力表、阀门等共同组成压缩系统。

3) 过滤系统：主要有各级过滤器组成。采用吸附净化的方式去除六氟化硫气体中的杂质。过滤器一般是滤筒型的，以利于安全使用和方便处理；进出口采用自密封连接。

4) 冷却系统：由风扇、散热片和制冷装置等组成。主要作用是回收时加速六氟化硫气体的液化；回充时，加速六氟化硫的汽化，提高回收回充速度。

控制部分：由各类表计、阀门组成。如：真空表、压力表、温度表、截止阀、控制阀、减压阀、安全阀、逆止阀等。

(2) 电气控制部分。包括交流接触器、功能继电器、可编程控制器等组成的控制电路，通过控制交流接触器与功能继电器控制气路电磁阀、真空泵、压缩机、换热装置的工作状态，完成气体回收回充及抽真空过程。

主要功能模块包括：气体回收、气体回充、装置本体抽真空、外接设备抽真空。

2. 回收装置功能

六氟化硫气体回收装置具有抽真空、回收气体、过滤处理、气体液化、气体加热的功能，具体如下：

(1) 抽真空能力：极限真空应≤10Pa。

(2) 回收气体的能力：能将设备中的六氟化硫气体回收至钢瓶或储气罐，回收气体多采用液态存储。

(3) 过滤处理能力：应能对回收六氟化硫气体中的分解产物、水分等杂质进行预处理。

(4) 气体液化能力：可对电气设备中回收的六氟化硫气体进行液化，便于液态灌装。

(5) 气体的加热能力：气体充装时，可将液态组分加热汽化，加快气体的充装速度。

三、六氟化硫回收装置的技术要求

DL/T 662《六氟化硫气体回收装置技术条件》对回收装置有具体要求，其技术要求与国内外同类产品比较见表 7-1。

表 7-1　　国内外六氟化硫回收装置技术条件比对

<table>
<tr><th>序号</th><th>技术参数</th><th>单位</th><th>DL/T 662 要求</th><th>国内同类产品</th><th>国际同类产品</th></tr>
<tr><td>1</td><td>最高储气压力（20℃）</td><td>MPa</td><td>4.0</td><td>4.0</td><td>4.0</td></tr>
<tr><td>2</td><td>回收气体压力（20℃）</td><td>MPa</td><td>初压≤0.8，终压≤5×10^{-3}或≤1.33×10^{-3}</td><td>初压≤0.8，终压≤1.33×10^{-3}</td><td>初压≤0.8，终压≤1.33×10^{-3}</td></tr>
<tr><td rowspan="2">3</td><td rowspan="2">回收气体速度</td><td rowspan="2">m^3/h</td><td>≥8（计算值）</td><td>8～25</td><td>≥8</td></tr>
<tr><td colspan="3">将设备容积为 $1m^3$、气压为 0.8MPa（20℃）的 SF_6 回收到 $1m^3$ 的储气罐中、设备残压达到 5×10^{-3}MPa 时，回收气体时间不超过 1h</td></tr>
<tr><td rowspan="2">4</td><td rowspan="2">充气速度①</td><td rowspan="2">m^3/h</td><td>≥32（计算值）</td><td>≥32（最大可达 100）</td><td>≥32</td></tr>
<tr><td colspan="3">初压低于 133Pa 的 $1m^3$ 容器充入 SF_6 气体至 0.8MPa（20℃）压力时，充气时间不超过 0.25h</td></tr>
<tr><td rowspan="2">5</td><td rowspan="2">抽真空速度②</td><td rowspan="2">m^3/h</td><td>1、2、5</td><td>应标明参数</td><td></td></tr>
<tr><td colspan="3">按体积为 $1m^3$、初压为 0.1MPa 的容器抽真空至终止压力小于 133Pa 所耗用的时间计算</td></tr>
<tr><td>6</td><td>极限真空度</td><td>Pa</td><td>≤10</td><td>≤10</td><td>≤10</td></tr>
<tr><td>7</td><td>湿度控制（一次回收）</td><td>μL/L</td><td><80</td><td>≤60</td><td>≤60</td></tr>
<tr><td>8</td><td>油分控制③（净化气体）</td><td>μg/g</td><td><4</td><td>≤4</td><td>≤4</td></tr>
<tr><td>9</td><td>尘埃控制③（净化气体）</td><td>μm</td><td><1</td><td>—</td><td>—</td></tr>
<tr><td>10</td><td>年漏气率</td><td>%</td><td><1</td><td><1</td><td><1</td></tr>
<tr><td>11</td><td>连续无故障运转时间</td><td>h</td><td>>1000</td><td>>1000</td><td>>1000</td></tr>
<tr><td>12</td><td>噪声水平</td><td>dB</td><td>≤75</td><td>≤75</td><td>≤75</td></tr>
</table>

① 充气速度以常压气体表示。

② 抽真空速度与配置的真空泵抽气速率相关，可根据用户需求配制相应抽气速率的真空泵。

③ 目前国内净化气体按 GB/T 12022 要求检测，无此指标，但大多生产企业都加有尘埃过滤器。

四、六氟化硫回收的操作过程

六氟化硫回收的操作一般按下列步骤进行：

（1）回收前必须对设备中待回收的六氟化硫气体进行检测。

（2）使用专用连接设施，连接回收装置与待回收设备。

（3）对回收装置进行自洁处理。

（4）关闭回收装置的自洁系统，启动回收装置压缩机，开启设备放气阀门，开始进行回收。

（5）当设备内气体压力小于 0.05MPa 时，可视为设备内气体被抽空。此时关闭回收装置进气阀、设备放气阀门、回收装置压缩机，卸下储气瓶或容器，贴上标签备用。

（6）断开设备和回收装置连接管路，恢复设备到初始状态。

五、混合绝缘气体的回收

在我国北方低温寒冷地区已大量应用混合绝缘气体电气设备，随着运行年限的增长及混合气体其他在 GIL 等其他设备应用的不断增加，开展混合气体的回收对减少温室气体的排放也具有积极的环保意义。

由于混合绝缘气体较六氟化硫气体难以液化，难以解决混合气体回收时气体难以液化的问题，目前在我国还没有专门用于混合气体回收的装置。但安徽、河南、黑龙江、内蒙古等省已开展混合气体回收的相关研究，相信在不久的将来我国也能实现混合绝缘气体的回收。

六、回收操作注意事项

进行六氟化硫气体回收时注意事项如下：

(1) 回收装置使用前应检查装置状况，保证其清洁、干燥、不漏气，连接管道密封良好、不漏气，避免其影响气体的回收过程。

(2) 从事六氟化硫气体回收工作的人员应熟悉六氟化硫气体分解产物的性质，了解其对健康的危害性。对这些人员应给予专门的安全培训（包括急救指导）。

(3) 工作人员在进行六氟化硫气体回收时，应配备安全防护用具（手套、防护眼镜、防护服和专用防毒呼吸器），安全防护用品使用后应清洗干净，并合理存放。

(4) 户外设备回收六氟化硫气体时，工作人员应在上风方向操作；室内设备回收回充时，要开启通风设备，并尽量避免和减少六氟化硫气体泄漏到工作区，保证空气中六氟化硫含量不得超过 1000μL/L，氧气含量不低于 18%。

第三节　六氟化硫气体的处理

六氟化硫气体中可能含有毒分解物、水分、固体颗粒物和其他杂质。回收后的六氟化硫气体不适宜大量存放，也难以实现无害化处理，因此需要采取措施对回收后的六氟化硫气体进行净化处理再利用，解决六氟化硫气体的存储压力，实现电力系统六氟化硫气体的循环再利用。

六氟化硫气体的处理通过净化处理装置实现，经净化处理后的六氟化硫气体质量可达到 GB/T 12022《工业六氟化硫》新气质量标准的要求。

一、六氟化硫气体的处理流程

六氟化硫气体的处理流程包括主处理流程和辅助处理流程。主处理流程可分为气化、过滤、水分等杂质的吸附、气态杂质的分离、灌装五部分，主要处理过程中的纯度及湿度等质量参数通过在线采样分析仪表进行控制。辅助处理流程主要是吸附剂再生。处理流程见图 7-9。

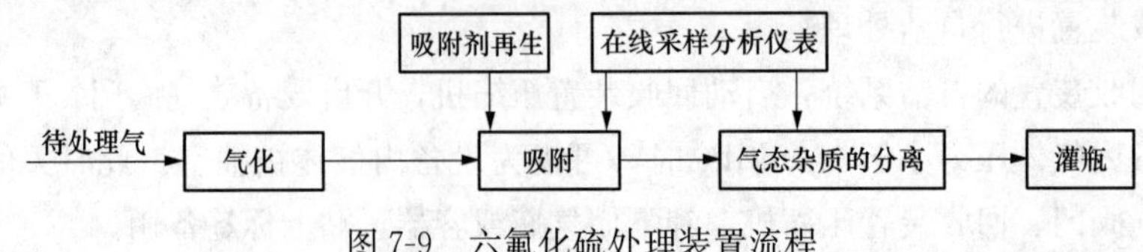

图 7-9　六氟化硫处理装置流程

（1）气化。将待处理钢瓶（或储气罐）内的高压六氟化硫液体经气化后变成0.2～0.8MPa左右的低压气体。

（2）水分等杂质的吸附。低压六氟化硫气体经吸附塔将其中的水分、固体颗粒等杂质吸附。

（3）气态杂质的分离。常见的有三种方法：深冷固化分离、低温精馏提纯和膜分离。

（4）灌装。将经处理后的六氟化硫在低温下以液态灌装到钢瓶内。

（5）吸附剂再生。当吸附剂达到吸附饱和、吸附能力下降时，应对吸附剂加热，并采用抽真空或充气置换等方式去除吸附剂中的杂质和水分，实现吸附剂的再生。

（6）在线仪表。处理过程的纯度及湿度等质量参数通过在线采样分析仪表进行控制。

二、典型六氟化硫气体处理装置结构组成

按核心处理技术方式分类，六氟化硫处理可分为深冷固化分离、低温精馏提纯和膜分离等方式，本节对这三种典型的净化处理装置进行介绍。

1. 深冷固化分离式净化处理装置

（1）深冷固化分离原理。六氟化硫气体与氮气、氧气等气体杂质的固化临界温度不同，利用六氟化硫气体与其他气体杂质的相变物理特性差异，通过机械制冷，将深冷容器冷却至－51℃以下，使六氟化硫完全固化，而气体杂质还处于气态形式，从而使六氟化硫与气体杂质分离。

（2）处理流程。六氟化硫气体净化处理设备操作流程分为两次处理过程，目的是保证处理回收率并节约能耗。其中，一次流程为六氟化硫在液态下的净化处理，其目的是在液态情况下消耗较小的能量来快速地分离出使用过气体中90%左右的纯净六氟化硫气体，并将杂质含量较高的气体抽出另储存；二次流程为六氟化硫在固态下的净化处理，其目的是在固态情况下，对余下的10%左右纯度较低气体进行固化提纯处理。

（3）装置组成。深冷固化分离式处理装置主要包括预处理、缓冲处理、动力单元、深冷处理、尾气处理等，见图7-10。

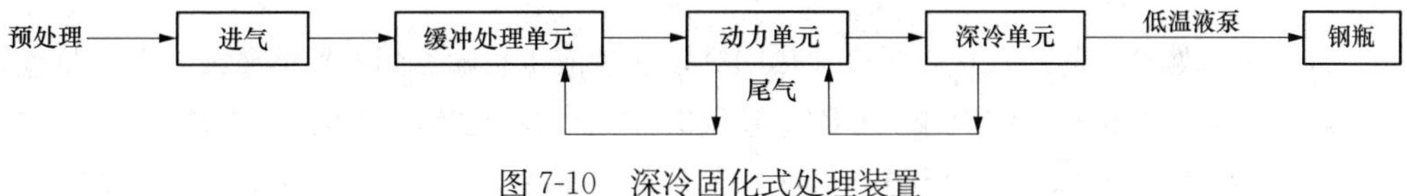

图7-10　深冷固化式处理装置

1）预处理。六氟化硫气体处理前，应进行取样检测，检测项目应包括湿度、纯度、分解产物（SO_2、H_2S、CO）等。如果回收的六氟化硫气体中分解产物含量较高，应先进行预处理，再进行净化处理。

2）缓冲处理单元由吸附装置、缓冲装置等组成。

吸附装置是缓冲处理单元的关键部分，用于吸附回收的六氟化硫气体中的杂质和水分。一般采用两套吸附塔，一套运行，另一套再生。吸附塔在使用一段时间后，吸附能力将明显下降，表明吸附塔内的吸附剂已达到吸附饱和，需要更换吸附剂。

为避免吸附剂的手动倒出和装入，节约处理成本，可采用充氮再生装置，在装置上直接进行吸附剂充氮再生，吸附剂内的水分经加热后由氮气带出，杂质也被氮气置换，之后吸附剂即可再次使用。

缓冲装置起缓冲储存作用，由缓冲罐、压力表、安全阀、过滤器等组成。六氟化硫气体进入缓冲单元后，压力降低且被加热，避免本过程中大量吸热而结霜。缓冲过程如下：钢瓶内的六氟化硫以液态形式流出，经散热器后以气液混合态进入缓冲罐储存，经过滤器、多种阀门后以气态形式进入吸附塔。

3）动力单元主要由真空泵和气体压缩机组成。主要的功能是为系统中的六氟化硫气体提供动力，对钢瓶以及系统抽真空排除空气，以及真空泵对深冷分离单元分离出的空气进行抽排。

4）深冷单元主要由高压液槽、制冷压缩机、加热装置及高压液体泵组成。其主要功能是去除六氟化硫气体中的空气和低温临界点的气态杂质，将液态的六氟化硫充入钢瓶。

5）尾气处理包括钢瓶尾气收集和吸附塔尾气处理。

钢瓶尾气收集指装回收旧气的钢瓶内气体处理后，一般会剩余部分尾气，可集中收集。钢瓶内的剩余气体通过处理单元抽至储气罐中，至钢瓶为负压时停止。

吸附塔尾气处理主要是对吸附塔中吸附的气态杂质进行无害化处理，吸附塔在进行高纯氮加热洗脱时，吸附剂吸附的六氟化硫分解产物被氮气洗脱出来，而六氟化硫的分解产物大都具有毒性，尾气必须经过装有碱液的槽罐进行无害化处理后排放。

6）在线检测仪表包括六氟化硫气体湿度仪、六氟化硫纯度仪及六氟化硫分解产物仪等。主要用于实时在线检测处理后六氟化硫气体的湿度、纯度和分解产物，实时监测吸附塔的吸附效能和六氟化硫气体的质量。

（4）操作。处理装置的操作过程如下：

1）用专用管路连接充有待处理气体的气瓶（或储气容器）和净化处理装置，确保系统无泄漏。

2）将待处理的六氟化硫气体充入缓冲罐，使其从液态转变为气态。

3）将待处理的六氟化硫气体通过吸附罐，除去水分、分解产物等杂质。

4）将经过吸附处理的六氟化硫气体进行加压、冷冻，使其达到液态或固态，对杂质气体进行分离。

5）将分离后处理好的六氟化硫缓慢加热回升，通过液体泵输送到专用钢瓶或容器中待检。

6）处理后的六氟化硫气体应按照 GB/T 12022《工业六氟化硫》要求进行检测，并出具检测报告。其中六氟化硫纯度、湿度应逐一检测，其余项目宜采用首、末瓶必检，中间瓶按照 GB 12022 标准要求抽检。

2. 低温精馏提纯式净化处理装置

（1）低温精馏提纯分离原理。利用混合物中各组分挥发能力的差异，通过液相和气相的回流，使气、液两相逆向多级接触，在热能驱动和相平衡关系的约束下，使得易挥发组分（轻组分）不断从液相往气相中扩散，而难挥发组分却由气相向液相中迁移，通过多次部分汽化和部分冷凝，使混合物不断分离。精馏的过程就是气液相物流在塔内的热、质交换，最终使各组分沿塔高度气、液相浓度分布发生变化的过程。

（2）处理流程。如图 7-11 所示，六氟化硫气体经分子筛过滤器处理后，进入气体低温精馏系统，通过低温精馏，进行六氟化硫的提纯。如果回收六氟化硫气体品质较差，分解产物含量较多，应执行循环净化处理。六氟化硫气体处理过程中，功能单元和管路残余的六氟化硫气体通过负压回收，将残留气体回收后再处理。

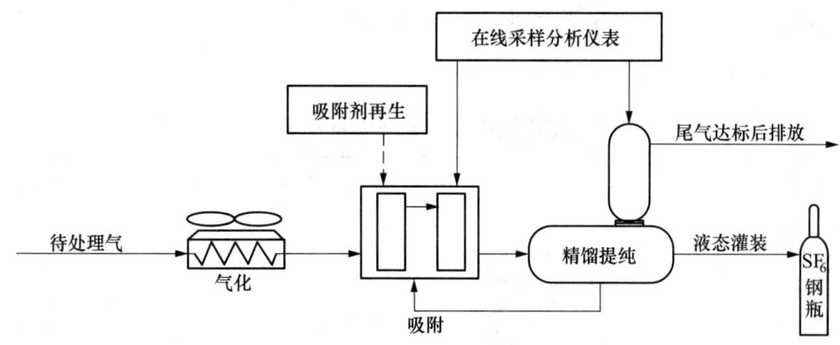

图 7-11　低温精馏方法处理六氟化硫气体的操作流程

（3）装置组成。低温精馏提纯式净化处理装置主要包括抽真空系统、过滤系统、低温提纯系统、尾气处理等。

1）抽真空系统主要由真空泵组成，可对系统管道、功能单元（如分子筛）、精馏提纯罐及外接设备进行抽真空，达到较高的负压（即真空度）。

2）过滤系统由粉尘过滤器和净化处理分子筛组成。粉尘过滤器内置 1μm 滤芯，滤芯应定期清理滤芯，防止粉尘进入六氟化硫压缩机，导致六氟化硫压缩机不能正常工作，如发现滤芯有破损及时联系厂家进行更换。根据各种杂质的不同特性，将净化处理分子筛中多种吸附剂依序排列，以吸附六氟化硫气体中的矿物油、水分及分解产物等杂质。分子筛中的吸附剂采用可加热再生的分子筛，当其达到吸附饱和状态时，方便进行再生处理，提高分子筛存环再利用率。

3）低温提纯系统回收的六氟化硫气体经过过滤系统的循环净化处理后可去除矿物油、水分及分解产物等杂质，但无法除去空气等杂质，达不到 GB/T 12022《工业六氟化硫》中新气标准要求，因此还应进行低温精馏提纯处理。气体在低温精馏装置内经过反复的气液相交换过程，使得六氟化硫气体与其他杂质分离，分离后的六氟化硫气体储存于精馏装置底部，其他气体杂质富集于装置顶部，通过排空操作除去。最后将纯六氟化硫气体进行灌装。

4）尾气处理，从过滤系统排除的气体和精馏装置中抽出的气体都应经碱液中和无害化处理后排放。

3. 膜分离式净化处理装置

（1）膜分离的原理。根据混合气体中各组分在压力的推动下透过膜的速率不同，从而达到分离的目的。对于不同结构的膜，气体通过膜的扩散方式不同，因而分离机理也各异。目前常见的气体膜有多孔膜（微孔）和非多孔膜（溶解-扩散机理）两种。

（2）处理流程。目前气体膜处理六氟化硫气体还处于探索阶段，还没有工业化应用的装置。利用气体膜分离和选择性吸附剂相结合的工艺可进行六氟化硫气体的净化，分离净化流程为：首先使混合气体经过过滤处理，除去混合气体中的分解产物、水分等杂质，再经过膜分离单元进行分离六氟化硫气体和氮气、空气杂质气体，之后再通过温度控制，利用不同物质相变温度的差异实现六氟化硫气体的提纯。

三、六氟化硫气体处理装置技术要求

目前我国电力行业还没有制订六氟化硫气体处理装置的正式技术标准，但国家电网公司已制定了企业标准，而电力行业关于六氟化硫气体处理装置的技术标准也已形成了报批稿，待发布实施。两者技术要求见表7-2。

表7-2　　六氟化硫气体净化处理装置技术要求

序号	技术参数	单位	Q/GDW 470—2010	行标报批稿
1	额定压力	MPa	4	4
2	极限真空度	10Pa（绝对压力）	10	10
3	处理后气体质量		满足GB/T 12022标准	满足GB/T 12022标准
4	处理速度	kg/h	50	50
5	处理回收率	%	≥95	≥95
6	灌装速度	kg/h		50
7	年泄漏率	%	<1%	≤0.5
8	噪声水平	dB（A）	整机≤75 压缩机≤72	75

四、混合绝缘气体的净化处理

随着电力设备中混合绝缘气体应用用量的增加，实现混合绝缘气体的回收具有越来越重要的意义。混合绝缘气体回收后应对其净化处理，才能实现混合绝缘气体的循环再利用。目前还没有混合绝缘气体的净化处理装置。安徽省研究的混合绝缘气体净化处理装置的技术路线如下：首先利用吸附塔吸附混合绝缘气体中的矿物油、水分和分解产物等物质；然后再通过气体分离方法，将混合气体中的六氟化硫分离出来，进行液态灌瓶；分离出的混合气体（CF_4/N_2、Air等）中可能含有少量的六氟化硫气体，经捕捉后进入低温加压精馏系统，再次对六氟化硫气体进行提纯，分离出的六氟化硫气体富集后进行液态灌瓶；然后再对分离出的含有CF_4、N_2等组分的混合气体进行净化处理，N_2经无害化处理后排放；利用低温加压精馏技术对CF_4进行进一步的提纯，对提纯后的CF_4进行液态灌瓶。

五、六氟化硫气体处理注意事项

六氟化硫气体在处理过程中应当注意以下事项：

（1）处理车间应防止有过量灰尘、水汽及有害气体。

（2）处理装置长期停用时，应进行卸压处理，储气罐及气路系统应用干燥纯净的氮气封存，封存压力宜为0.03～0.05MPa。与大气相通的接口应完全封闭。

（3）净化处理后的六氟化硫气体必须用处理后的专用干净气瓶、容器储存，避免与回收使用过的气瓶、容器混淆。

（4）设备故障后回收的六氟化硫气体必须首先经过预处理系统处理，再按照相应的处理方案进行处理，防止气体污染净化处理设备。

（5）处理装置过滤系统的吸附剂对杂质的吸附趋于饱和时可以对吸附剂进行再生处理；当吸附剂的吸附能力不能满足气体处理能力的要求时，可以对吸附剂进行更换。

(6) 工作人员在处理使用过的六氟化硫气体时，应配备安全防护用具（手套、防护眼镜、防护服和专用防毒呼吸器）。安全防护用品使用后应清洗干净，并合理存放。

(7) 处理六氟化硫气体时，应当明示工作场所注意事项，说明禁火、禁烟、禁止高于 200℃ 的加热和无专门预防措施的焊接。

(8) 处理装置的整机、备品备件应分别整体包装，应采取防震措施。包装箱应牢固、可靠，并有有效的防尘、防雨、防震措施。

(9) 处理装置长期停用时，应 1 个月启动压缩机空转一次。

第四节　六氟化硫气体的再利用

六氟化硫气体质量的监督管理直接关系到回收、回充及净化处理循环再利用的全过程，气体净化处理合格后才能循环再利用；六氟化硫气体的净化处理可根据实际生产需要选择不同的处理模式。

一、六氟化硫气体再利用模式

目前常见六氟化硫气体再利用的模式包括基地式处理和移动式处理两种。

1. 基地式处理模式

基地式六氟化硫气体的回收净化处理循环再利用过程遵循“分散回收、集中处理、统一检测、循环利用”的模式，即各设备运维检修单位及时按照 GB/T 8905—2012 相关规定回收使用过的或不合格的六氟化硫气体，集中送至基地处理中心进行统一处理，处理后的气体经质量检测符合 GB/T 12022《工业六氟化硫》新气标准即为合格，处理中心根据各设备运维检修单位的需求将合格的六氟化硫气体发往现场回充至电气设备中。

基地式处理模式是基于各区域内均建立六氟化硫回收处理中心的基础上实现的，目前国家电网公司和南方电网公司已在公司系统内各省（市）级公司建立了省级六氟化硫回收处理中心并投入运行，为六氟化硫气体的基地式处理模式的运行奠定了基础。为了保障该运行模式的正常运转，还需要各设备运维检修单位根据所辖区域内电气设备的气体容量，配置不同功率的回收回充装置及配套设施（如辅助回收装置、辅助回充装置等），用于所辖区域内六氟化硫气体的回收及回充。

2. 移动式处理模式

移动式六氟化硫气体的回收净化处理循环再利用过程采用“及时回收、现场处理、快速检测、循环使用”的模式，即现场六氟化硫电气设备出现故障或需要定期检修时；移动式六氟化硫气体回收净化处理装置可直接运送至现场；对需要导出的六氟化硫气体进行快速回收、净化处理；现场处理后的六氟化硫气体经检测符合 GB/T 12022《工业六氟化硫》新气标准即为合格，可充入设备重复使用。

移动式处理模式是基于现场机动灵活的工作方式，当现场电气设备出现故障或需要定期检修时，既可进行气体的回收，也可进行气体的净化处理。该模式一般适用于现场设备中需回收的六氟化硫气体质量较好，处理相对容易的情况，回收的六氟化硫气体经移动式处理装置处理后即可满足新气质量要求。

二、六氟化硫气体再利用质量监督和管理

六氟化硫气体回收、回充及净化处理循环再利用全过程都应开展六氟化硫气体质量的监督检测工作。据 GB/T 8905—2012《六氟化硫电气设备中气体管理和检测导则》规定，六氟化硫气体回收处理循环再利用的程序见图 7-12。

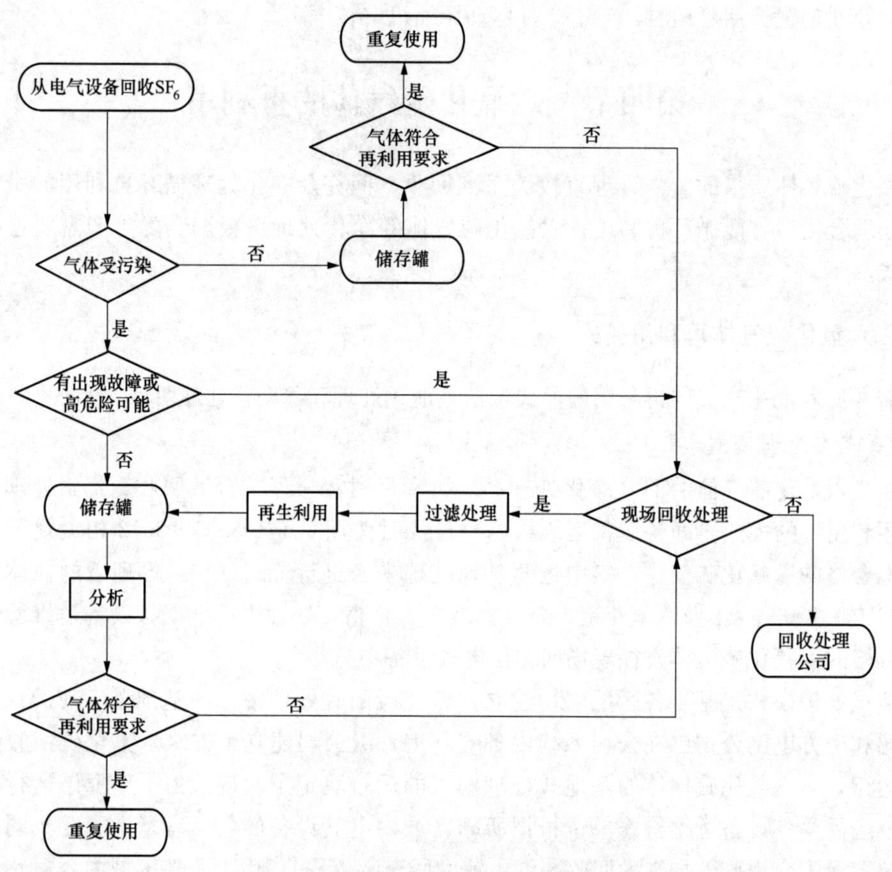

图 7-12　回收六氟化硫气体流程图

六氟化硫气体重复使用时应注意：①回收处理后的六氟化硫气体质量满足 GB/T 8905—2012《六氟化硫电气设备中气体管理和检测导则》中投运前、交接时六氟化硫分析项目的质量指标要求时，可直接重复使用。②对六氟化硫气体中含有水分或分解产物时，能否采用移动式处理模式在现场处理，完全取决于移动式处理装置的处理性能。如果现场无法回收处理，应将回收的六氟化硫气体送往六氟化硫回收处理中心进行处理。③回收的六氟化硫中若空气或四氟化碳质量指标超出 GB/T 8905—2012《六氟化硫电气设备中气体管理和检测导则》中投运前、交接时六氟化硫分析项目的要求时，应对气体净化处理，除去其中的空气和四氟化碳，满足气体质量要求后再进行循环利用。

思考题

1. 哪几种情况下应当进行六氟化硫气体的充、补气?
2. 六氟化硫充装的工作模式有几种?
3. 简述运行电气设备中六氟化硫气体进行充、补气时的操作步骤。
4. 混合绝缘气体的充装方法包括哪些?
5. 哪种情况下应进行六氟化硫气体回收?
6. 简述六氟化硫回收装置的原理。
7. 画出一般六氟化硫处理装置流程简图。

第八章　六氟化硫检测用标准气体和检测设备的校准

六氟化硫气体作为绝缘介质广泛应用在电气设备中。采用六氟化硫作为绝缘介质的电气设备主要有高压断路器、变压器、互感器等。目前220V电压等级的设备约有一半以上采用六氟化硫气体绝缘；330V及以上电压等级的设备将近100%采用六氟化硫气体绝缘。气体分析检测包括气体湿度、分解产物检测和设备密封性试验是保证设备安全运行的重要手段，检测设备校准是得到准确测试结果的必备条件，本节主要介绍检测设备校准的相关知识

第一节　六氟化硫检测用标准气体

一、标准物质的基础知识

标准物质是分析检测工作的基础，是定性定量的依据。标准物质种类繁多，广泛的应用在各行各业，发挥着重要的作用。

1. 标准物质的性质

标准物质是一种已经确定了具有一个或多个足够均匀的特性值的物质或材料，作为分析测量行业中的“量具”，在校准测量仪器和装置、评价测量分析方法、测量物质或材料特性值和考核分析人员的操作技术水平，以及在生产过程中产品的质量控制等领域起着不可或缺的作用。准确性、均匀性和稳定性是标准物质量值的特性和基本要求。

（1）准确性。通常标准物质证书中会同时给出标准物质的标准值和计量的不确定度。不确定度的来源包括称量、仪器、均匀性、稳定性、不同实验室之间以及不同方法所产生的不确定度均需计算在内。

（2）均匀性。均匀性是物质的某些特性具有相同组分或相同结构的状态。计量方法的精密度即标准偏差可以用来衡量标准物质的均匀性，精密度受取样量的影响，标准物质的均匀性是对给定的取样量而言的，均匀性检验的最小取样量一般都会在标准物质证书中给出。

（3）稳定性。稳定性是指标准物质在指定的环境条件和时间内，其特性值保持在规定的范围内的能力。

2. 标准物质的分类

（1）按标准物质的应用领域分类。此种分类方法是根据标准物质所预期的应用领域或学科进行分类。国际标准化组织标准物质委员会（ISO/REMC0）对标准物质的分类就是采用了这种方法。ISO/REMCO将标准物质分为十七大类：地质学，核材料，放射性材料，有色金属，塑料、橡胶、塑料制品，生物、植物、食品，临床化学，石油，有机化工产品，物理学和计量学物理化

学，环境，黑色金属，玻璃、陶瓷，生物医学、药物，纸，无机化工产品，技术和工程。

中国按照这种方法将标准物质分为十三个大类：钢铁成分分析标准物质，有色金属及金属中气体成分分析标准物质，建材成分分析标准物质，和材料成分分析与放射性测量标准物质，高分子材料特性测量标准物质，化工产品成分分析标准物质，地质矿产成分分析标准物质，环境化学分析标准物质，临床化学分析与药品成分分析标准物质，食品成分分析标准物质，煤炭、石油成分分析和物理特性测量标准物质，工程技术特性测量标准物质，物理特性与化学特性测量标准物质。

（2）按照标准物质的级别分类。标准物质的准确度是划分级别的依据，不同级别的标准物质对其均匀性、稳定性以及用途都有不同的要求。通常把标准物质分为一级标准物质和二级标准物质。

一级标准物质主要用于标定比它低一级的标准物质、校准高准确度的计量仪器、研究与评定标准方法；二级标准物质主要用于满足一些一般的检测分析需求，作为工作标准物质直接使用。

（3）按照标准物质的性质分类。标准物质可以是纯的或混合的气体、液体或固体。例如，校准黏度计用的水、量热法中作为热容量校准物的蓝宝石、化学分析校准用的溶液。

3. 标准物质的计量意义

在分析化学中，标准物质是溯源链的主要组成单元。因此，它们的计量学特征，特别是所提供特性量值的不确定度和在溯源层级中所处的位置，是分析测量质量保证关心的焦点问题。国际标准化组织（ISO）标准物质委员会编制的 ISO 导则 33《有证标准物质的使用》中提出的有证标准物质在计量学中的作用包括：

（1）储存和传递特性量值信息。根据定义，一种标准物质具有一个或多个准确测量的特性量值。一种有证标准物质中的特性量值一旦被确定，在有效期内它们就被贮存在这种有证标准物质中。当这种有证标准物质从一地发送到另一地使用时，它所携带的量值也就得到了传递。在规定的不确定度范围内，有证标准物质的特性量值可以用作实验室间比对的标准值或用于量值传递目的。因此，有证标准物质帮助量值在时间和空间上的实现传递，类似于测量仪器和材料标度的传递。

（2）保证测量溯源性。实验室应该控制、校准或检定一定数量的仪器以确保所开展的测量的溯源性。但在所有具体必要的环节中做到这一点是非常困难的。此项工作通过使用已建立了溯源性的有证标准物质可被大大地简化。标准物质（基体）要求必须尽可能地近似于被测的实际样品，以便对冲基体效应，以此来囊括测量时可能引起误差的所有问题。当然，使用者应当对标准物质和未知样品的测量采用相同的分析测量程序。因此，标准物质的作用与用于其他产业计量实验室的传递标准的作用相同，它允许在一个规定的不确定度范围内开展比较测量工作。有证标准物质也为确定分析测量或工艺测试测量的不确定度提供一种可行的方式。

（3）复现国际单位。SI 基本单位的复现依赖于物质和材料。当今世界的主要测量都是在国际单位制框架下进行的。2013 年为止，SI 确认了 7 个基本单位。这些基本单位的定义涉及一些物质，如：铂-铱合金，用于制造公斤原器；铯-133，用于定义秒；水，用于定义开尔文等等。这些物质在基础计量学中的使用与标准物质在其他类型计量中的使用是相同的。

这些材料作为 SI 单位所依据的定义物质具有特殊状态。这种状态严格应用来定义特定单位，因为这种单位的复现也许还涉及其他物质/材料。这种情况当涉及摩尔和千克的复现时特别符合实际。在标准物质的帮助下复现SI导出单位。

(4) 定义和复现约定标度。如今，国际单位制并不能涵盖所有的工程特性量，有些工程特性量的单位需要特别约定。为了方便地实现实际测量，一般通过标准物质建立其约定标度，并在国际建议或者标准文件上说明给定的值。全球认可的用于复现约定标度固定点的标准物质在国际上具有广泛的一致性。这种约定标度的复现与传递主要依赖于复现标度固定点的标准物质和测量方法或测量过程的技术规范。在工程量的测量中，标准物质的作用不仅是复现约定的标度，而且还可以用于测量仪器校准或者用作实际样品测量时的工作标准。

二、六氟化硫检测用标准气体的配置

六氟化硫检测用标准气体一般使用在六氟化硫分解产物检测和六氟化硫检漏仪的校准，包括以氦气、空气和六氟化硫为底气三大类标准气体，每一类气体的适用范围见表8-1。

表8-1　六氟化硫检测用标准气体适用范围

六氟化硫检测用标准气体种类	适用范围
CO/He、CO_2/He、SO_2/He、CF_4/He、SOF_2/He、SO_2F_2/He、H_2S/He	六氟化硫分解产物分析检测，如色谱分析
SO_2/SF_6、H_2S/SF_6、CO_2/SF_6、CF_4/SF_6、SOF_2/SF_6、SO_2F_2/SF_6、CO/SF_6	六氟化硫现场分析仪器校准
SF_6/Air	六氟化硫检漏仪校准

六氟化硫检测用标准气体的配置和考察包括以下几个方面：

1. 配置原理

六氟化硫检测用标准气体采用国际国内公认的标准气体配制方法（ISO 6142：2001）——称量法制备所有的气体标准物质。其原理是在充入已知摩尔分数的一定量的气体组分之前后分别称量容器，所充入的气体组分的质量由两次称量读数之差来确定，依次充入不同的组分气体，从而获得一种混合气体。

混合气体中各组分的含量以组分的摩尔分数表示，定义为组分 i 的摩尔数与混合气体总摩尔数之比。

组分 i 含量按式（8-1）计算：

$$X_i = \frac{n_i}{n_i + \sum_{j-1}^{k} n_j} = \frac{\dfrac{\Delta m_i}{M_i}}{\dfrac{\Delta m_i}{M_i} + \sum_{j-1}^{k} \dfrac{\Delta m_j}{M_j}} \tag{8-1}$$

式中　X_i——组分 i 的含量，mol/mol；

Δm_i——组分 i 的质量，g；

M_i——组分 i 的摩尔质量，g/mol；

Δm_j——组分 j 的质量，g；

M_j——组分 j 的摩尔质量，g/mol；

k——混合气体组分总数。

为了避免称量极少量的气体，以保证组分气体称量的准确度，对于含量较低的标准气体需采用逐级稀释法配制，即先配制一个较高含量的混合气体，然后再用稀释气对该混合气体进行稀释，即二次配制。

在制备气体时，严格按照“一级标准物质技术规范 1006-96”和 GB/T 5274.1—2018《气体分析　校准用混合气体的制备　第 1 部分：称量法制备一级混合气体》要求进行制备，流程如图 8-1 所示。

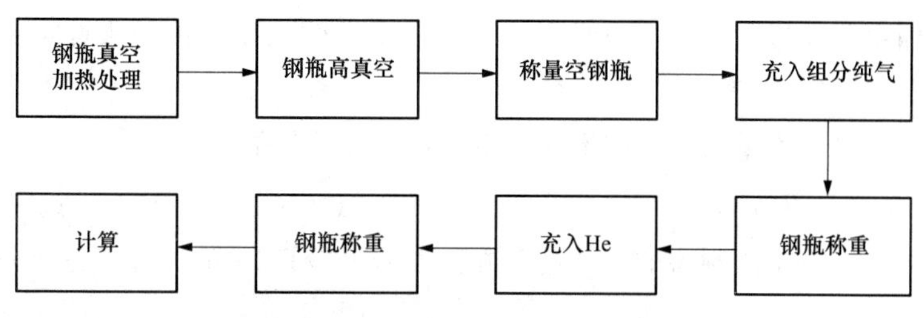

图 8-1　气体标准物质配制流程图

2. 包装容器

目前我国气体标准物质的包装容器普遍采用铝合金钢瓶，碳钢瓶、不锈钢钢瓶和各类型涂层钢瓶。

由于标准气体组分量值的稳定性和可靠性对包装容器有特定的要求，即对包装容器内壁材料物理及化学惰性的要求。在配制标准气体之前我们部分组分可能存在的吸附性，必须优化选择对组分具有相对稳定性内壁材料的气瓶。

对于普通气瓶和未知材料涂层碳钢瓶，短期吸附性影响比较明显，普通碳钢瓶因为短期吸附有可能造成 SOF_2浓度降低 6%～9%、SO_2F_2浓度降低 4%，涂层碳钢瓶短期吸附性有可能造成 SOF_2浓度降低 6%～8%、SO_2F_2浓度降低 4%，而涂氟碳钢瓶对 SOF_2和 SO_2F_2短期吸附性的影响均小于 1%。考虑到吸附效应，SOF_2和 SO_2F_2、H_2S 组分的标准物质要求采用涂氟碳钢瓶最为包装容器。

对于其他组分（如 CO、CO_2、CF_4、SO_2和 Air）包装容器的选择，根据对其以氮气、氩气为背景气体标准气体的研究成果及氦气化学惰性的性质，一般选择选择碳钢瓶作为 CO、CO_2和 CF_4/He 气体标准物质的包装容器，选择铝合金钢瓶作为 SO_2气体标准物质的包装容器。

3. 原料气的评价

使用原料气之前，分别对这些纯气的纯度进行必要的检验测试，以确定这些原料气的纯度（即主成分的含量）。纯度值根据式（8-2）计算：

$$x_{\text{pure}}=1-\sum_{i=1}^{N}x_i \tag{8-2}$$

式中　x_{pure}——纯气中的主成分含量；

x_i——纯气中的 i 杂质组分含量。

主成分浓度的不确定度则按式（8-3）计算得到，即

$$u(x_{\text{pure}})=\sqrt{\sum_{i=1}^{N}u^2(x_i)} \tag{8-3}$$

式中　$u(x_{pure})$ ——纯气纯度测量标准不确定度；

$u(x_i)$——杂质组分测量标准不确定度。

4. 称量方法的评价

标准气体都是使用重量法制备得到的。加入的气体的质量都经过精密天平的精确称量得到的。在称量用于配气的样品钢瓶时，都借用参考钢瓶，使用替代法进行称量。无论是何种称量方法，参考钢瓶都应该选择与样品钢瓶同类型的钢瓶。当加入的气体质量小于 1.5g 则使用微量管将气体导入的钢瓶中，通过高精度的小量程天平称量微量管的质量损失来计算得到加入气体的准确质量。

其不确定度由天平的称量数学模型推导得出，此处不详细介绍。

5. 浓度计算及其不确定度

标准气体都是采用重量法制备的，其定值方法根据 ISO 6124 的国际标准进行。标准气体的浓度计算公式为：

$$x_k = \frac{\sum_{j=\alpha}^{p}\left(\frac{x_{k,j}\cdot m_j}{\sum_{i=1}^{m}(x_{i,j}\cdot M_i)}\right)}{\sum_{j=\alpha}^{p}\left(\frac{m_j}{\sum_{i=1}^{m}(x_{i,j}\cdot M_i)}\right)} \tag{8-4}$$

式中　j——加入的原料气；

i——原料气中的各个组分；

m_j——原料气 j 加入的质量；

$x_{i,j}$——原料气 j 中组分 i 的摩尔分数；

M_i——组分 i 的摩尔质量；

x_k——产品气中各组分 k 的摩尔分数；

$x_{k,j}$——原料气 j 中组分 k 的摩尔分数。

浓度的不确定度计算式为：

$$u^2(x_k) = \sum_{j=\alpha}^{p}\left(\frac{\partial x_i}{\partial m_j}\right)^2 u^2(m_j) + \sum_{i=1}^{n}\left(\frac{\partial x_k}{\partial M_i}\right)^2 u^2(M_i) + \sum_{j=\alpha}^{p}\left[\sum_{i=1}^{n}\left(\frac{\partial x_i}{\partial x_{ij}}\right)^2 u^2(x_{i,j})\right] \tag{8-5}$$

根据式（8-4）和式（8-5）计算所配值的混合气的浓度和不确定度。

6. 气体标准物质量值核查

根据国际标准化组织导则 35（ISO Guide 35）中关于“合成 RM 及混合气体”部分的建议，应该用一个合适的分析方法验证称量组分。由于标准气体制备所遵循的重量法国际标准 ISO 6142 模型可能不能考虑到所有的潜在影响，所以应该对配制过程中所有可能出现的错误进行质量控制核查。为了达到这个目的，利用合适的分析法对所配制的气体标准物质进行量值核查。导则 35 同时指出“验证不确定度（一定程度上依赖于成分检验的能力）以及称量不确定度一起被计入不确定度评估模型中”。标准气体配置主要利用了气相色谱分析方法，对所配制的气体标准物质进行了量值核查，并利用核查结果评估了不确定度贡献，作为气体标准物质最终定值的不确定度分量。

7. 称量法配气一致性考察

根据国际标准化组织导则 35（ISO Guide 35）中关于“合成 RM 及混合气体”部分的建议，应该用一个合适的分析方法验证称量组分。由于标准气体制备所遵循的重量法国际标准 ISO 6142 模型可能不能考虑到所有的潜在影响，所以应该对配制过程中所有可能出现的错误进行质量控制核查。为了达到这个目的，可以色谱分析方法对所配制的气体标准物质进行量值一致性考查。

8. 放压试验

对于气瓶包装的气体标准物质，导则 35 认为瓶内气体是足够均匀的。因此，导则 35 未建议进行瓶内均匀性检验。尽管普遍认为气相中由于分子运动可以保证气体混合物的均匀性，然而气体分子由于分子质量不同以及使用过程中其他可能因素的影响，不能排除不均匀的可能性。根据以往经验，一般认为在瓶内压力较低时，有可能产生量值变化。因此，可以通过放压试验获得有效使用压力的信息，即在瓶内压力不低于某个压力值时，瓶内气体标准物质的量值不会发生显著变化。同时检验气体标准物质在该使用压力范围下的量值波动性。

9. 长期稳定性

为了考查气体标准物质其组分量值在室温的储存条件下的长时间稳定性，必须对所配制的混合气体进行了随时间变化的跟踪考查。

根据国际标准 ISO Guide 35，采用经典的稳定性研究方法（趋势分析）对配制的标准气体进行长期稳定性考查。对每一个浓度点选取 3 瓶进行长期稳定性检验。对测试的结果进行统计处理，检验量值是否随时间有显著变化趋势，并进行稳定性的不确定度评估。测试方法仍采用前文所述的气相色谱法。

第二节　六氟化硫分解产物检测仪（电化学传感器法）校验

本节讨论的六氟化硫分解产物检测仪主要采用电化学传感器进行检测，国内普遍用于分解产物现场检测，当被测气体流入传感器后，仪器输出六氟化硫气体所含特定杂质含量相应的电信号，经 A/D 转换成相应的气体浓度值。仪器使用简单、方便，但也存在一些问题，首先是传感器使用寿命有限，一般使用寿命为两年，其次使用中由于电化学传感器对于多种同类型气体均有响应，存在交叉干扰的问题，如二氧化硫传感器对二氧化硫和氟化亚硫酰均有响应，因此在使用中应做好仪器的校验工作，保证使用中的可靠性。

一、仪器性能要求

对仪器的性能要求如下：

（1）对 SO_2 和 H_2S 气体的检测量程不低于 100μL/L，CO 气体的检测量程不低于 500μL/L。

（2）最小检测量不大于 0.5μL/L。

（3）检测流量不大于 300mL/min。

（4）响应时间不大于 60s。

二、性能指标

（1）仪器示值误差应符合表 8-2 的要求。

表 8-2 检测仪的最大示值误差

试验类型	检测组分	检测范围（μL/L）	最大示值误差
型式试验、出厂试验和交接验收试验	SO_2、H_2S	0～10	±0.5μL/L
		10～100	±5%
	CO	0～50	±2μL/L
		50～500	±4%
常规检测	SO_2、H_2S	0～10	±1μL/L
		10～100	±10%
	CO	0～50	±3μL/L
		50～500	±6%

（2）仪器的重复性允许差应满足表 8-3 的要求。

表 8-3 检测仪的重复性允许差

检测组分	检测范围（μL/L）	允许差
SO_2和 H_2S	0～10	0.2μL/L
	10～100	2%
CO	0～50	1.5μL/L
	50～500	3%

三、试验准备

（1）稀释气采用高纯 SF_6气体，浓度大于 99.999%。

（2）采用标准气体为 SO_2、H_2S 和 CO 的单一组分气体，SO_2和 H_2S 的含量范围为 10～100μL/L，CO 的含量范围为 50～500μL/L，平衡气体为高纯 SF_6气体。须选用具有国家标准物质证书的气体生产厂家所生产的单一组分气体，具有组分含量检验合格证并在有效使用期内。

（3）采用标准气体稀释装置对单一组分标准气体进行稀释配气输出，并可实现 SO_2、H_2S 和 CO 三种组分的同时配比。

四、试验校准

1. 响应时间试验

将规定流量、含量为量程 50%左右的标准气体通入检测仪，读取稳定数值后，撤去标准气体。通入高纯 SF_6气体，使检测仪示值为零。再次通入上述含量的标准气体，同时用秒表记录从通入标准气体时刻到检测仪示值为第一次稳定值 90%的时间。重复上述步骤 3 次，取算术平均值为检测仪的响应时间。

2. 准确度试验

按表 8-4 中标准值项所列的气体含量（实际试验时根据情况可在±30%内调整），采用标准气体稀释装置分别配制不同含量的 SO_2、H_2S 和 CO 单一组分气体通入检测仪。记录各组分的仪器示值，示值观察时间不超过 3min，SO_2、H_2S 含量小于 5μL/L 及 CO 含量小于 50μL/L 时最长不超过 5min，同时要求示值相对稳定，计算检测仪的示值误差。

对于 SO_2 和 H_2S 气体含量≤10μL/L，CO 气体含量≤50μL/L，按式（8-6）计算检测仪的示值误差：

$$\Delta_e = J - C \tag{8-6}$$

式中　Δ_e——示值误差；

J——仪器示值；

C——标准值。

对于 SO_2 和 H_2S 气体含量>10μL/L，CO 气体含量>50μL/L，按式（8-7）计算检测仪的示值误差：

$$\varepsilon_e = \frac{J - C}{C} \times 100\% \tag{8-7}$$

式中　ε_e——示值误差。

表 8-4　　单组分准确度试验

检测组分	标准值（μL/L）					
SO_2	1	2	5	10	20	50
H_2S	1	2	5	10	20	50
CO	10	20	50	100	200	400

3. 多组分准确度（交叉干扰）试验

将 SO_2、H_2S 和 CO 标准气体同时输入标准气体稀释装置进行配比，按表 8-5 的标准值项所列的含量（实际试验时根据情况可在±30%内调整），分别配制输出 SO_2、H_2S 和 CO 混合气体通入检测仪，记录各组分的仪器示值，示值观察时间最长不超过 5min，同时要求示值相对稳定。按式（8-6）或式（8-7）计算检测仪的示值误差。

表 8-5　　多组分准确度试验

序号	标准值（μL/L）		
	SO_2	H_2S	CO
1	2	5	200
2	5	10	150
3	10	2	100
4	10	1	150
5	15	5	250

4. 重复性试验

采用标准气体稀释装置分别配制 SO_2(5μL/L)、H_2S(5μL/L) 和 CO(50μL/L)（实际试验时根据情况可在±30%内调整）的单一组分气体通入检测仪，待读数稳定后记录仪器示值；然后切换稀释装置输出高纯 SF_6 气体冲洗检测仪，待仪器示值下降至一半以下时，切换稀释装置配制输出相同含量气体，再次通入检测仪进行试验。重复上述步骤共进行 3 次试验，计算检测仪的重复性。

对于 SO_2 和 H_2S 气体含量≤10μL/L，CO 气体含量≤50μL/L 时，以绝对偏差 C_g 表示重复性，按式（8-8）计算检测仪的重复性：

$$C_g = |\overline{C} - C_i|_{max} \tag{8-8}$$

式中 $\overline{C}$——各次仪器示值的算数平均值；

C_i——第 i 次的仪器示值。

对于 SO_2 和 H_2S 气体含量＞10μL/L，CO 气体含量＞50μL/L 时，重复性以相对标准偏差 C_V 表示，按式（8-9）计算检测仪的重复性：

$$C_V = \frac{\sqrt{\frac{\sum (C_i - \overline{C})^2}{n-1}}}{\overline{C}} \times 100\% \tag{8-9}$$

式中 n——检测次数。

第三节　六氟化硫湿度检测仪校验

六氟化硫湿度检测仪基于不同原理的仪器，有时即使是依据相同的原则，乃至同一制造厂生产的仪器，对于同一测量对象所得到的结果也存在不同程度的差别。导致测量结果不一致的原因很多，例如来自不同类型仪器之间的系统误差，以及仪器的性能、结构和操作条件的差异等等。因此，为了保证测量结果的准确和一致，就必须建立一个可与之进行比较的标准，对不同类型的仪器用标准进行检定。

目前各国使用的湿度计量标准基本上都是通过两种并行的方式来实现量值的统一。其一是建立湿度的绝对测量方法，其二是制作能够发生已知湿度气体的装置。所谓绝对测量方法是指建立在国际单位制中长度、质量、时间、电流、温度、物质的量和光强度等七个基本单位及其导出单位基础上的测量方法。所谓已知湿度的气体即是水汽含量一定的标准气体。由于迄今为止还没有找到一种不依赖湿度测量方法而能独立地给出足够准确可靠的量值的标准物质或标准气体发生器，所以采用两种方式作为湿度计量标准，把具有高精度的重量法作为湿度的最高标准（即基准），而把恒湿气体发生器作为传递量值的手段。

一、湿度量值的传递

众所周知，计量工作的基本任务包括两个方面，一是建立标准，二是进行量值传递。建立标准，其作用是提供准确可靠而不以地域和时间为转移的量值。这个量值应由建立在国际单位制的基本单位或其导出单位基础上的计量器具（或装置）给出。对于复现基本单位量值的计量器具（或装置），我国计量部门称之为计量基准，即最高标准。量值传递，是将由基准提供的测量单位的量值，传递给检定系统中下一段计量器具（即具有不同准确度的各级标准），然后用以标定，检定各种类型的工作仪器或校验各种测量装置。

为了保证量值的准确传递，必须建立量值传递方法，常用的传递方法有几种：

（1）计量器具的逐级校准，从基准到标准到工作仪器逐级向下传递。

（2）颁布标准方法，由法定权威单位收集出版经过鉴定的各种测量方法。

（3）公布标准数据。由法定的单位审定、批准、发售准确地知道成分或准确地体现其物理化学或工程技术特性的特性的物质，用以检定、校准测量仪器或测量方法和确定材料特性。

（4）发布标准物质。由法定的单位审定、批准、发售准确地知道成分或准确地体现其物理化学或工程技术特性数据作为标准数据予以公布。

（5）发放标准信号。

（6）标准的国际比对。这是国际上进行量值协调、实现量值统一的重要途径。

上述的量值传递方法同样适用于湿度计量。由于重量法的准确度优于其他方法，故目前世界上许多国家都采用此法作为湿度计量基准，并通过精密湿度发生器来传递由重量法给出的量值，即用重量法标定精密湿度发生器输出的恒湿气体，而后用它来校验作为标准的方法和仪器，见图 8-2。

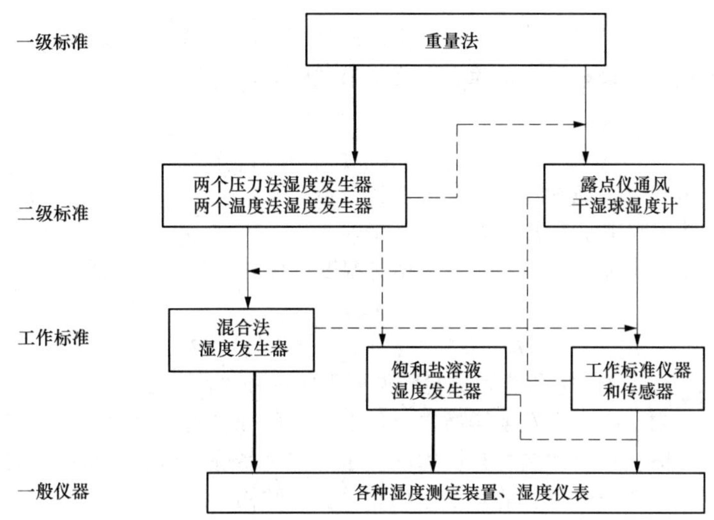

图 8-2　表示湿度计量标准等级及传递系统

图 8-2 中左侧为湿度发生器系统，右侧为湿度标准仪器系统。↓表示可以直接标定。↓表示两者配合使用进行量值传递。

二、动态湿度发生装置

制备已知湿度气体的方法很多，第一类是利用热力学的气体压力、温度、体积的关系改变饱和湿气状态配制所要求湿度的气体的方法。第二类是混合法。即将饱和湿气与干气按一定比例混合成一定湿度的气体。第三类是渗透膜法。其他还有利用某种盐类或其他化合物的水溶液在一定条件下其气相中的水汽分压保持恒定的原理，制造一定含湿的环境的方法。

1. 分流法湿度发生器

图 8-3 所示为分流湿度发生器流程示意图。其基本原理是将一般干气准确地分成二股，其中一股经换热器 2 再经饱和器 3 达到饱和（即 100%RH），另一股经换热后仍为干气（RH=0%），通过控制两股气流的不同流量比例，然后混合到一起得到一般恒湿气流。

2. 双压法湿度发生器

（1）工作原理。使气体在稳定的高压状态下饱和，然后在相同的温度下膨胀降压，至稳定的低压状态，即可得到恒湿气源，其湿度值可以根据饱和室温度、高压压力和低压压力准确测定。

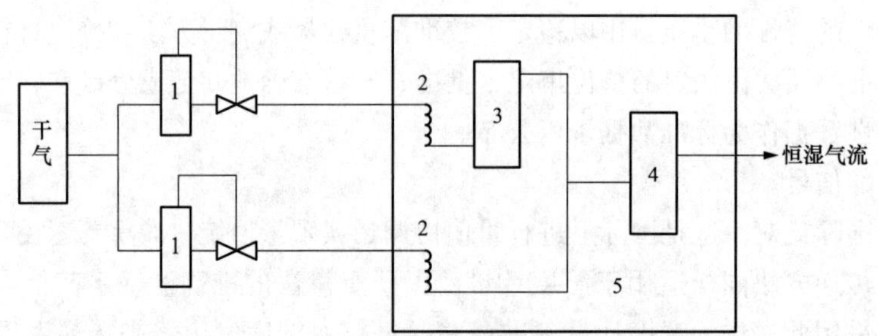

图 8-3　所示为分流湿度发生器流程示意图

1—流量控制器（或分流阀）；2—换热器；3—饱和器；4—测试室；5—恒温槽

改变高压压力或改变低压压力，就可以得到不同湿度的恒湿气源。假如气体在饱和、膨胀过程温度保持恒定，并服从理想状态气体定律，那么由道尔顿分压定律可以得到式（8-10）：

$$\frac{e_g}{e_w}=\frac{p_e}{p_s} \tag{8-10}$$

式中　e_w、p_s——饱和器中饱和水汽分压和气体总压；

e_g、p_e——试验腔中水汽分压和气体总压。

根据定义，在温度 t 时，低压下的气体相对湿度可按式（8-11）计算：

$$U=p_e/p_s\times 100 \tag{8-11}$$

$$U=(p_e/p_s)\times[e_w(T_s)/e_w(T_e)]\times 100 \tag{8-12}$$

式中　$e_w(T_s)$、$e_w(T_e)$——饱和器和试验腔温度下的饱和水汽分压。

（2）基本结构。双压法湿度发生器通常由如下六个部分组成：气源系统、载气干燥系统、饱和器系统、试验腔、恒温系统和温度与压力的测量与控制系统。饱和器是湿度发生器的重要组成部分，湿度发生器的性能与饱和器的效率密切相关。其结构见图 8-4。

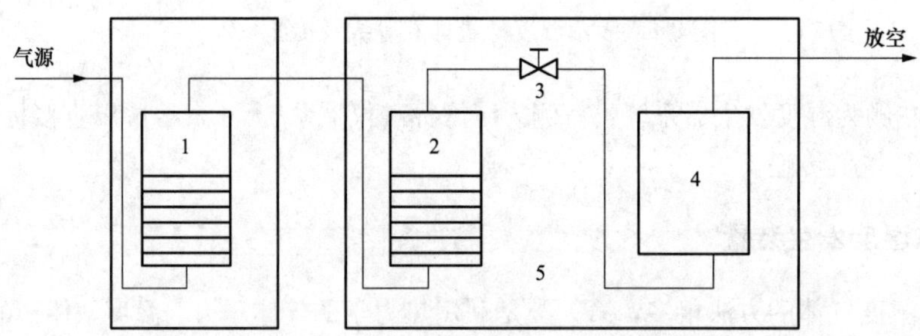

图 8-4　双压法湿度发生器流程示意图

1—前级饱和器；2—完全饱和器；3—膨胀阀；4—试验腔；5—恒温槽

3. 外渗法饱和发生器

渗透法属于微量分析校准技术。渗透法湿度发生器同其他湿度发生器相比，特点是结构简单，操作方便，准确度能满足一般工作仪器的检定要求。因此它逐渐发展成为一种普及性的工作标准。这种发生器通过改变载气流量和使用不同渗透率的渗透管（或膜）可以得到从几个 10^{-6} 至 2000×10^{-6} 水分浓度的标准气体，其准确度大约在 3%～5%。

有机和高分子化合物材料对于气体和液体具有渗透性。渗透管的工作基础就是依据膜渗透的原理。水分子穿过管道的渗透率与膜的材料、密度、厚度、有效渗透面积、材料的物理特性以及膜两侧的水汽分压差有关。根据渗透管的工作原理，可以分为外渗型和内渗型两种类型，以外渗型微量水标准发生器为例，由于高聚物膜的气、液渗透性，当薄膜的一侧保持与纯水相接触，而另一侧连续流过一股干燥气体时，在一定条件下渗透通过薄膜的水分子，将被干燥的气体载带出来，经充分混合，变可得到含有一定量水蒸气的湿气，见图 8-5。外渗型水渗透管，管材一般选用性能稳定的氟塑料管，呈盘管状，浸泡在纯水中，管内通以干燥载气，水分子由管外经管壁渗透进管内，被载气带出来，此时湿气中的水蒸气含量与纯水的温度、载气的流量、管子的结构尺寸及其渗透性能等因素有关，如果选定某一高聚物材料及结构尺寸，且固定干燥气体的流量，则湿气中水蒸气含量取决于纯水的温度。

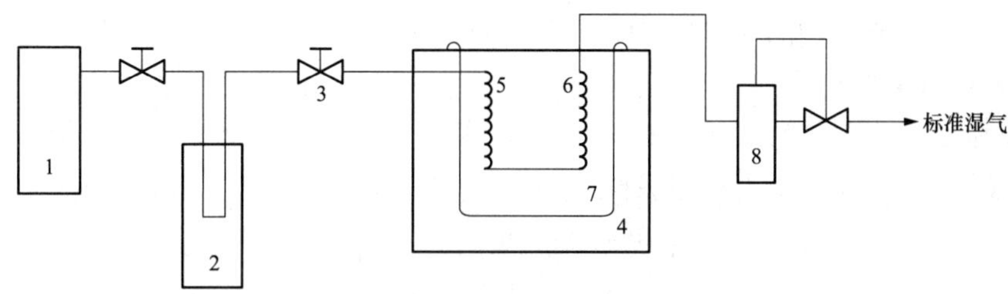

图 8-5　外渗型湿度发生器流程图

1—高纯氮气钢瓶；2—分子筛干燥器；3—截止阀；4—恒温水槽；5—热交换器；6—外渗型水渗透管；7—恒温水槽内胆；8—质量流量控制器

当在流量一定时，只需改变恒温水槽 4 的温度，即可改变湿气中的含水量。

三、水分仪的校验

按照我国湿度计量标准等级和传递系统，电力系统六氟化硫气体湿度检测仪表的校验，采用的是由基准到标准到工作计量器具的量值传递方法。将计量部门检定合格的恒湿气体发生器和高精度露点仪作为一级或二级计量器具用以标定，检定各种类型的工作仪器或测量装置。采用动态湿度发生器结合高精度露点仪的使用进行量值的传递。

使用标准动态湿度发生器作为检定标准时，其总不确定度与被检仪器的总不确定度之比值应小于 1/3。检定方案见图 8-6（a）；使用高准确度湿度计作为检定标准时，其总不确定度与被检露点仪的总不确定度之比值应小于 1/3，检定方案见图 8-6（b）。

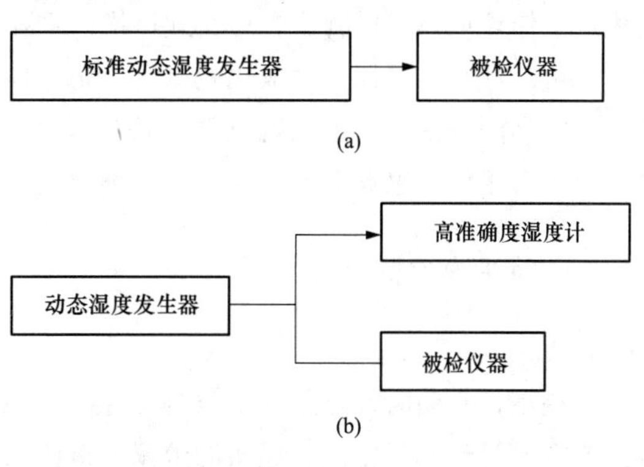

图 8-6　所示检定流程示意图

1. 检定前检查

仪器检定前应先进行外观检查，露点式湿度计应清洁镜面，检查气路气密性。电解式湿度以应对流量计 100mL・min^{-1}，50mL・min^{-1} 两点作标定，并测量仪器本底值。

2. 测量范围

（1）露点仪：0～－60℃；

（2）电解式湿度仪：1～1000μL/L。

3. 误差要求

（1）电解式湿度仪引用误差：1～30μL/L 范围内不应超过±10%；30～1000μL/L 范围内不应超过±5%。

（2）冷凝式露点仪测量误差：绝对误差不超过±0.6℃。

（3）阻容式露点仪测量误差：绝对误差不超过±2.0℃。

4. 仪器检定

常用的检定顺序为（露点温度）根据使用范围由低到高进行检测。按照被检仪器的检测范围的要求，每台仪器参照常用的检定顺序检定 5～7 点，测量并记录示值。对应标准值，计算每点的绝对误差和引用误差。

5. 误差计算

按式（8-3）和式（8-14）计算误差：

$$\text{绝对误差}=\text{仪器示值}-\text{标准值} \tag{8-13}$$

$$\text{引用误差}=\frac{\text{仪器示值}-\text{标准值}}{\text{满量程}}\times 100\% \tag{8-14}$$

检定合格填发检定证书。检定不合格填发检定结果通知书。没有检定规程可循的填发测试结果通知书。

第四节　六氟化硫检漏仪校验

用于六氟化硫电器设备气体泄漏检测的仪器种类繁多，大致可分为定性检漏仪和定量检漏仪。定性检漏仪包括可视型的检漏仪（主要是红外成像检漏仪）和非可视型检漏仪；定量检漏仪包括电子捕获型、局部真空电离型、紫外电离型、红外光谱型和光声光谱型检漏仪。与湿度测试仪表类同，不同仪器也存在对同一测试对象测得结果不一致的问题，而且各种检漏仪器在现场使用，工作环境差，检测器容易受到环境污染，仪器的检测灵敏度会随时间的延长而降低，仪器测量的可靠性难以保证。六氟化硫电气设备气体泄漏的检测方法本身对仪器的精度要求比较高，为了在实际测量中对六氟化硫电气设备的漏气量作出正确的判断，确保六氟化硫电气设备的正常运行，对于检漏仪器必须定期校准，确保量值的可靠性。

一、标准气体源

1. 标准气体发生器

在检漏仪校验时检定用标准气体是实现检定溯源性的必要保证。在校验中，使用的标准气体，来源是计量部门批准、颁布的国家一级或二级六氟化硫标准气体，以及经计量部门检定合格的标准气体稀释装置提供的气体。由于在校验过程中至少需要使用 5～7 种不同含量的标准气体，只靠计量部门批准使用的六氟化硫一、二级标准气体是难以做到的。同时使用六氟化硫标准气体稀释装置则很容易提供较宽的配气范围。为了保证稀释的标准气体量值的可靠性，稀释装置必须经计量部门检定合格才能使用。配气流程见图 8-7。

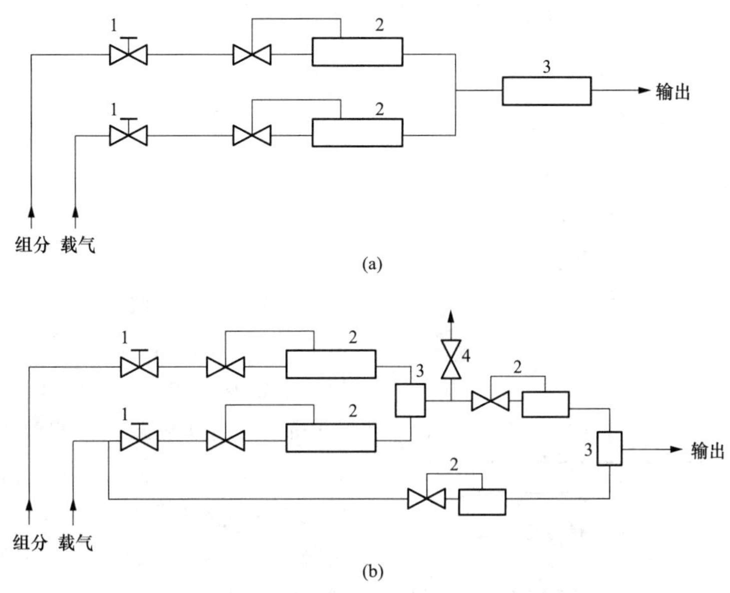

图 8-7　配气流程图

(a) 一级配气流程图；(b) 二级配气流程图

1—减压阀；2—质量流量计；3—混气室；4—开关阀

2. 标准泄漏源

六氟化硫气体泄漏红外成像检漏仪是目前应用广泛的检漏仪，具有测试方便、直观的优点，其检定方法与其他类型的检漏仪存在差异，采用标准泄漏源作为标准源进行检漏，标准泄漏源采用质量流量计控制六氟化硫气体泄漏速率，使其达到测试标准要求，见图 8-8。

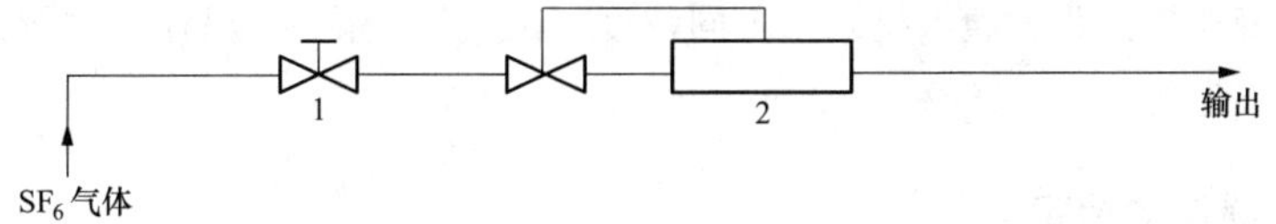

图 8-8　标准泄漏源流程图

1—减压阀；2—质量流量计

二、六氟化硫检漏仪检定技术要求

六氟化硫检漏仪校验中使用气体及设备必须采用计量行政部门批准、颁布的国家一级或二级六氟化硫标准气体，以及计量部门检定合格的标准气体稀释装置稀释的六氟化硫标准气体。标准气体的相对不确定度应等于或小于检漏仪允许误差的 1/3，六氟化硫气体的纯度不应低于 99.99%。

三、定性检漏仪的校验

1. 红外成像检漏仪检定

(1) 噪声等效温差试验。设置标准温差黑体（$\Delta T=2K$），目标图像占全视场 1/10 以上，分别测量信号及噪声电压，按式(8-15)计算，结果应≤0.05K。

$$NETD=\frac{\Delta T}{S/N} \tag{8-15}$$

式中 $NETD$——噪声等效温差，K；

ΔT——设定温差，K；

S——信号电平，V；

N——均方根噪声电平，V。

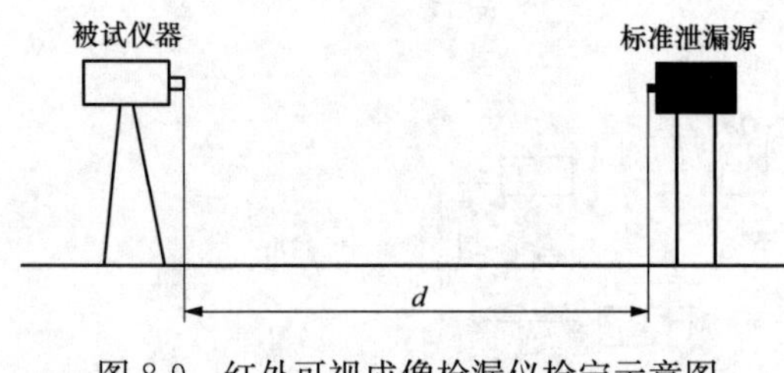

图 8-9 红外可视成像检漏仪检定示意图

(2) 最小检测限试验。将标准泄漏源泄漏量或等效泄漏量设定在0.06mL/min，检漏仪与标准泄漏源距离 d 为3m(±0.1m)，如图8-9所示。启动检漏仪，调节焦距并可清晰成像，录像1min。然后调出保存的录像，录像中六氟化硫气体的发散应清晰可见，表示最小检测限≤1μL/s。

(3) 检测距离试验。将标准泄漏源泄漏量或等效泄漏量设定在0.06mL/min，调整检漏仪和标准泄漏源的距离，如0.5、1、3、5、10、20等，启动检漏仪，调节焦距清晰成像，录像1min。然后调出保存的录像，记录录像中六氟化硫气体的发散情况，其中清晰可见的最小距离即为最小检测距离，最小检测距离不大于0.5m。

2. 非可视型检漏仪检定

(1) 最小检测限试验。通入低于检漏仪响应浓度的标准气体，并逐步增加气体浓度，记录检漏仪出现响应信号时的气体浓度值，此时的浓度值即为检漏仪的最小检测限，最小检测限（浓度）应≤1μL/L。

(2) 声光报警功能试验。通入检漏仪不同浓度标准气体，记录检漏仪的声光报警功能，结果应符合仪器说明书的要求。

四、定量检漏仪的检定

1. 绘制校准曲线

根据被检仪器的量程范围，使用六氟化硫标准气体稀释装置稀释六氟化硫标准气体，配制一系列量程范围内不同含量（不小于5～7个点）的六氟化硫标准气体。将不同含量的标准气体通入被检仪器，每点做三次，取其平均值为示值。以六氟化硫含量为横坐标，仪器的示值为纵坐标，绘制校准曲线。

2. 检定仪器技术参数

(1) 引用误差。选用含量为仪器满量程的30%、60%、90%的标准气体通入仪器，各测三次，取其算术平均值作为示值。在相应的标准曲线上查得该示值所对应的标准含量。按式(8-16)计算引用误差，各点的引用误差应≤10%。

$$\text{引用误差}=\frac{\text{仪器示值}-\text{标准值}}{\text{满量程}}\times 100\% \tag{8-16}$$

(2) 最小检测限。根据相应的仪器说明书中给定的最小检测限，用六氟化硫标准气体稀释装置把六氟化硫标准气稀释到仪器最小检测限附近，把此标准气体通入待检仪器，仪器最小检测限应符合说明书的指标。

(3) 重复性。选取仪器满量程40%的标准气体通入仪器，读取稳定值，重复6次，按式(8-17)计算，仪器以相对误差表示的重复性误差应<±5%。

$$\left.\begin{aligned} r &= \pm\frac{s}{\mathrm{F\cdot S}}\times 100\% \\ s &= \sqrt{\frac{\sum_{i=1}^{n}(x_i-\overline{x})^2}{n-1}} \end{aligned}\right\} \tag{8-17}$$

式中 s——单次测量的标准偏差；

n——测量次数；

x_i——第 i 次测量的示值；

$\overline{x}$——n 次测量示值的平均值；

r——重复性误差；

$F\cdot S$——满量程。

(4) 响应时间。响应时间的检定可以在仪器稳定后将含量为量程60%左右的六氟化硫标准气通入仪器，读取稳定值后，重新调准仪器零点，再通入上述六氟化硫标准气，同时启动秒表，待仪器示值升至第一次示值的90%时止住秒表，此起止时间间隔为响应时间，重复三次。取算术平均值作为响应时间，结果应≤10s。

五、外观、通电检查及检定结论

此外，仪器被检之前应首先通过外观及通电检查。外观良好，结构完整，仪器名称、型号、制造厂名称、出厂时间、编号等应齐全、清晰，附件齐全，仪器连接可靠，各旋钮应能正常调节，并附有制造厂的使用说明书。

按上述要求检定合格的仪器发给检定证书，不合格的仪器发给检定结果通知书，并注明不合格项目。

第五节 六氟化硫气体密度计校验

漏气是六氟化硫高压电器的致命缺陷。一般认为六氟化硫气体绝缘高压电器可10～15年不用维修，要达到这一指标，六氟化硫气体的年漏气率不能太高，其密封性能是考核产品质量的关键性能指标之一，对保证六氟化硫高压电器的安全运行和人身安全都具有重要意义。

在六氟化硫电气设备中气体的泄漏是由密度继电器来监测的。密度是指一特定的物质在某一特定条件下单位体积的质量。对于六氟化硫气体而言，其密度和气体的压力与温度有一定的关系。在密封良好的电气设备中，只要六氟化硫气体没有发生泄漏，六氟化硫气体的密度就应保持恒定。设备中六氟化硫气体的压力可以随温度变化而变化，六氟化硫气体的密度不应改变。

一、密度继电器的工作原理

密度继电器对气体密度的检测是借用气体压力的指示来完成的。所以一般六氟化硫密度表的指示值都是借用压力单位 MPa。

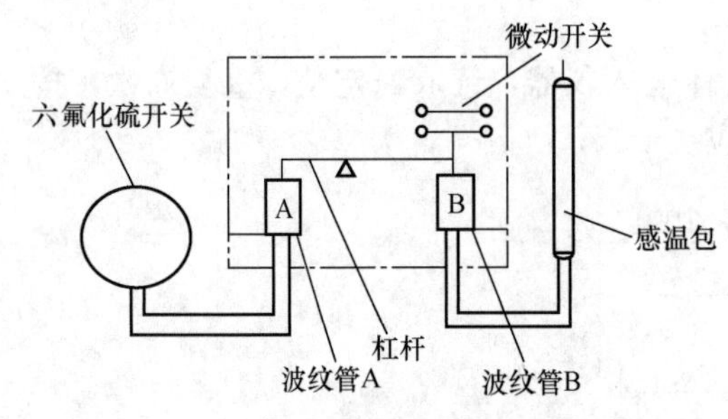

图 8-10 Ⅰ型密度继电器的工作原理

1. Ⅰ型密度继电器的工作原理

如图 8-10 所示，Ⅰ型密度继电器主要是由两只波纹管 A 及 B、杠杆、微动开关及感温包等元件组成。

感温包与波纹管 B 相连，在 20℃条件下封入额定气压的气体，波纹管 A 与 SF_6 设备相通，当设备工作在额定气压（20℃）时，A、B 压力相等，杠杆平衡，微动开关处于常开位置。当环境温度变化升高或降低时，由于六氟化硫气体的压力可以随温度变化而变化，A、B 中的气压也等值的升降，杠杆仍平衡，微动开关触点不动，这就是所谓的补偿作用。环境温度变化造成的气体压力变化，不会引起接点误动作。

如果设备漏气（气压降到补气的压力），A 中气压下降，波纹管收缩，B 中气体压力不变，杠杆及时转动，微动开关触点导通，发出补气信号。如果继续漏气，同理，将由另一对触点发出断路器闭锁信号。

2. Ⅱ型密度继电器工作原理

Ⅱ型密度继电器将真空压力表与六氟化硫密度控制器组合，气压监视直观、使用方便，可直接安装在设备壳体上，能准确地反映环境温度与设备内六氟化硫气体温度的变化，监视精度较高，误报的可能性小。

如图 8-11 所示，它的工作原理是：蛇形弹性管感受设备内六氟化硫气体的压力变化，利用热膨胀系数不同的双金属片来补偿温度对 SF_6 气压的影响。温度升高时，蛇形弹性管的端点因气压上升而向上位移，与端点连接的双金属片的开口处收缩而使端点下降，上、下位移趋势抵消，使端点不动，指针指示亦不变。

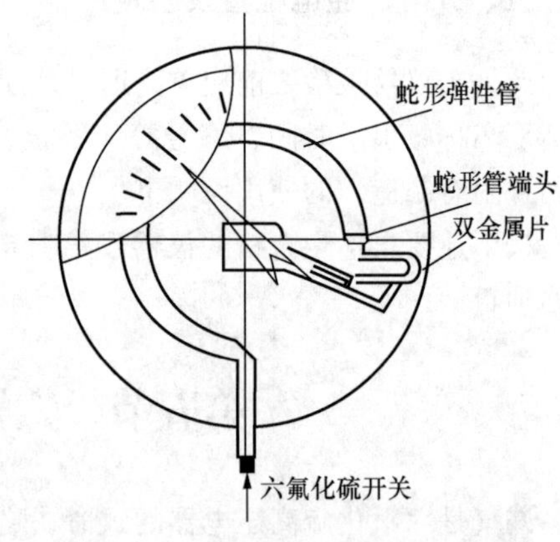

图 8-11 Ⅱ型密度继电器工作原理

Ⅱ型产品在环境温度－20～＋60℃范围内。指针直接表示额定六氟化硫气体压力（不必考虑环境温度的影响），产品不漏气，在环境温度 20℃～＋60℃范围内，指针不动。

二、密度继电器使用中的问题

由上所述，六氟化硫气体密度继电器是带有温度补偿作用的压力测定装置，是用来检测六氟化硫气体泄漏的。它可以区分六氟化硫电气设备气室的气压变化，是温度变化引起的正常降低还是设备严重漏气引起的不正常压降。由于它的温度补偿作用是相对于环境温度的，在密度继电器使用中要注意以下问题。

1. 只能补偿由环境温度变化引起的压力变化

六氟化硫高压电气设备在长期的运行中由于通电工作，负荷电流通过导体电阻和接触电阻时，消耗的电功率全部转化为热能，使导体发热造成设备内部温升。这就使设备内六氟化硫气体的温度和压力的变化不仅受环境温度的影响，也要受到设备内部温升的影响，而密度继电器的温度补偿作用是相对于环境温度的变化而设置的，所以它只能补偿环境温度变化带来的压力变化，不能补偿由设备内部温升带来的压力变化。这就造成密度继电器在使用中的误差。在夏季高温、大负荷的情况下，密度继电器的压力偏差可高达20%。

2. 密度继电器安装位置的不同造成压力读数的偏差

密度继电器可配置在电气设备的不同位置（或随设备安装位置的不同，它的安装方位也不同），其对环境温度的感知会有所不同。一般环境温度是指没有阳光照射下的空气温度。如果密度继电器安装在设备的向阳侧，经阳光照射的温度会高些，压力示值会较小。当密度继电器安装在设备的背阳侧，其感知的环境温度相对比较低，压力示值会高些。

三、密度继电器的校验

由于密度继电器对气体密度的检测是借用气体压力来指示的，所以它也属于压力指示仪表。按照国家计量检定的要求，压力仪表属于强制检验的仪表。DL/T 1596—1996《电力设备预防性试验规程》对密度继电器的定期校验作了相应规定。

密度继电器对于气体的监控一般分报警和闭锁两个接点。在气体由于泄漏压力降到一定值时，报警接点动作，发出报警信号。压力如果继续下降到闭锁值，闭锁接点动作，设备闭锁。所以对于密度继电器的校验，在确认其压力指示满足规定的准确等级后，要对其压力监控值的精度进行校验，即报警、闭锁接点的整定值的精度进行校验（有些设备同时还提供报警、闭锁的返回值指标范围，可同时对返回值的控制精度也作一校验）。校验数值要求换算到20℃时的数值。

下面介绍对密度继电器报警、闭锁接点的整定值的精度进行校验的方法。

1. 密度继电器校验台的基本构造

校验采用密度继电器校验台，密度继电器校验台主要由以下几部分组成：

(1) 气体压缩缸及摇柄。气体压缩缸内充有一定的气体（压力大约在0.7MPa左右），用摇柄转动活塞，使缸内的气体压力可以上升或下降（也可以用电动传递方法来使压缩缸内的气体压力变化）。

(2) 压力显示屏，指示气体压力，同时具有给出换算到20℃时的气体压力的能力。

(3) 接口部分，提供与密度继电器的气路连接。

(4) 接点连接部分，提供与密度继电器的接点（连接到继电保护盘上）连接。

2. 校验方法

如图8-12所示，首先先断开密度继电器与设备主体的气路连接，关闭常开阀门FA。然后连接校验台与密度继电器的气路（使气缸与密度继电器气路相通），打开常闭阀门FB。再将校验台的接点连接电缆与密度继电器触点连好。接以下步骤操作：

(1) 首先顺时针方向摇动手柄，使通到密度继电器内的六氟化硫气体压力上升到高于额定报警压力值。

(2) 逆时针方向摇动手柄，使通到密度继电器内的六氟化硫气体压力下降，当降到报警值时，报警接点动作，校验台发出信号，记录此时的报警压力值。

(3) 继续逆时针方向摇动手柄，使密度继电器的压力继续下降，当降到闭锁值时，闭锁接点

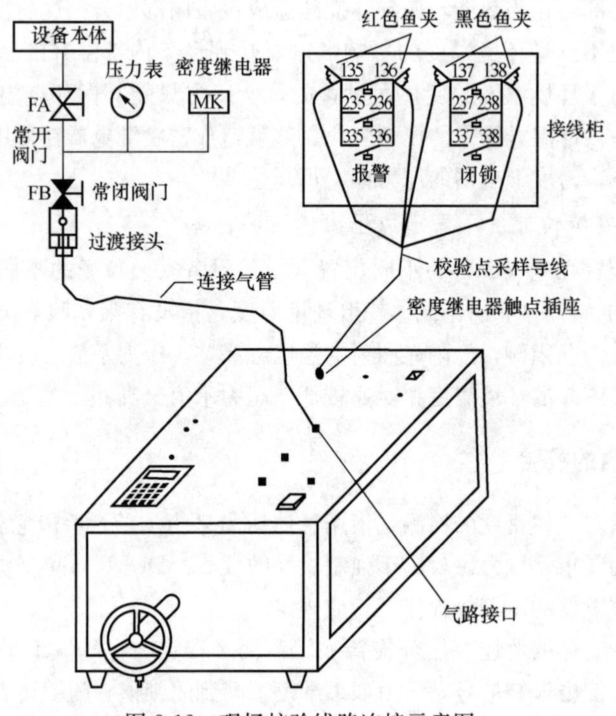

图 8-12 现场校验线路连接示意图

动作，校验台发出信号，记录此时的闭锁压力值。

(4) 顺时针方向摇动手柄，使密度继电器的压力上升，当升到闭锁值返回值时，闭锁接点动作，校验台发出信号，记录此时的闭锁返回压力值。

(5) 继续顺时针方向摇动手柄，使密度继电器的压力继续上升，当升到报警返回值时，报警接点动作，校验台发出信号，记录此时的报警返回压力值。

(6) 所有记录的压力值均应换算到 20℃时的气体压力值。

(7) 与厂家的出厂值比较，判断密度继电器的质量。

3. 密度继电器校验注意事项

(1) 密度继电器的校验可以直接在现场进行，也可以把密度继电器拆下来在试验室校验。

(2) 密度继电器校验台本身的压力示值的准确性校验可以创造条件，利用经计量部门检定合格的高精度的压力表来传递校验。密度继电器校验台的压力指示应满足规定的准确等级。

第六节　六氟化硫气体泄漏在线监测报警装置校验

六氟化硫气体以优异的绝缘和灭弧性能，被广泛应用于城市电网室内 GIS 变电站，其环境安全性受到了人们的广泛关注。按照《电业安全工作规程》相关规定，在室内装有六氟化硫电气设备工作场所，必须安装六氟化硫气体泄漏在线监测报警装置，用于监测环境空气中六氟化硫气体和氧气含量。当环境中六氟化硫气体含量大于 1000μL/L 或氧气含量低于 18%时，应实时报警，并自动开启风机进行室内通风，以保证进入室内工作人员的人身安全。

用于环境空气中六氟化硫气体和氧气含量检测的报警装置种类繁多，依据的原理各异，性能差异也较大。对于环境空气中六氟化硫气体含量检测，测量原理一般采用高电晕放电法、半导体法、声波法和非分光式红外吸收法等方法，对于氧气含量的检测一般采用电化学氧气传感器法。由于受现场环境、传感器结构、性能及材质影响，造成报警装置测量结果的漂移性较大。因此，为了保证报警装置运行可靠性，确保运行维护人员的人身安全，有必要定期对其测量结果的准确性进行校验。

报警装置结构见本书第四章第六节。

一、校准用标准仪器及配套设备要求

校准六氟化硫气体泄漏在线监测报警装置，主要工作原理是用已知浓度六氟化硫标准气和氧气标准气，以一定流量分别与检测单元中六氟化硫测量传感器和氧气测量传感器接触，进行性能指标的测试。

1. 标准气体

（1）标准气体基本要求。标准气体属于气体标准物质，是进行气体分析量值传递的计量器具。在报警装置的校验中，为了保证校验结果的同一性和准确性，所引用标准气体是实现检定溯源性的必要保证。在校验中，使用的标准气体，来源是计量部门批准、具有国家一级或二级证书的六氟化硫标准气体和氧气标准气体。

（2）标准气体背景气。六氟化硫报警装置是测定环境空气中的六氟化硫气体和氧气含量，根据一致性原则，校准所采用的六氟化硫标准气体，以空气为背景气体；氧气标准气，以高纯氮气为背景气。

（3）标准气体浓度。选用的标准气体的浓度，应根据选用的校准方法进行配置。如果直接将钢瓶标准气通入到仪器中进行校验，应根据校准的浓度点数量配置不同浓度钢瓶标准气。仪器的通常校验点不少于3点，一般可选择在满量程的40%、60%、80%附近3个点进行校验，报警装置对六氟化硫的检测范围一般在0～1500μL/L，对氧气的检测范围一般在0～25%（体积比）。按《电力安全工作规程》相关规定，报警装置报警点的浓度点设置，一般是氧气18%，六氟化硫气体1000μL/L，因此所选用的标准气体浓度，还应该兼顾考虑报警装置所要求的关键报警浓度点。

如果采用标准气体稀释装置，将标准气体稀释后通入到仪器中进行校验，可分别配置一瓶高浓度的钢瓶六氟化硫标准气体和氧气标准气体。

（4）标准气体定值不确定度。对于所引用标准气体定值的不确定度，国内相关的校准规范中提出，空气中六氟化硫气体标准物质，扩展不确定度不大于2%($K=2$)，氮气中氧气标准物质，扩展不确定度不大于1%($K=3$)。

2. 标准气体稀释装置

在报警装置校验过程中，至少需要3个不同浓度含量的标准气体，购置各种浓度的钢瓶装六氟化硫和氧气标准气体，在实验室校准工作中能容易做到。但到变电站开展报警装置校验工作是难以做到的，而使用标准气体稀释装置则很容易提供较宽的配气范围。为了保证稀释的标准气体量值的可靠性，这种装置必须经计量部门校准合格才能使用。

标准气体稀释装置通常也称为动态配气装置，配气原理采用流量比法。在实际配气中，一般购置一瓶较高浓度标准气体作原料气，采用一种稀释气，控制一定比例的标准气体和释稀气体的流量，经混合得到所需浓度标准气体。为了保证配气准确性，配气装置一般采用电子质量流量控制器，配气误差一般不超过±1%。

图 8-13 是一台四个配气通道的动态配气装置流程图。它采用流量比混合法，使用四个电子质量流量控制器，控制稀释气体及组分气体的流量，采用三个标准气体的输入通道和一个稀释气体的输入通道，使用快速插头形式，操作方便。稀释气体可采用压缩空气和高纯氮气，组分气体采用高浓度六氟化硫、氧气标准气体，采用计算机自动控制两种组分气体和稀释气流量，可自动配置出所需要浓度的标准气体。这套装置设置一个压缩空气发生器组件，当稀释气体为空气时可替代压缩空气钢瓶，使用起来比较方便。仪器内部安装了微型空气泵，其出气口连接到储气罐，并用压力传感器实时监测储气罐的内部压力，调控空气泵的运行状态，以保证气体压力的平稳性。在储气罐后端安装空气净化干燥器，滤除水分和其他杂质。

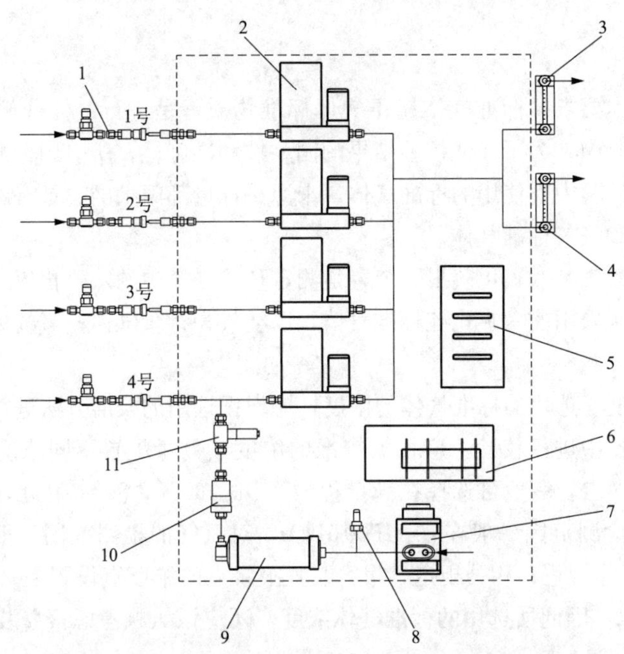

图 8-13 四个配气通道的动态配气装置的流程图

1—四路快插接头；2—四路质量流量控制器；3—标准气体输出端；4—气体放空端；5—电源模块；6—电路控制模块；7—隔膜气泵；8—压力传感器；9—稳压储气罐；10—净化干燥过滤器；11—通断电磁阀

为了验证配气装置配气的准确性，对六氟化硫气体和氧气配气浓度点也可采用气相色谱法进行定值检验，配气装置出气口与色谱仪定量管进样口相连接，采用外标法，使用热导检测器，进行定值检验。在色谱分析中，一般采用 30～60 目 13X 分子筛柱分离氧气和氮气，采用 60～80 目 Porapak-Q 或 GDX-104 担体柱分离空气、CO_2和六氟化硫气体。

稀释配气所选用钢瓶标准气体浓度和气体压力，主要应满足配气装置流量计最小输出流量、配置的校准气体浓度范围、减少配气误差和尽可能延长使用时间等几方面来考虑，另外还应考虑防止六氟化硫气体被液化问题。在试验中，可选用 1%～2%浓度（体积分数）的六氟化硫气体标准气和40%～50%浓度范围的氧气标准气，钢瓶中标准气体的充装压力可到10MPa。

对于配气中稀释气体的选择，由于实际测试的是空气中六氟化硫气体的浓度，因此在配气中采用合成（或压缩）空气为稀释气。对于氧气标准气体的稀释，应采用高纯氮气作为稀释气体，高纯氮气纯度不低于99.999%。

3. 流量控制器

由2个流量计组成，流量范围在0～1L/min，准确度级别不低于4级。采用标准气体稀释装置气路流量控制如图8-14所示，气体稀释装置的气体输出和旁路放空均通过仪器自身流量计控制，采用单一气瓶标准气流量控制如图8-15所示。

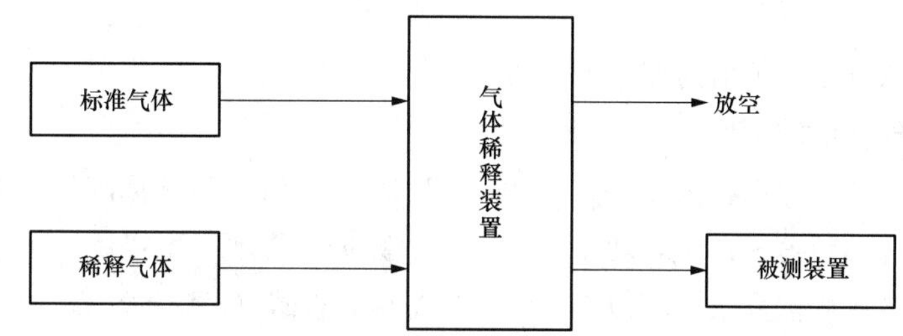

图8-14　稀释装置流量控制示意图

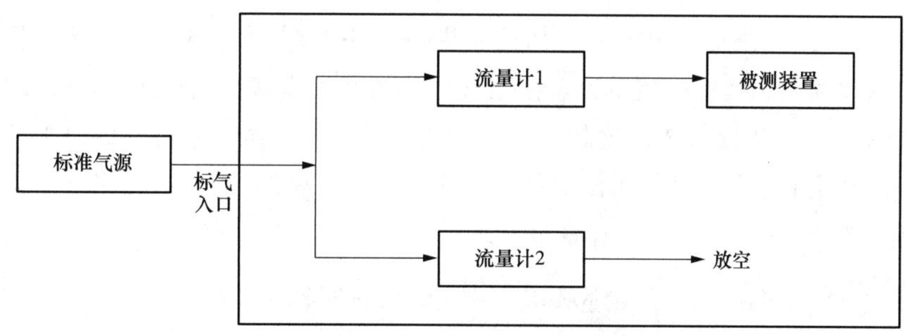

图8-15　单一气瓶标准气流量控制示意图

测试时，应根据装置采样方式不同，控制不同的气体流量。对于泵吸入式装置，气体流量应与吸入抽气泵的流速相等，并应保证流量控制器中的旁通流量计有流量放空。对于扩散式装置，气体流量应根据说明书的要求。如果说明书中没有明确的要求，则宜控制在300mL/min，流量波动小于±20mL/min范围。

4. 气体减压阀及气体管路

在测试过程中，采用的气体减压阀应与测试用气体钢瓶配套。对于采用的气体管路，应不影响被测气体浓度，如聚四氟乙烯或不锈钢管材等。

5. 秒表

选用的计时秒表，其分度值不大于0.1s。

二、校验项目及测试方法

检测误差、报警误差、重复性、响应时间和最小检测限5个主要指标是评价一套报警装置性能好坏的关键指标。下面结合报警装置对六氟化硫气体和氧气两个检测对象不同点，对这 5 个校验项目测试方法，进行介绍。

1. 检测误差测试

(1) 六氟化硫气体检测误差。分别将浓度约为 500、1000、1200μL/L 的六氟化硫标准气体，通入到检测单元，控制气体流量与采样器流速相匹配，观察主机显示的数据。待示值稳定后，记录仪器示值，每种浓度重复测量 3 次，取算术平均值作为报警装置测量值，按 (8-18) 式计算检测误差 Δc 。

$$\Delta c = \frac{\overline{c} - c_s}{c_s} \times 100\% \tag{8-18}$$

式中 $\overline{c}$ ——每种浓度 3 次示值的算术平均值；

c_s ——标准气体的浓度值。

(2) 氧气检测误差。分别将浓度约为 10%、18.0%、21%的氧气标准气，通入到检测单元，控制气体流量与采样器流速相匹配，观察主机显示的数据。待示值稳定后，记录报警装置示值，每种浓度重复测量 3 次，取算术平均值作为仪器测量值，按式 (8-19) 计算检测误差 Δc_O 。

$$\Delta c_O = \overline{c} - c_s \tag{8-19}$$

2. 报警误差测试

(1) 六氟化硫报警误差。使用标准气体稀释装置，采用空气为稀释气，将低于报警点浓度的六氟化硫标准气体通入到装置检测单元，控制气体流量与采样器流速相匹配，逐步增加气体浓度值，当装置显示六氟化硫气体浓度超过设定报警值（一般设为 1000μL/L）时，主机启动报警，报警灯亮，风机启动，语音提示。记录报警时的标准气体浓度值，重复测量 3 次，取算术平均值作为装置报警值，按式 (8-20) 计算报警误差 Δb 。

$$\Delta b = \frac{c_1 - c_2}{c_2} \times 100\% \tag{8-20}$$

式中 c_1——标准气体浓度值三次平均值；

c_2 ——报警设定值。

(2) 氧气报警误差。使用标准气体稀释装置，采用氮气为稀释气，将高于报警点浓度的氧气标准气体通入到装置检测单元，控制气体流量与采样器流速相匹配，逐步降低气体浓度值，当装置显示氧气浓度低于设定报警值（一般设为 18%）时，主机启动报警，报警灯亮，风机启动，语音提示。记录报警时的标准气体浓度值，重复测量 3 次，取算术平均值作为装置报警值，按式 (8-21) 计算报警误差 Δb_O。

$$\Delta b_O = c_1 - c_2 \tag{8-21}$$

3. 响应时间测试

(1) 六氟化硫响应时间。在规定流量下，通入浓度约为 1000μL/L 左右的六氟化硫标准气，待报警装置示值稳定后，读取稳定示值。撤去标准气体，通入纯净空气，待仪器回零后，再通入上述浓度的标准气体，从通入标准气体开始计时，记录报警装置显示值到达稳定值的 90%时所用时间。重复测量 3 次，取 3 次时间的算术平均值作为报警装置响应时间。

(2) 氧气响应时间。在规定流量下，通入浓度约为 18%左右的氧气标准气，待报警装置示值稳定后，读取稳定示值。撤去标准气体，通入高纯氮气，待仪器回零后，再通入上述浓度的标准气体，从通入标准气体开始计时，记录报警装置显示值到达稳定值的90%时所用时间。重复测量3次，取3次时间的算术平均值作为报警装置响应时间。

4. 重复性测试

通入浓度约为满量程60%左右的标准气，待报警装置示值稳定后，记录仪器示值。重复测量6次，重复性以单次测量的相对标准偏差表示。按式（8-22）计算报警装置的重复性。

$$RSD=\frac{1}{\overline{c}}\sqrt{\frac{\sum_{i=1}^{n}(c_i-\overline{c})^2}{n-1}}\times 100\% \tag{8-22}$$

式中　c_i——报警装置第 i 次测量的数值；

$\overline{c}$——装置示值的算术平均值；

n——测量次数（$n=6$）。

5. 最小检测限测试

将低浓度六氟化硫标准气体，通入到报警装置检测器，逐步增加气体浓度，记录仪器有响应信号时的气体浓度值，此时的浓度值即为仪器对六氟化硫气体的最小检测限。在最小检测限测试时，为了能配置出低浓度的六氟化硫气体，用于稀释的标准气体浓度不应太大，否则配气仪无法配出所需要低浓度气。对于检测限的测试一般适用于新设备。

空气氧气含量一般在21%，报警装置设置缺氧报警点一般在18%，因此对报警装置氧气最小检测限的测试没有意义。

三、校验结果评价

如何依据校验结果，对报警装置的性能进行评价，国内相关电力行业标准正在制定中。JJF 1263—2010《六氟化硫检测报警仪校准规范》、JJG 365—2008《电化学氧测定仪检定规程》、JB/T 10893—2008《高压组合电器配电室六氟化硫环境监测系统》、GB 12358—2006《作业场所环境气体检测报警仪通用技术要求》等4个技术标准，对六氟化硫和氧气报警装置的测量范围、示值误差、报警误差、重复性、响应时间指标要求见表8-6。在综合考虑4个标准基础上，结合国内目前报警装置的技术水平提出校验项目的参考控制指标见表8-7。

表8-6　相关标准提出的控制值

项目	JJF1263—2010 SF$_6$检测报警仪	JJG 365—2008 电化学氧测定仪	JB/T 10893—2008		GB 12358—2006	
			SF$_6$气体	氧气	SF$_6$气体	氧气报警仪
测量范围	0～1000μL/L		0～1500μL/L	5%～25%	—	—
示值误差	±10%	±2%FS(量程≤25%) ±3%FS(量程>25%)	±5%FS ±10%FS （原理不同）	±1%	±10% （显示值）	±0.7% （体积比）
报警误差	—	—	—	—	±15% （设定值）	±1%

续表

项目	JJF1263—2010 SF_6检测报警仪	JJG 365—2008 电化学氧测定仪	JB/T 10893—2008		GB 12358—2006	
			SF_6气体	氧气	SF_6气体	氧气报警仪
重复性	不大于 3%	≤1%	—	—	不大于 5%	不大于 3%
响应时间（检测）	不大于 30s	不大于 30s(吸入式) 不大于 60s(扩散式)	—	—	不大于 60s	不大于 20s

注 表中“FS”为被检仪器满量程。

表 8-7　新设备校验项目控制指标

项目	报警误差	检测误差	重复性	响应时间	最小检测限
六氟化硫	≤±5%（报警设定值）	≤±5%（显示值）	≤3%	≤60s（扩散式） ≤30s（泵吸入式）	参照仪器说明书
氧气	≤±0.5%（体积比）	≤±0.5%（体积比）	≤1%	≤60s（扩散式） ≤30s（泵吸入式）	—
运行设备校验					
项目	报警误差	检测误差	重复性	响应时间	—
六氟化硫	≤±10%（报警设定值）	≤±10%（显示值）	≤3%	≤60s（扩散式） ≤30s（泵吸入式）	—
氧气	≤±1%（体积比）	≤1%（体积比）	≤1%	≤60s（扩散式） ≤30s（泵吸入式）	—

四、校验时注意事项

（1）对于采样方式为泵吸入式报警装置，校验时可将标准气体，通过气体管道连接到检测单元中检测器的进样口，对检测器直接进行检测。

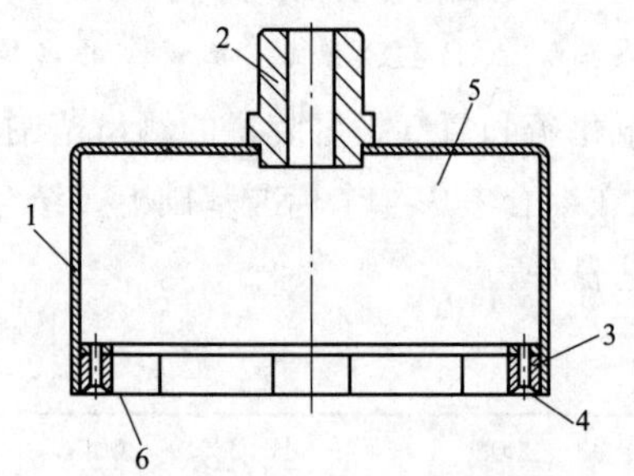

图 8-16　气路转接装置示意图

1—壳体；2—进气口接头；3—吸附磁铁；4—连接螺钉；5—开口槽；6—壳体端面

（2）对于采样方式为扩散式的报警装置，在对检测单元中传感器进行校验时，标准气体输出管道可通过气路转接装置和检测单元进气口对接，将气体通入到检测传感器。图 8-16 所示为一长方形转接装置示意图。一端可带有一定磁性，便于和检测单元进气口磁性对接，另一端带有快速插头和标气输出管道连接。为了防止环境空气对通入到检测单元中的标准气体浓度进行稀释，转接装置和检测单元对接处以及检测单元外壳缝隙处，采用胶带密封，仅留有细小的缝隙，使进出气体达到平衡。

（3）现场校验中，如果采用的配气装置在仪器供气系统中带有空气泵，通过空气泵采用大气中空气作为稀释气体来源时，为了防止配气装置通过旁通排气口，释放的六氟化硫气体排入室内大气，对采用空气来源点造成污染，应将配气装置旁通的六氟化硫气体，通过管道排放到室外。

（4）报警装置应每年校验仪 1 次。

（5）购置的标准气体，使用周期 1 年，气体稀释装置也应每年校验 1 次。

思考题

1. 标准物质需要具备什么样的特性?
2. 常用的动态湿度发生装置有哪几种? 并简述原理?
3. 简述分流法湿度发生器的基本原理。
4. 双压法湿度发生器工作原理是什么?
5. 外渗式湿度发生器工作原理是什么?
6. 报警装置的校验周期是几年?

第九章　六氟化硫气体的监控标准

与国外相同，我国也建立起了 SF_6 新气和运行气标准体系，有力推动了六氟化硫这种新型绝缘介质和六氟化硫电气设备的发展。对于新气，国内有 GB/T 12022《工业六氟化硫》；国际上有 IEC 60376《新六氟化硫的规范和验收》等标准。关于运行气，国内分为 GB/T 8905《六氟化硫电气设备中气体管理和检测导则》和 DL/T 595《六氟化硫电气设备气体监督细则》、DL/T 596《电力设备预防性试验规程》、DL/T 941《运行中六氟化硫变压器质量标准》及相对应的气体性能试验方法 3 个系列。相应的国际标准有 IEC 60480《从电气设备中取出的六氟化硫检验导则》等。

第一节　六氟化硫新气质量标准

一、国际标准中六氟化硫新气质量

IEC 60376《电力设备用工业级六氟化硫（SF_6）规范》中规定的六氟化硫新气质量标准见表 9-1。

表 9-1　　IEC 60376 中规定的 SF_6 新气质量

指标名称	IEC 60376	
	IEC 60376-71（已作废）	IEC 60376-2005
空气（N_2+O_2）	≤0.05%	≤0.20%
四氟化碳（CF_4）	≤0.05%	≤0.24%
湿度（H_2O）	$\leqslant 15\times10^{-6}$	$\leqslant 25\times10^{-6}$（−36℃）
酸度（以 HF 计）	$\leqslant 0.3\times10^{-6}$	$\leqslant 1\times10^{-6}$
可水解氟化物（以 HF 计）	$\leqslant 1\times10^{-6}$	—
矿物油	$\leqslant 10\times10^{-6}$	$\leqslant 10\times10^{-6}$
纯度（SF_6）	≥99.8%	≥99.7%（液态测试时）
毒性试验	无毒	无毒

注　1. 表中百分数为质量分数，10^{-6}相当于μg/g。

2. 新气验收抽检量为 3/10。

二、国内标准中六氟化硫新气质量

GB/T 12022《工业六氟化硫》标准主要用于电力工业、冶金工业和气象部门等，规定的六氟化硫的新气质量见表 9-2。GB/T 8905—2012《六氟化硫电气设备中气体管理和检测导则》标准主要用于电力工业，规定的中六氟化硫新气质量见表 9-3。GB/T 18867—2002《电子工业用气体六氟化硫》标准主要用于等离子蚀刻剂、掺杂剂、电子元器件的外延气或稀释载气等，规定的六氟化硫新气质量见表 9-4。

表 9-2　GB/T 12022《工业六氟化硫》标准中六氟化硫新气质量

项 目 名 称	指 标		
	GB/T 12022—1989	GB/T 12022—2006	GB/T 12022—2014
六氟化硫（SF_6）纯度（质量分数，$\times10^{-2}$）	≥99.8	≥99.9	≥99.9
空气含量（质量分数，$\times10^{-6}$）	≤500	≤400	≤300
四氟化碳（CF_4）含量（质量分数，$\times10^{-6}$）	≤500	≤400	≤100
六氟乙烷（C_2F_6）含量（质量分数，$\times10^{-6}$）	—	—	≤200
八氟丙烷（C_3F_8）含量（质量分数，10^{-6}）	—	—	≤50
水（H_2O）含量（质量分数，$\times10^{-6}$）	≤8	≤5	≤5
酸度（以 HF 计，质量分数，10^{-6}）	≤0.3	≤0.2	≤0.2
可水解氟化物（以 HF 计，质量分数$\times10^{-6}$）	≤1	≤1	≤1
矿物油含量（质量分数，10^{-6}）	≤10	≤4	≤4
毒性	生物试验无毒	生物试验无毒	生物试验无毒

表 9-3　GB/T 8905《六氟化硫电气设备中气体管理和检测导则》中六氟化硫新气质量

项 目		单 位	指 标
六氟化硫		%（重量比）	≥99.8
空气		%（重量比）	≤0.05
四氟化碳		%（重量比）	≤0.05
湿度（20℃）	重量比	%（重量比）	≤0.000 5
	露点（101 325Pa）	℃	≤−49.7
酸度（以 HF 计）		%（重量比）	≤0.000 02
可水解氟化物（以 HF 计）		%（重量比）	≤0.000 10
矿物油		%（重量比）	≤0.000 4
毒性		—	生物试验无毒

表 9-4　GB/T 18867《电子工业局气体六氟化硫》中六氟化硫新气质量

项 目 名 称	指 标
六氟化硫（SF_6）的体积分数（$\times10^{-2}$）	≥99.99
空气（N_2+O_2）的体积分数（$\times10^{-6}$）	≤0.04%
四氟化碳（CF_4）的体积分数（$\times10^{-6}$）	≤0.04%
湿度（H_2O）的体积分数（$\times10^{-6}$）	≤5×10^{-6}

续表

项目名称	指标
酸度（以HF计）的体积分数（$\times10^{-6}$）	$\leqslant0.2\times10^{-6}$
可水解氟化物（以HF计）的体积分数（$\times10^{-6}$）	
其他杂质（CO_2、C_2F_6、SO_2F_2、S_2OF_2、S_2OF_x）的体积分数（$\times10^{-6}$）	$\leqslant15$
杂质总和的体积分数（$\times10^{-6}$）	$\leqslant100$
颗粒	由供需双方商定

三、新气的质量检验抽检率

GB/T 12022《工业六氟化硫》是针对气体生产部门批量生产时制定的抽检规定，对于电力等生产部门来说，如按GB/T 12022《工业六氟化硫》来执行，抽检率太低。所以在GB/T 8905和DL/T 596标准中明确作了具体规定。对断路器和GIS，抽检率为十分之三，同一批相同日期的，只测定湿度和纯度；对变压器从同批气瓶抽检时，抽取样品的瓶数应能足够代表该批气体的质量，具体规定见表9-5。

表9-5　总气瓶数与应抽取的瓶数（DL/T 941—2005）

序号	1	2	3	4*	5*
总气瓶数	1～3	4～6	7～10	11～20	20以上
抽取瓶数	1	2	3	4	5

* 除抽检瓶数外，其余瓶数测定湿度和纯度。

四、气体的混用

对于不同产地气体的混合、新气与设备中运行气体的混合等问题，由于气体的混合不会影响理化性质，凡符合新气质量标准的气体，均可以任何比例混合使用；设备运行中所补气体必须符合新气质量标准，同时设备内气符合运行标准，新气就可以与设备气以任何比例混合使用。如使用再用气体时，至少再用气体质量符合IEC 60480中规定的杂质允许含量。

第二节　运行中六氟化硫气体质量标准

一、国内标准对运行中六氟化硫气体质量的规定

根据生产实际和设备发展状况，我国运行六氟化硫电气设备用气体质量标准分为断路器、GIS气体和运行变压器气体两个系列。其中，运行断路器、GIS气体标准中包括了各电压等级的断路器、GIS、互感器及套管用气监督检测，见标准GB/T 8905—2012、DL/T 596—1996；运行变压器用气标准则主要针对变压器（电流互感器可参照）而制定，参见标准DL/T 941—2005。运行断路器用气及变压器用气的监督标准分别见表9-6、表9-7和表9-8。

表 9-6　运行中六氟化硫气体的试验项目、周期和要求（GB/T 8905、DL/T 596—1996）

序号	项目	周期	要求	说　明
1	气体泄漏	必要时	断路器：≤0.5%/年	按 GB/T 12022《高压开关设备六氟化硫气体密封试验方法》进行
2	湿度 20℃体积分数（10^{-6}）	（1）1～3 年（35kV 以上）； （2）大修后； （3）必要时	（1）断路器灭弧室气室大修后不大于 150，运行中不大于 300； （2）其他气室大修后不大于 250，（500*），运行中不大于 500（3000*）	（1）DL/T 915《六氟化硫气体中水分含量测定法（电解法）》和 DL/T 506《现场 SF_6 气体水分测定方法》进行； （2）新装及大修后 1 年内复测 1 次，如湿度符合要求，则正常运行中 1～3 年 1 次； （3）周期中的“必要时”是指新装及大修后 1 年内复测湿度不符合要求或年漏气率超过 1%和设备异常时，按实际情况增加的检测
3	密度（标准情况下）kg/m^3	必要时	6.16	按 DL/T 917《六氟化硫新气中密度测定法》进行
4	毒性	必要时	无毒	按 DL/T 921《六氟化硫气体毒性生物试验方法》进行
5	酸度（质量分数，$\times10^{-6}$）	（1）大修后； （2）必要时	≤0.3	按 DL/T 916《六氟化硫新气中酸度测定法》或用检测管进行测量
6	四氟化碳（质量分数,%）	（1）大修后； （2）必要时	（1）大修后≤0.05； （2）运行中≤0.1	按 DL/T 920 进行
7	空气（质量分数,%）	（1）大修后； （2）必要时	（1）大修后≤0.05； （2）运行中≤0.2	按 DL/T 920 进行
8	可水解氟化物（质量分数，$\times10^{-6}$）	（1）大修后； （2）必要时	≤1.0	按 DL/T 918 进行测定
9	矿物油（质量分数，$\times10^{-6}$）	（1）大修后； （2）必要时	≤10	按 DL/T 919 进行测定

注　GB/T 8905 标准只给出了测定项目，除湿度外没有给出其他各项具体指标。

*　GB/T 8905 标准给定的湿度指标。

表 9-7　六氟化硫变压器交接时、大修后的六氟化硫质量标准

序号	项　目	单　位	指　标
1	泄漏	年泄漏率,%	≤0.1（可按照每个检测点泄漏值不大于 30μL/L）
2	湿度（H_2O）(20℃，101 325Pa)	露点温度,℃	箱体和开关应≤−40，电缆箱等其余部位≤−35
3	空气（N_2+O_2）	质量分数,%	≤0.1
4	四氟化碳（CF_4）	质量分数,%	≤0.05
5	纯度（SF_6）	质量分数,%	≥97
6	有关杂质组分（CO_2、CO、HF、SO_2、SF_4、SOF_2、SO_2F_2）	μg/g	有条件时报告（记录原始值）

表 9-8　　运行变压器六氟化硫质量标准

序号	项　目	单　位	指　标
1	泄漏	年泄漏率,%	≤0.1（可按照每个检测点泄漏值不大于 30μL/L）
2	湿度（H_2O）(20℃，101 325Pa)	露点温度,℃	箱体和开关应≤－35 电缆箱等其余部位≤－30
3	空气（N_2＋O_2）	质量分数,%	≤0.2
4	四氟化碳（CF_4）	质量分数,%	比原始测定值大 0.01%时应引起注意
5	纯度（SF_6）	质量分数,%	≥97
6	矿物油	μg/g	≤10
7	可水解氟化物（以 HF 计）	μg/g	≤1.0
8	有关杂质组分（CO_2、CO、HF、SO_2、SF_4、SOF_2、SO_2F_2）	μg/g	报告（监督其增长情况）

注　GB/T 8905 标准只给出了测定项目，除湿度外投有给出其他各项具体指标。

二、运行中六氟化硫设备的检测周期

断路器和 GIS 运行中六氟化硫质量标准检测项目和周期应符合表 9-6 的要求。对充气压力低于 0.35MPa 且用气量少的设备（如 35kV 以下的断路器），只要不漏气，交接时质量合格，除在异常时，运行中可不检测气体湿度。

六氟化硫变压器交接时，大修后六氟化硫质量标准应符合表 9-7 的要求；运行变压器中六氟化硫质量标准应符合表 9-8 的要求；运行变压器中六氟化硫检测项目和周期见表 9-9。

表 9-9　　运行变压器中六氟化硫检测项目和周期（DL/T 941—2005）

序号	项　目	周　期	方法
1	泄漏	日常监控，必要时	GB/T 11023
2	湿度（H_2O）	1 次/年	DL/T 506 和 DL/T 915
3	空气	1 次/年	DL/T 920
4	四氟化碳	1 次/年	DL/T 920
5	纯度（SF_6）	1 次/年	DL/T 920
6	矿物油	必要时	DL/T 919
7	可水解氟化物（以 HF 计）	必要时	DL/T 918
8	有关杂质组分（CO_2、CO、HF、SO_2、SOF_2、SO_2F_2）	必要时（建议有条件 1 次/年）	报告

三、再用六氟化硫气体质量

GB/T 8905—2012《六氟化硫电气设备中气体管理和检测导则》中第 8 章"运行设备重复使用六氟化硫的质量规范"，规定了从电气设备回收六氟化硫进行处理的判定流程如图 9-1 所示，回收气体杂质的最大允许水平应符合表 9-10。

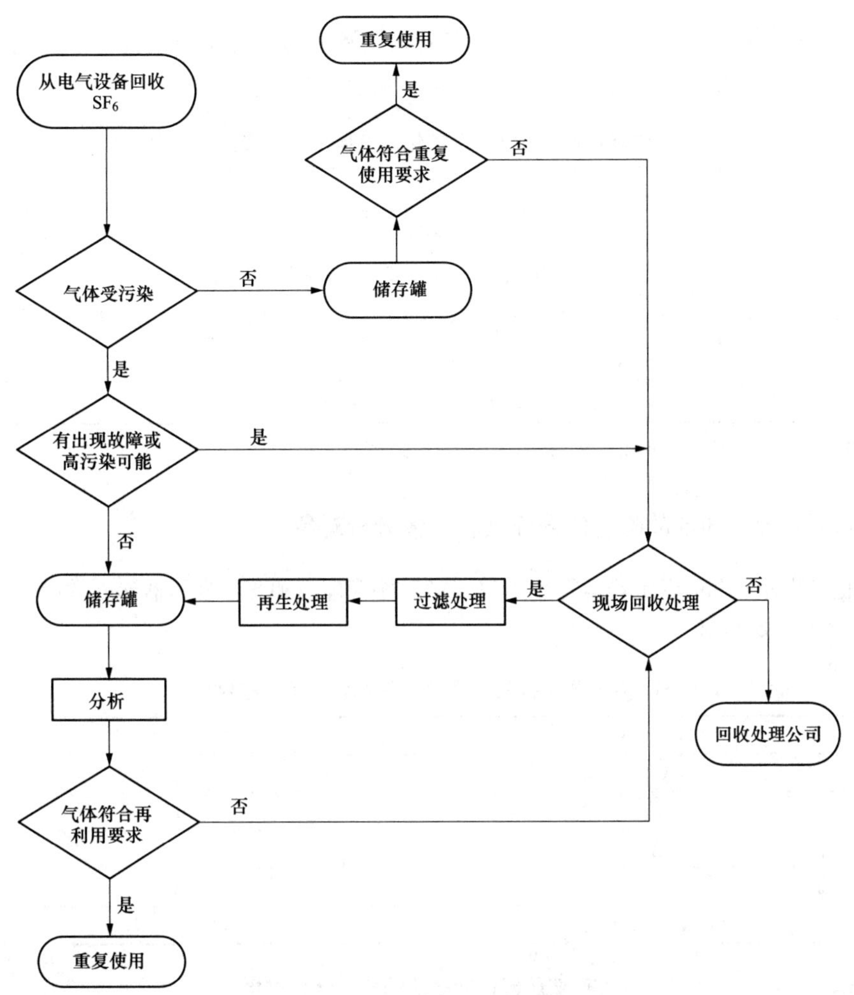

图 9-1　回收六氟化硫气体流程图

表 9-10　　GB/T 8905 规定的回收气体杂质的最大允许水平

序号	项　　目	周　　期	单　　位	标　　准
1	泄漏	投运前	%/年	≤0.5
2	湿度（H_2O）	投运前	μL/L	灭弧室≤150，非灭弧室≤250
3	酸度（以 HF 计）	必要时	%（重量比）	≤0.000 03
4	四氟化碳	必要时	%（重量比）	≤0.05
5	空气	必要时	%（重量比）	≤0.05
6	可水解氟化物（以 HF 计）	必要时	%（重量比）	≤0.000 1
7	矿物油	必要时	%（重量比）	≤0.001
8	纯度（SF_6）	必要时	%（重量比）	
9	气体分解物	必要时	<5 μL/L 或（SO_2＋SOF_2）<2μL/L、HF<2μL/L	

IEC 60480—2004《从电气设备中取出六氟化硫的检验和处理指南及其再使用规范》中规定了再用 SF_6 气体中杂质最大允许值，具体控制指标见表 9-11。

表 9-11　IEC 60480 规定的再用六氟化硫气体中杂质最大允许值

<table>
<tr><th rowspan="2">杂质</th><th colspan="2">最大允许值</th></tr>
<tr><th>气室绝对压力<200kPa</th><th>气室绝对压力>200kPa</th></tr>
<tr><td>空气和（或）四氯化碳</td><td colspan="2">3%（体积比，对于混合气体，可由设备制造商具体指定）</td></tr>
<tr><td>水分</td><td>95mg/kg（750μL/L 或−23℃）</td><td>25mg/kg（200μL/L 或−36℃）</td></tr>
<tr><td>矿物油</td><td colspan="2">10mg/kg</td></tr>
<tr><td>总活性气体分解物</td><td colspan="2">50μL/L 或 12μL/L（SO_2+SOF_2）或 25μL/L（HF）</td></tr>
</table>

注　如果与气体接触的为无油设备或系统，矿物油含量可不必测试。

四、六氟化硫变压器故障气体管理值和气体分析对象

国外报道的有关 SF_6 变压器运行气体中故障气体管理值和 SF_6 变压器诊断故障的气体分析对象，见表 9-12 和表 9-13。

表 9-12　SF_6 变压器运行气体中故障气体管理值（控制值）

序号	项　目	气体管理值
1	CO_2	2000μL/L
2	CO	120μL/L
3	乙醛	80μL/L
4	SO_2	10μL/L
5	SOF_2、HF、SO_2F_2	均为 1μL/L

表 9-13　SF_6 变压器诊断故障的气体分析对象

故障类型		特征组分	一次诊断	二次诊断
绝缘物过热	低温过热	CO_2	○	○
		乙醛	○	○
		甲醇		○
	高温过热	丙酮		○
		CO	○	○
		CH_4、C_2H_6、C_2H_4		○
		甲乙酮		○
		糠醛		○
		甲基吡啶		○
放电及金属高温过热		SOF_2、SO_2F_2	○	○
		SO_2、HF、CF_4	○	○
		HF	○	○
		CF_4	○	○

注　○表示需要检测。

五、运行中六氟化硫变压器气体质量与高压断路器气体质量的不同

1. 设备投运前气体质量监督标准

（1）根据多年运行经验，并从变压器充气量大、节约运行成本和环境保护方面考虑，提高变压器设备气体泄漏标准，高压断路器的气体年泄漏率为0.5%，变压器的气体年泄漏率为0.1%。

（2）气体湿度的表示单位用露点表示，指标较高压断路器气体湿度严格，增加了检测温度。这是由于六氟化硫变压器运行温升较大，而温度的高低将影响气体变压器内部材质对气体中水分的吸附能力，因此运行中变压器的气体水分含量将大于停运时气体水分含量。标准中推荐的湿度指标是指20℃时的数值。露点温度：箱体和开关应≤−40℃，电缆箱等其余部位≤−35℃。

2. 运行中的六氟化硫变压器中气体质量与投运前的气体质量不同

（1）运行中变压器气体湿度的表示单位用露点表示，指标较高压断路器气体湿度严格。气体湿度标准为露点温度℃。对于箱体和开关，应≤−35℃，电缆箱等其余部位≤−30℃。

（2）列出空气和四氟化碳的指标和检测周期（1次/年），其余的试验项目主要以气相色谱分析为主，对于其他的检测项目如毒性、可水解氟化物、矿物油等，试验方法较繁琐，同时采气量较大，实施尚有困难的列为“必要时”进行。

（3）提出运行气的空气和四氟化碳的指标为≤0.2%，明确 CF_4 含量比原始测定值大0.01%时应引起注意。四氟化碳为放电后的特征组分，含量大小与故障程度有关，在目前含量与故障尚没有建立对应关系的情况下，建议注意其增长情况。若 CF_4 含量超过0.1%的情况下，需引起注意，查找原因或结合电气试验，进行结果分析。

（4）根据国内外研究认为组分 CO_2、CO、HF、SO_2、SOF_2、SO_2F_2 的检测在故障监测中是很重要的，一些变压器制造厂商在其设备维护手册中也建议对此加以检测。但是目前我们还没有这些组分的标准检测方法和仪器设备，为了收集数据、积累经验，在标准中建议有条件的情况下进行检测，结果采用国际通用的报告形式。

（5）对于国外提出的测定甲醛、乙醛、丙酮等组分，考虑到国内没有方法，目前无法进行，没有列入。

第三节　检测六氟化硫气体质量的标准

一、国外电力设备用六氟化硫质量的检测方法

IEC 60376《电力设备用工业级六氟化硫（SF_6）规范》中六氟化硫的质量检查项目和建议方法见表9-14；IEC 60480《从电气设备中取出六氟化硫的检验和处理指南及其再使用规范》中六氟化硫的质量检查项目和建议方法见表9-15。

表9-14　　IEC 60376充入电力设备前的六氟化硫的质量检查项目和建议方法

序号	项　　目	建 议 方 法
1	毒性	生物毒性
2	空气（氮、氧的空气质量）	气相色谱法

续表

序号	项目	建议方法
3	四氟化碳（质量分数）	气相色谱法
4	水分（质量分数）	露点法*，重量法，电解法
5	游离酸（用HF质量分数来表示）	吸收中和
6	可水解氟化物（用HF质量分数表示）	吸收后比色或离子选择
7	矿物油（质量分数）	红外光谱分析**
8	密度（101.3kPa，20℃）	红外光谱分析，称重

注 IEC 376于1971年颁布，1973年、1974年补充，1994年确认，2005年修订为IEC 60376—2005。

* IEC 376A—1973第一次补充。

** IEC 376A—1974第二次补充。

表9-15　IEC 60480从电力设备中取出的六氟化硫质量要求

序号	项目	建议方法
1	毒性	无毒
2	气体识别	导热系统测定，红外光谱分析
3	氧含量	磁化率，气相色谱法
4	凝结温度（湿度）	露点法
5	酸度（质量分数，$\times10^{-6}$）	吸收中和
6	可水解氟化物（质量分数，$\times10^{-6}$）	吸收后比色或离子选择
7	矿物油（质量分数，$\times10^{-6}$）	红外光谱分析

注 IEC 480于1974年颁布，2004年修订为IEC 60480—2004。

二、监督电力设备用六氟化硫的标准

实现六氟化硫气体质量控制的技术基础和前提是，建立准确可靠的分析检测方法和技术，用以监督检验六氟化硫中的杂质组分和含量。评定六氟化硫质量是否符合相应的技术指标，建立、采用相对统一的检验方法和规程是非常必要的。多年来，国内外对六氟化硫气体的分析检测、六氟化硫高电压电气设备的监督与管理作了相应的规定，建立了一些标准试验方法、规程，见表9-16。

表9-16　电力设备用六氟化硫标准

序号	性能	标准编号	标准名称
1	质量标准	GB/T 12022	工业六氟化硫
2		DL/T 941	运行中六氟化硫变压器质量标准
3	取样方法	DL/T 1032	六氟化硫取样方法
4	物理性能	DL/T 917	六氟化硫新气中密度测定法
5		待制定	导热系数测定

续表

序号	性能	标准编号	标准名称
6	化学性能	GB/T 5832.1	气体中微量水分含量的测定
7		GB/T 5832.2	气体中微量水分含量的测定
8		DL/T 914	六氟化硫气体中水分含量测定法（重量法）
9		DL/T 915	六氟化硫气体中水分含量测定法（电解法）
10		DL/T 916	六氟化硫新气中酸度测定法
11		DL/T 918	六氟化硫气体中可水解氟化物含量测定法
12		DL/T 919	六氟化硫气体中矿物油含量测定法（红外光谱分析法）
13		DL/T 920	六氟化硫气体中空气、四氟化碳的气相色谱测定法
14		DL/T 506	六氟化硫气体绝缘中水分含量现场测量方法
15		待制定	总污染指数测定（离子色谱法）
16	规程	DL/T 596	电力设备预防性试验规程
17		DL/T 595	六氟化硫电气设备气体监督细则
18		GB/T 8905	六氟化硫电气设备中气体管理和检测导则
19	毒性	DL/T 921	六氟化硫气体毒性生物试验方法
20	安全	DL/T 639	六氟化硫电气设备运行、试验及检修人员安全防护细则
21	设备密封性	GB/T 11023	高压开关设备六氟化硫气体密封试验方法
22	报警	DL/T 1555	六氟化硫气体泄漏在线监测报警装置运行维护导则
23	回收、净化	DL/T 662	六氟化硫气体回收装置技术条件
24		DL/T 1556	六氟化硫气体回充装置技术条件
25		DL/T 1553	六氟化硫气体净化处理工作规程
26	故障分析	DL/T 1359	六氟化硫电气设备故障气体分析和判断方法
27		DL/T 1607	六氟化硫分解产物的测定红外光谱法
28	校验	T/CEC 126	六氟化硫气体分解产物检测仪校验方法

思考题

1. GB/T 12022《工业六氟化硫》标准中六氟化硫新气质量？
2. 运行中六氟化硫变压器气体的年泄漏量与高压断路器气体的年泄漏量是多少？
3. GB/T 8905 规定的回收气体杂质的最大允许水平？
4. IEC 60480 建议分析电力设备中取出的六氟化硫质量常用的方法是什么？
5. IEC 60480 规定的再用六氟化硫气体中杂质最大允许值是多少？

附　　录

附录一　气体压力法定计量单位与非法定计量单位的换算

单位数量＼换算值	帕斯卡 (Pa)	巴 (bar)	标准大气压 (atm)	工程大气压 (kgf/cm^2)	毫米汞柱 (mmHg)	毫米水柱 (mmH_2O)	磅力/平方英寸 (lbf/in^2)
1Pa	1	1×10^{-5}	$9.869\ 23\times10^{-6}$	$1.019\ 72\times10^{-5}$	$7.500\ 62\times10^{-3}$	0.101 972	$1.442\ 32\times10^{-4}$
1bar	1×10^{5}	1	0.986 923	1.019 72	750.062	$0.101\ 972\times10^{5}$	14.423 2
1atm	$1.013\ 25\times10^{5}$	1.013 25	1	1.033 23	760	$0.103\ 323\times10^{5}$	14.614 28
$1kgf/cm^2$	$9.806\ 65\times10^{4}$	0.980 665	0.967 841	1	735.559	1×10^{4}	14.144 27
1mmHg	133.322	$1.333\ 22\times10^{-3}$	$1.315\ 79\times10^{-3}$	$1.359\ 51\times10^{-3}$	1	13.595 1	0.019 229
$1mmH_2O$	9.806 65	$9.806\ 65\times10^{-5}$	$9.678\ 41\times10^{-5}$	1×10^{-4}	0.073 559	1	$14.144\ 27\times10^{-4}$
$1lbf/in^2$	$0.693\ 33\times10^{4}$	0.069 333	0.068 426	0.070 7	52.004 02	707	1

附录二　GIS 内部故障定位技术

定位技术	仪　器	功　能
X射线	X射线发生器和X射线感光胶片、X射线成像仪、机辅层析X射线摄像机	内部缺陷检测，如机械性损伤、触头位置不正、元件松动、绝缘子中气泡等
光学检测法	光电二极管、光纤镜	故障定位，透过观察窗进行直观检查
红外定位技术	红外热敏成像装置	大电流电弧放电故障定位，过热点定
电磁技术	电容式电压耦合元件、快速测定电子器件	局部放电检测和定位，GIS试验和运行中故障定位
化学检测法	化学测试管、气相色谱仪、气相色谱/质谱联用	六氟化硫分解产物分析，局部放电和电弧放电故障检测
声波检测法	加速度传感器、声波和超声波传感器、频谱分析仪	局部放电检测和定位，自由导电杂质检测

附录三　饱和水蒸气压

附表 3-1　　水的饱和水蒸气压（0℃～100℃）　　(Pa)

温度（℃）	0.0	0.1	0.2	0.3	0.4	0.5	0.6	0.7	0.8	0.9
0	611.213	615.667	620.150	624.662	629.203	633.774	638.373	643.003	647.662	652.350
1	657.069	661.819	666.598	671.408	676.249	681.121	686.024	690.958	695.923	700.920
2	705.949	711.010	716.103	721.228	726.386	731.576	736.799	742.055	747.344	752.667
3	758.023	763.412	768.836	774.294	779.786	785.312	790.873	796.469	802.100	807.766
4	813.467	819.204	824.977	830.786	836.631	842.512	848.429	854.384	860.375	866.403
5	872.469	878.572	884.713	890.892	897.109	903.364	909.658	915.991	922.362	928.773
6	935.223	941.712	948.241	954.810	961.419	968.069	974.759	981.490	988.262	995.075
7	1001.93	1008.83	1015.76	1022.74	1029.77	1036.83	1043.94	1051.09	1058.29	1065.52
8	1072.80	1080.13	1087.50	1094.91	1102.37	1109.87	1117.42	1125.01	1132.65	1140.33
9	1148.06	1155.84	1163.66	1171.53	1179.45	1187.41	1195.42	1203.48	1211.58	1219.74
10	1227.94	1236.19	1244.49	1252.84	1261.24	1269.68	1278.18	1286.73	1295.33	1303.97
11	1312.67	1321.42	1330.22	1339.08	1347.98	1356.94	1365.95	1375.01	1384.12	1393.29
12	1402.51	1411.79	1421.11	1430.50	1439.93	1449.43	1458.97	1468.58	1478.23	1487.95
13	1497.72	1507.54	1517.43	1527.36	1537.36	1547.42	1557.53	1567.70	1577.93	1588.21
14	1598.56	1608.96	1619.43	1629.95	1640.54	1651.18	1661.89	1672.65	1683.48	1694.37
15	1705.32	1716.33	1727.41	1738.54	1749.75	1761.01	1772.34	1783.73	1795.18	1806.70
16	1818.29	1829.94	1841.66	1853.44	1865.29	1877.20	1889.18	1901.23	1913.34	1925.53
17	1937.78	1950.10	1962.48	1974.94	1987.47	2000.06	2012.73	2025.46	2038.27	2051.14
18	2064.09	2077.11	2090.20	2103.37	2116.61	2129.92	2143.30	2156.75	2170.29	2183.89
19	2197.57	2211.32	2225.15	2239.06	2253.04	2267.10	2281.23	2295.44	2309.73	2324.10
20	2338.54	2353.07	2367.67	2382.35	2397.11	2411.95	2426.88	2441.88	2456.94	2472.13
21	2487.37	2502.70	2518.11	2533.61	2549.18	2564.85	2580.59	2596.42	2612.33	2628.33
22	2644.42	2660.59	2676.85	2693.19	2709.62	2726.14	2742.75	2759.45	2776.23	2793.10
23	2810.06	2827.12	2844.26	2861.49	2878.82	2896.23	2913.74	2931.34	2949.04	2966.82
24	2984.70	3002.68	3020.74	3038.91	3057.17	3075.52	3093.97	3112.52	3131.16	3149.90
25	3168.74	3187.68	3206.71	3225.85	3245.08	3264.41	3283.85	3303.38	3323.02	3342.76
26	3362.60	3382.54	3402.59	3422.73	3442.99	3463.34	3483.81	3504.37	3525.05	3545.83
27	3566.71	3587.71	3608.81	3630.02	3651.33	3672.76	3694.29	3715.94	3737.69	3759.56
28	3781.54	3803.63	3825.83	3848.14	3870.57	3893.11	3915.77	3938.54	3961.42	3984.42
29	4007.54	4030.77	4054.12	4077.59	4101.18	4124.88	4148.71	4172.65	4196.71	4220.90
30	4245.20	4269.63	4294.18	4318.85	4343.64	4368.56	4393.60	4418.77	4444.06	4469.48
31	4495.02	4520.69	4546.49	4572.42	4598.47	4624.65	4650.96	4677.41	4703.98	4730.68
32	4757.52	4784.48	4811.58	4838.81	4866.18	4893.68	4921.32	4949.09	4976.99	5005.04

续表

温度（℃）	0.0	0.1	0.2	0.3	0.4	0.5	0.6	0.7	0.8	0.9
33	5033.22	5061.53	5089.99	5118.58	5147.32	5176.19	5205.20	5234.36	5263.65	5293.09
34	5322.67	5352.39	5382.26	5412.27	5442.43	5472.73	5503.18	5533.78	5564.52	5595.41
35	5626.45	5657.64	5688.97	5720.46	5752.10	5783.89	5815.83	5847.93	5880.17	5912.58
36	5945.13	5977.84	6010.71	6043.73	6076.91	6110.25	6143.75	6177.40	6211.22	6245.19
37	6279.33	6313.62	6348.08	6382.70	6417.48	6452.43	6487.54	6522.82	6558.26	6593.87
38	6629.65	6665.59	6701.71	6737.99	6774.44	6811.06	6847.85	6884.82	6921.95	6959.26
39	6996.75	7034.40	7072.24	7110.24	7148.43	7186.79	7225.33	7264.04	7302.94	7342.02
40	7381.27	7420.71	7460.33	7500.13	7540.12	7580.28	7620.64	7661.18	7701.90	7742.81
41	7783.91	7825.20	7866.67	7908.34	7950.19	7992.24	8034.47	8076.90	8119.53	8162.34
42	8205.36	8248.56	8291.96	8335.56	8379.36	8423.36	8467.55	8511.94	8556.54	8601.33
43	8646.33	8691.53	8736.93	8782.54	8828.35	8874.37	8920.59	8967.02	9013.66	9060.51
44	9107.57	9154.84	9202.32	9250.01	9297.91	9346.03	9394.36	9442.91	9491.67	9540.65
45	9589.84	9639.25	9688.89	9738.74	9788.81	9839.11	9889.62	9940.36	9991.32	10 042.51
46	10 093.92	10 145.56	10 197.43	10 249.52	10 301.84	10 354.39	10 407.18	10 460.19	10 513.43	10 566.91
47	10 620.62	10 674.57	10 728.75	10 783.16	10 837.82	10 892.71	10 947.84	11 003.21	11 058.82	11 114.67
48	11 170.76	11 227.10	11 283.68	11 340.50	11 397.57	11 454.88	11 512.45	11 570.26	11 628.32	11 686.63
49	11 745.19	11 804.00	11 863.07	11 922.38	11 981.96	12 041.78	12 101.87	12 162.21	12 222.81	12 283.66
50	12 344.78	12 406.16	12 467.79	12 529.70	12 591.86	12 654.29	12 716.98	12 779.94	12 843.17	12 906.66
51	12 970.42	13 034.46	13 098.76	13 163.33	13 228.18	13 293.30	13 358.70	13 424.37	13 490.32	13 556.54
52	13 623.04	13 689.82	13 756.88	13 824.23	13 891.85	13 959.76	14 027.95	14 096.43	14 165.19	14 234.24
53	14 303.57	14 373.20	14 443.11	14 513.32	14 583.82	14 654.61	14 725.69	14 797.07	14 868.74	14 940.72
54	15 012.98	15 085.55	15 158.42	15 231.59	15 305.06	15 378.83	15 452.90	15 527.28	15 601.97	15 676.96
55	15 752.26	15 827.87	15 903.79	15 980.02	16 056.57	16 133.42	16 210.59	16 288.07	16 365.87	16 443.99
56	16 522.43	16 601.18	16 680.26	16 759.65	16 839.37	16 919.41	16 999.78	17 080.47	17 161.49	17 242.84
57	17 324.51	17 406.52	17 488.86	17 571.52	17 654.53	17 737.86	17 821.53	17 905.54	17 989.88	18 074.57
58	18 159.59	18 244.95	18 330.66	18 416.71	18 503.10	18 589.84	18 676.92	18 764.35	18 852.13	18 940.26
59	19 028.74	19 117.58	19 206.76	19 296.30	19 386.20	19 476.45	19 567.06	19 658.03	19 749.35	19 841.04
60	19 933.09	20 025.51	20 118.29	20 211.43	20 304.95	20 398.82	20 493.07	20 587.69	20 682.68	20 778.05
61	20 873.78	20 969.90	21 066.39	21 163.25	21 260.50	21 358.12	21 456.13	21 554.51	21 653.28	21 752.44
62	21 851.98	21 951.91	22 052.23	22 152.93	22 254.03	22 355.52	22 457.40	22 559.68	22 662.35	22 765.42
63	22 868.89	22 972.75	23 077.02	23 181.69	23 286.76	23 392.23	23 498.12	23 604.40	23 711.10	23 818.20
64	23 925.72	24 033.65	24 141.99	24 250.74	24 359.91	24 469.50	24 579.51	24 689.93	24 800.78	24 912.04
65	25 023.74	25 135.85	25 248.39	25 361.36	25 474.76	25 588.58	25 702.84	25 817.53	25 932.66	26 048.22
66	26 164.21	26 280.64	26 397.52	26 514.83	26 632.58	26 750.78	26 869.42	26 988.51	27 108.04	27 228.02
67	27 348.46	27 469.34	27 590.68	27 712.46	27 834.71	27 957.41	28 080.57	28 204.19	28 328.26	28 452.80
68	28 577.81	28 703.28	28 829.21	28 955.61	29 082.48	29 209.82	29 337.64	29 465.92	29 594.68	29 723.92

续表

温度（℃）	0.0	0.1	0.2	0.3	0.4	0.5	0.6	0.7	0.8	0.9
69	29 853.63	29 983.82	30 114.49	30 245.65	30 377.28	30 509.40	30 642.01	30 775.10	30 908.68	31 042.75
70	31 177.32	31 312.37	31 447.92	31 583.97	31 720.51	31 857.55	31 995.09	32 133.14	32 271.68	32 410.73
71	32 550.29	32 690.35	32 830.93	32 972.01	33 113.61	33 255.71	33 398.34	33 541.48	33 685.13	33 829.31
72	33 974.01	34 119.23	34 264.97	34 411.24	34 558.03	34 705.36	34 853.21	35 001.59	35 150.51	35 299.96
73	35 449.95	35 600.47	35 751.54	35 903.14	36 055.29	36 207.98	36 361.21	36 514.99	36 669.32	36 824.20
74	36 979.63	37 135.61	37 292.1.5	37 449.24	37 606.89	37 765.10	37 923.87	38 083.21	38 243.10	38 403.56
75	38 564.59	38 726.19	38 888.36	39 051.10	39 214.41	39 378.30	39 542.76	39 707.80	39 873.42	40 039.63
76	40 206.41	40 373.78	40 541.74	40 710.28	40 879.42	41 049.14	41 219.46	41 390.37	41 561.88	41 733.99
77	41 906.69	42 080.00	42 253.91	42 428.42	42 603.54	42 779.27	42 955.61	43 132.55	43 310.11	43 488.29
78	43 667.08	43 846.48	44 026.51	44 207.16	44 388.43	44 570.33	44 752.85	44 936.00	45 119.77	45 304.18
79	45 489.23	45 674.91	45 861.22	46 048.17	46 235.76	46 424.00	46 612.87	46 802.39	46 992.56	47 183.38
80	47 374.85	47 566.97	47 759.74	47 953.17	48 147.25	48 342.00	48 537.40	48 733.47	48 930.20	49 127.60
81	49 325.67	49 524.40	49 723.81	49 923.89	50 124.64	50 326.08	50 528.19	50 730.98	50 934.45	51 138.61
82	51 343.45	51 548.98	51 755.20	51 962.11	52 169.72	52 378.01	52 587.01	52 796.70	53 007.10	53 218.20
83	53 430.00	53 642.50	53 855.72	54 069.64	54 284.28	54 499.63	54 715.69	54 932.47	55 149.97	55 368.19
84	55 587.13	55 806.80	56 027.20	56 248.32	56 470.17	56 692.76	56 916.08	57 140.13	57 364.92	57 590.45
85	57 816.73	58 043.74	58 271.51	58 500.02	58 729.27	58 959.28	59 190.05	59 421.57	59 653.84	59 886.87
86	60 120.67	60 355.23	60 590.55	60 826.64	61 063.50	61 301.12	61 539.52	61 778.70	62 018.65	62 259.38
87	62 500.89	62 743.18	62 986.26	63 230.12	63 474.78	63 720.22	63 966.45	64 213.48	64 461.31	64 709.93
88	64 959.35	65 209.58	65 460.61	65 712.45	65 965.09	66 218.55	66 472.82	66 727.90	66 983.80	67 240.52
89	67 498.06	67 756.42	68 015.60	68 275.62	68 536.46	68 798.13	69 060.64	69 323.98	69 588.15	69 853.17
90	70 119.03	70 385.73	70 653.28	70 921.67	71 190.91	71 461.01	71 731.96	72 003.76	72 276.42	72 549.95
91	72 824.33	73 099.58	73 375.70	73 652.68	73 930.54	74 209.27	74 488.87	74 769.35	75 050.71	75 332.95
92	75 616.07	75 900.08	76 184.98	76 470.77	76 757.44	77 045.02	77 333.49	77 622.86	77 913.13	78 204.30
93	78 496.38	78 789.36	79 083.26	79 378.06	79 673.78	79 970.42	80 267.97	80 566.45	80 865.85	81 166.17
94	81 467.42	81 769.60	82 072.71	82 376.75	82 681.73	82 987.65	83 294.51	83 602.31	83 911.06	84 220.75
95	84 531.40	84 842.99	85 155.54	85 469.05	85 783.51	86 098.94	86 415.33	86 732.68	87 051.00	87 370.29
96	87 690.56	88 011.80	88 334.01	88 657.20	88 981.38	89 306.54	89 632.68	89 959.82	90 287.94	90 617.06
97	90 947.17	91 278.28	91 610.39	91 943.50	92 277.62	92 612.74	92 948.87	93 286.02	93 624.18	93 963.35
98	94 303.54	94 644.76	94 986.99	95 330.26	95 674.55	96 019.87	96 366.23	96 713.62	97 062.05	97 411.51
99	97 762.02	98 113.58	98 466.18	98 819.83	99 174.54	99 530.30	99 887.11	100 244.99	100 603.93	100 963.93
100	101 324.99									

附表 3-2　　过冷却水的饱和水蒸气压（−50℃～0℃）　　(Pa)

温度（℃）	0.0	0.1	0.2	0.3	0.4	0.5	0.6	0.7	0.8	0.9
0	611.21	606.79	606.39	598.02	593.67	589.36	585.07	580.81	576.58	572.38
−1	568.20	564.05	559.93	555.83	551.76	547.72	543.70	539.71	535.74	531.81
−2	490.14	524.00	520.14	516.31	512.49	508.71	504.95	501.21	497.50	493.81

续表

温度（℃）	0.0	0.1	0.2	0.3	0.4	0.5	0.6	0.7	0.8	0.9
−3	527.89	486.50	482.89	479.30	475.73	472.18	468.66	465.17	461.69	458.24
−4	454.81	451.41	448.02	444.46	441.32	438.01	434.72	431.44	428.19	424.97
−5	421.76	418.58	415.41	412.27	409.15	406.05	402.97	399.91	396.88	393.86
−6	390.86	387.89	384.93	382.00	379.08	376.18	373.31	370.45	367.61	364.79
−7	362.00	359.22	356.46	353.71	350.99	348.29	345.60	342.93	340.29	337.66
−8	335.04	332.45	329.87	327.31	327.77	322.25	319.74	317.25	314.78	312.33
−9	309.89	307.47	305.07	302.68	300.31	297.96	295.62	293.30	291.00	288.71
−10	268.44	284.18	281.94	279.72	277.51	275.32	273.14	270.98	268.83	266.70
−11	264.58	262.48	260.39	258.32	256.26	254.22	252.19	250.18	248.18	246.19
−12	244.22	242.27	240.32	238.39	236.48	234.58	232.69	230.82	238.96	227.11
−13	225.28	223.96	221.65	219.85	218.07	216.30	214.55	212.81	211.08	209.36
−14	207.65	205.96	204.28	202.61	200.96	199.31	197.68	196.06	194.46	192.86
−15	191.27	189.70	188.14	186.59	185.05	183.53	182.01	180.51	179.01	177.53
−16	176.06	174.60	173.15	171.71	170.29	168.87	167.46	166.07	164.68	163.31
−17	161.94	160.59	159.24	157.91	156.58	155.27	153.96	152.67	151.38	150.11
−18	148.84	147.59	146.34	145.10	143.87	142.66	141.45	140.25	139.06	137.87
−19	136.70	135.54	134.38	133.24	132.10	130.97	129.85	128.74	127.64	126.54
−20	125.46	124.38	123.31	122.25	121.20	120.15	119.12	118.09	117.07	116.05
−21	115.06	114.05	113.06	112.08	111.11	110.14	109.18	108.23	107.29	106.05
−22	105.42	104.50	103.59	102.68	101.78	100.89	100.00	99.12	98.25	97.39
−23	96.53	95.68	94.83	93.99	93.16	92.34	91.52	90.17	89.90	89.11
−24	88.31	87.53	86.75	85.97	85.21	84.45	83.69	82.94	82.20	81.46
−25	80.73	80.01	79.29	78.58	77.87	77.17	76.47	75.78	75.10	74.42
−26	73.74	73.08	72.41	71.76	71.10	70.46	69.82	69.18	68.55	67.92
−27	67.30	66.69	66.08	65.47	64.87	64.28	63.69	63.10	62.52	61.95
−28	61.38	60.81	60.25	59.69	59.14	58.59	58.05	57.51	56.98	56.45
−29	55.92	55.40	54.89	54.37	53.87	53.36	52.86	52.37	51.88	51.39
−30	50.91	50.43	49.96	49.49	49.02	48.56	48.10	47.65	47.20	46.75
−31	46.31	45.87	45.43	45.00	44.58	44.15	43.73	43.31	42.90	42.49
−32	42.09	41.68	41.28	40.89	40.50	40.11	39.72	39.34	38.96	38.59
−33	38.21	37.85	37.48	37.12	36.76	36.40	36.05	35.70	35.35	35.01
−34	34.67	34.33	34.00	33.66	33.33	33.01	32.69	32.37	32.05	31.73
−35	31.42	31.11	30.81	30.50	30.20	29.90	29.61	29.32	29.03	28.74
−36	28.45	28.17	27.89	27.62	27.34	27.07	26.80	26.53	26.27	26.00
−37	25.74	25.49	25.23	24.98	24.73	24.48	24.23	23.99	23.75	23.51
−38	23.27	23.03	22.80	22.57	22.34	22.11	21.89	21.67	21.45	21.23

续表

温度（℃）	0.0	0.1	0.2	0.3	0.4	0.5	0.6	0.7	0.8	0.9
−39	21.01	20.80	20.59	20.38	20.17	19.96	19.76	19.55	19.35	19.15
−40	18.96	18.76	18.57	18.38	18.19	18.00	17.81	17.63	17.45	17.27
−41	17.09	16.91	16.73	16.56	16.39	16.21	16.05	15.88	15.71	15.55
−42	15.38	15.22	15.06	14.91	14.75	14.59	14.44	14.29	14.14	13.99
−43	13.84	13.69	13.55	13.40	13.26	13.12	12.98	12.84	12.71	12.57
−44	12.44	12.30	12.17	12.04	11.91	11.79	11.66	11.53	11.41	11.29
−45	11.16	11.04	10.93	10.81	10.69	10.57	10.46	10.53	10.23	10.12
−46	10.01	9.90	9.80	9.69	9.58	9.48	9.38	9.27	9.17	9.07
−47	8.97	8.87	8.78	8.68	8.58	8.49	8.39	8.30	8.21	8.12
−48	8.03	7.94	7.85	7.77	7.68	7.59	7.51	7.43	7.34	7.26
−49	7.18	7.10	7.02	6.94	6.86	6.79	6.71	6.63	6.56	6.49
−50	6.41	6.34	6.27	6.20	6.13	6.06	5.99	5.92	5.85	5.79

附表 3-3　　冰的饱和水蒸气压（−100℃～0℃）　　(Pa)

温度（℃）	0.0	0.1	0.2	0.3	0.4	0.5	0.6	0.7	0.8	0.9
0	611.154 0	606.140 0	601.163 0	596.224 0	591.322 0	586.456 0	581.627 0	576.834 0	572.078 0	567.357 0
−1	562.671 0	558.021 0	553.405 0	548.825 0	544.279 0	539.767 0	535.290 0	530.846 0	526.436 0	522.059 0
−2	517.716 0	513.405 0	509.128 0	504.882 0	500.669 0	496.488 0	492.339 0	488.222 0	484.136 0	480.081 0
−3	476.057 0	472.063 0	468.101 0	464.168 0	460.266 0	456.394 0	452.552 0	448.738 0	444.955 0	441.200 0
−4	437.474 0	433.777 0	430.109 0	426.469 0	422.857 0	419.273 0	415.716 0	412.187 0	408.686 0	405.211 0
−5	401.764 0	398.343 0	394.949 0	391.581 0	388.240 0	384.924 0	381.635 0	378.371 0	375.132 0	371.919 0
−6	368.731 0	365.568 0	362.430 0	359.316 0	356.227 0	353.162 0	350.121 0	347.104 0	344.111 0	341.141 0
−7	338.195 0	335.272 0	332.372 0	329.495 0	326.640 0	323.809 0	320.999 0	318.212 0	315.447 0	312.705 0
−8	309.983 0	307.284 0	304.606 0	301.949 0	299.314 0	296.699 0	294.105 0	291.533 0	288.980 0	286.448 0
−9	283.937 0	281.445 0	278.974 0	276.522 0	274.090 0	271.678 0	269.285 0	266.911 0	264.556 0	262.221 0
−10	259.904 0	257.606 0	255.326 0	253.066 0	250.823 0	248.598 0	246.392 0	244.203 0	242.033 0	239.879 0
−11	237.744 0	235.626 0	233.525 0	231.441 0	229.374 0	227.324 0	225.291 0	223.275 0	221.275 0	219.291 0
−12	217.324 0	215.373 0	213.438 0	211.518 0	209.615 0	207.727 0	205.855 0	203.998 0	202.157 0	200.331 0
−13	198.520 0	196.724 0	194.942 0	193.176 0	191.424 0	189.687 0	187.964 0	186.256 0	184.561 0	182.881 0
−14	181.215 0	179.563 0	177.925 0	176.300 0	174.689 0	173.091 0	171.507 0	169.936 0	168.378 0	166.833 0
−15	165.302 0	163.783 0	162.277 0	160.783 0	159.303 0	157.834 0	156.378 0	154.935 0	153.504 0	152.084 0
−16	150.677 0	149.282 0	147.898 0	146.527 0	145.167 0	143.818 0	142.481 0	141.156 0	139.842 0	138.538 0
−17	137.247 0	135.966 0	134.696 0	133.437 0	132.189 0	130.951 0	129.724 0	128.508 0	127.302 0	126.106 0
−18	124.921 0	123.746 0	122.581 0	121.427 0	120.282 0	119.147 0	118.022 0	116.907 0	115.801 0	114.705 0
−19	113.618 0	112.541 0	111.473 0	110.415 0	109.366 0	108.326 0	107.295 0	106.273 0	105.260 0	104.256 0
−20	103.260 0	102.274 0	101.296 0	100.326 0	99.365 2	98.412 7	97.468 7	96.532 9	95.605 4	94.686 1

续表

温度（℃）	0.0	0.1	0.2	0.3	0.4	0.5	0.6	0.7	0.8	0.9
−21	93.774 9	92.871 8	91.976 6	91.089 4	90.210 0	89.338 4	88.474 6	87.618 4	86.769 9	85.928 9
−22	85.095 4	84.269 3	83.450 5	82.639 1	81.835 0	81.038 0	80.248 2	79.465 4	78.689 7	77.920 9
−23	77.159 0	76.403 9	75.655 7	74.914 2	74.179 4	73.451 1	72.729 5	72.014 4	71.305 7	70.603 5
−24	69.907 6	69.218 0	68.534 7	67.857 6	67.186 6	66.521 8	65.863 0	65.210 1	64.563 3	63.922 3
−25	63.287 2	62.657 9	62.034 3	61.416 5	60.804 3	60.197 7	59.596 7	59.001 3	58.411 3	57.826 7
−26	57.247 5	56.673 6	56.105 1	55.541 7	54.983 6	54.430 7	53.882 8	53.340 1	52.802 4	52.269 6
−27	51.741 8	51.219 0	50.700 9	50.187 7	49.679 3	49.175 7	48.676 7	48.182 4	47.692 7	47.207 6
−28	46.727 0	46.251 0	45.779 4	45.312 2	44.849 4	44.391 0	43.936 9	43.487 1	43.041 5	42.600 1
−29	42.162 9	41.729 8	41.300 9	40.876 0	40.455 1	40.038 2	39.625 2	39.216 2	38.811 1	38.409 8
−30	38.012 4	37.618 7	37.228 8	36.842 7	36.460 2	36.081 4	35.706 2	35.334 6	34.966 6	34.602 1
−31	34.241 1	33.883 5	33.529 5	33.178 8	32.831 5	32.487 6	32.147 0	31.809 6	31.475 6	31.144 8
−32	30.817 1	30.492 7	30.171 4	29.853 2	29.538 2	29.226 2	28.917 2	28.611 3	28.308 3	28.008 3
−33	27.711 2	27.417 1	27.125 8	26.837 3	26.551 7	26.269 0	25.988 9	25.711 7	25.437 1	25.165 3
−34	24.896 2	24.629 7	24.365 8	24.104 6	23.845 9	23.589 8	23.336 3	23.085 2	22.836 7	22.590 6
−35	22.347 0	22.105 8	21.867 0	21.630 5	21.396 5	21.164 8	20.935 4	20.708 2	20.483 4	20.260 8
−36	20.040 5	19.822 4	19.606 4	19.392 7	19.181 1	18.971 6	18.764 2	18.558 9	18.355 7	18.154 6
−37	17.955 5	17.758 4	17.563 3	17.370 2	17.179 1	16.989 9	16.802 6	16.617 2	16.433 7	16.252 1
−38	16.072 4	15.894 5	15.718 4	15.544 1	15.371 6	15.200 9	15.031 9	14.864 6	14.699 1	14.535 3
−39	14.373 2	14.212 7	14.053 9	13.896 8	13.741 2	13.587 3	13.435 0	13.284 2	13.135 0	12.987 4
−40	12.841 3	12.696 7	12.553 6	12.412 0	12.271 9	12.133 3	11.996 1	11.860 3	11.726 0	11.593 1
−41	11.461 5	11.331 4	11.202 6	11.075 2	10.949 1	10.824 3	10.700 9	10.578 7	10.457 9	10.338 3
−42	10.220 0	10.102 9	9.987 1	9.872 5	9.759 2	9.647 0	9.536 0	9.426 3	9.317 6	9.210 2
−43	9.103 9	8.998 7	8.894 7	8.791 7	8.689 9	8.589 1	8.489 5	8.390 9	8.293 4	8.196 9
−44	8.101 5	8.007 1	7.913 7	7.821 3	7.729 9	7.639 5	7.550 1	7.461 7	7.374 2	7.287 7
−45	7.202 1	7.117 4	7.033 7	6.950 9	6.869 0	6.787 9	6.707 8	6.628 5	6.550 1	6.472 6
−46	6.395 9	6.320 1	6.245 1	6.170 9	6.097 5	6.025 0	5.953 2	5.882 3	5.812 1	5.742 7
−47	5.674 1	5.606 2	5.539 1	5.472 7	5.407 1	5.342 2	5.278 0	5.214 5	5.151 7	5.089 7
−48	5.028 3	4.967 6	4.907 6	4.848 3	4.789 7	4.731 7	4.674 3	4.617 6	4.561 5	4.506 1
−49	4.451 3	4.397 1	4.343 5	4.290 5	4.238 2	4.186 4	4.135 2	4.084 6	4.034 5	3.985 1
−50	3.936 2	3.887 8	3.840 0	3.792 8	3.746 1	3.699 9	3.654 3	3.609 1	3.564 5	3.520 4
−51	3.476 8	3.433 8	3.391 2	3.349 1	3.307 5	3.266 3	3.225 7	3.185 5	3.145 7	3.106 5
−52	3.067 7	3.029 3	2.991 4	2.953 9	2.916 9	2.880 3	2.844 1	2.808 4	2.773 0	2.738 1
−53	2.703 6	2.669 5	2.635 8	2.602 5	2.569 5	2.537 0	2.504 9	2.473 1	2.441 7	2.410 7
−54	2.380 0	2.349 7	2.319 8	2.290 2	2.260 9	2.232 1	2.203 5	2.175 3	2.147 4	2.119 9
−55	2.092 7	2.065 8	2.039 2	2.013 0	1.987 1	1.961 5	1.936 1	1.911 1	1.886 4	1.862 0
−56	1.837 9	1.814 1	1.790 5	1.767 3	1.744 3	1.721 6	1.699 2	1.677 0	1.655 2	1.633 6

续表

温度（℃）	0.0	0.1	0.2	0.3	0.4	0.5	0.6	0.7	0.8	0.9
−57	1.612 2	1.591 1	1.570 3	1.549 7	1.529 4	1.509 3	1.489 4	1.469 9	1.450 5	1.431 4
−58	1.412 5	1.393 9	1.375 4	1.357 2	1.339 3	1.321 5	1.304 0	1.286 7	1.269 6	1.252 7
−59	1.236 0	1.219 6	1.203 3	1.187 2	1.171 4	1.155 7	1.140 2	1.125 0	1.109 9	1.095 0
−60	1080.25	1065.72	1051.38	1037.21	1023.22	1009.41	995.77	982.31	969.01	955.88
−61	942.92	930.12	917.48	905.01	892.69	880.52	868.52	856.66	844.96	833.40
−62	821.99	810.73	799.61	788.64	777.80	767.10	756.55	746.12	735.83	725.67
−63	715.65	705.75	695.98	686.34	676.82	667.42	658.15	648.99	639.96	631.04
−64	622.24	613.55	604.98	596.52	588.17	579.92	571.79	563.76	555.84	548.02
−65	540.30	532.69	525.18	517.76	510.44	503.22	496.10	489.06	482.13	475.28
−66	468.52	461.86	455.28	448.79	442.39	436.07	429.84	423.69	417.62	411.63
−67	405.72	399.90	394.15	388.47	382.88	377.36	371.91	366.54	361.24	356.01
−68	350.85	345.76	340.74	335.79	330.91	326.09	321.34	316.65	312.03	307.47
−69	302.97	298.54	294.16	289.85	285.59	281.39	277.25	273.17	269.14	265.17
−70	261.25	257.39	253.58	249.83	246.12	242.47	238.87	235.32	231.81	228.36
−71	224.95	221.59	218.28	215.02	211.80	208.63	205.50	202.41	199.37	196.37
−72	193.41	190.50	187.62	184.79	181.99	179.24	176.52	173.85	171.21	168.61
−73	166.04	163.52	161.02	158.57	156.15	153.76	151.41	149.09	146.81	144.55
−74	142.33	140.14	137.99	135.86	133.77	131.70	129.67	127.66	125.69	123.74
−75	121.82	119.93	118.06	116.23	114.42	112.63	110.88	109.15	107.44	105.76
−76	104.10	102.47	100.86	99.28	97.71	96.18	94.66	93.17	91.70	90.25
−77	88.82	87.41	86.03	84.66	83.32	81.99	80.69	79.40	78.13	76.89
−78	75.66	74.45	73.26	72.08	70.92	69.79	68.66	67.56	66.47	65.40
−79	64.34	63.30	62.28	61.27	60.28	59.30	58.34	57.39	56.45	55.53
−80	54.63	53.74	52.86	51.99	51.14	50.30	49.48	48.67	47.87	47.08
−81	46.30	45.54	44.79	44.05	43.32	42.60	41.90	41.20	40.52	39.84
−82	39.18	38.53	37.88	37.25	36.63	36.02	35.41	34.82	34.24	33.66
−83	33.10	32.54	31.99	31.45	30.92	30.40	29.88	29.38	28.88	28.39
−84	27.91	27.43	26.96	26.51	26.05	25.61	25.17	24.74	24.32	23.90
−85	23.49	23.09	22.69	22.30	21.91	21.54	21.16	20.80	20.44	20.08
−86	19.73	19.39	19.06	18.72	18.40	18.08	17.76	17.45	17.15	16.85
−87	16.55	16.26	15.97	15.69	15.42	15.15	14.88	14.62	14.36	14.10
−88	13.85	13.61	13.37	13.13	12.90	12.67	12.44	12.22	12.00	11.79
−89	11.57	11.37	11.16	10.96	10.77	10.57	10.38	10.19	10.01	9.83
−90	9.65	9.48	9.31	9.14	8.97	8.81	8.65	8.49	8.33	8.18
−91	8.03	7.89	7.74	7.60	7.46	7.32	7.19	7.06	6.93	6.80
−92	6.67	6.55	6.43	6.31	6.19	6.08	5.96	5.85	5.74	5.64

续表

温度（℃）	0.0	0.1	0.2	0.3	0.4	0.5	0.6	0.7	0.8	0.9
−93	5.53	5.43	5.33	5.23	5.13	5.03	4.94	4.84	4.75	4.66
−94	4.57	4.49	4.40	4.32	4.24	4.16	4.08	4.00	3.92	3.85
−95	3.78	3.70	3.63	3.56	3.50	3.43	3.36	3.30	3.23	3.17
−96	3.11	3.05	2.99	2.93	2.88	2.82	2.77	2.71	2.66	2.61
−97	2.56	2.51	2.46	2.41	2.36	2.32	2.27	2.23	2.18	2.14
−98	2.10	2.06	2.01	1.97	1.94	1.90	1.86	1.82	1.79	1.75
−99	1.72	1.68	1.65	1.61	1.58	1.55	1.52	1.49	1.46	1.43
−100	1.40									

附录四　六氟化硫电气设备各种检测用接口

接头编号	接头对照图	适用设备厂家、型号	
		厂家	设备型号
SJT01		ABB	ELF SP4-1、EDF SP7-2、ELK SP3-21、EDF SV2-1、LTB 145D1/B、HEI 1
		SIMENS	3AQ1EF、3APIFG、3AQIEG
		杭州西门子	3AQ1EE、S1-145-F1
		德国 AEG	S1-145-F1、阿尔斯通 GL312F1 GL312
SJT02		ALSTOM（阿尔斯通）	FX-11
		SPRECHER ENERGIE	HGF-112/1
SJT03		三菱电机	250-SFM 50 A/B、100-SFM-32 A/B、220kV 柱式
		西开	LW25-252 220kV、LW14-110、LW15-110
SJT04		三菱电机	120-SFMT-32A
		FUJI	BAK512LN
		西安高压开关厂	120-SFMT-32CA、250-SFMT-40B、LW14-110（100-SFM-40A)GIS
		东芝	GSR-500P2
		沈阳高压开关厂	ZF6-220、ZF6-110
		日立	220kV、500kV 罐式

续表

接头编号	接头对照图	适用设备厂家、型号	
		厂家	设备型号
SJT05		MG	550MHHE-2Y、245MHHE-1P、SB6 145
SJT06		平顶山高压开关厂	LW6-220、LW6-110、ZF5-110、LW10B、LW7-220、DHB1/ZF6-110、LW6-500/LW6、LW5-126、LW6B-126
SJT07		MG	FA1、FA2、FA4
		平顶山高压开关厂	LW6-220 三连箱
SJT08		北京开关厂	QF1-110、ZF4-110SF6、ZF4-110SFT GIS、ZF4-126 G18
		沈阳高压开关厂	LW11-22、LW11-110、LW14-110
		西开	LW2-220
		上海华通开关厂	
SJT09		北京 ABB	LTB 145 D1/B、EDF SK1-1、LTB245E1
SJT10		沈阳高压开关厂	LW6-220HW、LW4-110HW
SJT11		ABB	ELK SP3、MWB SAS245GOG、BBC ELF SL4-2、恒驰中兴、中兴创元
		上海互感器厂	SYS245 SYS123、SAS-252 CT、西开 ZWG9-252/Y400-50
		阿尔斯通	FXT11/BLRXE、FAXT14F FAQR14F、GL314 GL316 GL317、沈高 ZF6-110
		北开日新电机高压开关厂	GFBN-12A、西瓷避雷 Y10WF5-108/281、雷兹 SKF252
SJT12		泰安高压开关厂	LW-18
		如皋高压开关厂	LW-16
		福开	LN2-35

续表

接头编号	接头对照图	适用设备厂家、型号	
		厂家	设备型号
SJT13		北京 ABB	HPL245B1
SJT14		平顶山高压开关厂	LW6-110kV
SJT15		淄博开关厂	LW6A-40.5/Y1250
SJT16		平顶山高压开关厂	LW35-126
SJT17		阿尔斯通	双 S HGF114/1A
SJT18		阿尔斯通	GL107-35
SJT19			意大利 35kV

续表

接头编号	接头对照图	适用设备厂家、型号	
		厂家	设备型号
SJT20			40L 钢瓶角阀
SJT21		平顶山天鹰中压电器	LW34-40.5
SJT22		江苏精科互感器公司	LVQB-40.5W2
SJT23		泰安高压开关厂	LW8-A、LW20A-126
		山东鲁能开关厂	LW8-35
SJT24		河南平高东芝高压开关	GSR-500R2B、G2B-252、GSP-245EH
SJT25		通用接头	
SJT26		减压阀接头	
GJT27		英制转换公制接头	

续表

接头编号	接头对照图	适用设备厂家、型号	
		厂家	设备型号
GJT28		快速管路连接接头	
GJT29		快速管路连接接头座	
GJT30		管路流量调节阀	

参 考 文 献

[1] 孟玉婵，朱芳菲．电气设备用六氟化硫的检测与监督［M］．北京：中国电力出版社，2009.

[2] 朱芳菲，孟玉婵，等．六氟化硫气体分析技术［M］．北京：兵器工业出版社，1998.

[3] 李振辉．探讨六氟化硫气体变压器的应用［J］．电力设备，2001（03）．

[4] 严璋，朱德恒．高电压绝缘技术［M］．北京：中国电力出版社，2000.

[5] 梁方建，王钰，王志龙，贾晓静．六氟化硫气体在电力设备中的应用现状及问题［J］．绝缘材料，2010（3）.

[6] 朱芳菲，李帆，孟玉婵．六氟化硫气体绝缘变压器及其监督的探讨［J］．电力设备，2002（02）.

[7] 邹建明．SF_6 气体电流互感器运行情况分析及技术发展现状［J］．电力设备，2007（1）.

[8] 刘永，印华，姚强．气体分析技术在 GIS 故障定位和故障类型判断中的应用［J］．高压电器，2009（3）.

[9] 易洪．双压法湿度发生器标准装置测定不确定度评定［J］．计测技术，2006，26（增刊）.

[10] 黎明，黄维枢．SF_6 气体及 SF_6 气体绝缘变电站的运行［M］．北京：水利电力出版社，1993.

[11] 李英干，范金鹏．湿度测量［M］．北京：气象出版社，1989.